"十四五"职业教育国家规划教材

塑料成型工艺与模具结构

第 3 版

主　编　吴梦陵　王　鑫　陈叶娣
副主编　周宝誉　张　振
参　编　张　珑　陈金山　王　辛

U0380699

机械工业出版社
CHINA MACHINE PRESS

本书是"十四五"职业教育国家规划教材，是根据教育部最新公布的模具专业教学标准，同时参考模具工职业资格标准编写的。全书共 8 个项目，主要内容包括认识塑料成型技术、常用塑料的选择、塑料成型制件的结构工艺性分析、注射成型工艺特性分析、塑料注射模具结构设计、注射成型新技术的应用、压缩模与压注模结构设计、挤出成型工艺与挤出模结构设计。本书强调实用性和可读性，并具有一定的创新性，注重实际应用和能力培养。为便于教学，本书配有电子课件等教学资源，选择本书作为教材的教师可登录机械工业出版社教育服务网（http://www.cmpedu.com），注册后免费下载。

本书可作为职业院校模具相关专业教材，也可作为模具工岗位培训教材。

图书在版编目（CIP）数据

塑料成型工艺与模具结构／吴梦陵，王鑫，陈叶娣主编. -- 3 版. -- 北京：机械工业出版社，2024. 12.
（"十四五"职业教育国家规划教材）. -- ISBN 978-7-111-77170-8

Ⅰ. TQ320. 66

中国国家版本馆 CIP 数据核字第 2024LK0826 号

机械工业出版社（北京市百万庄大街 22 号　邮政编码 100037）
策划编辑：汪光灿　　　　　　责任编辑：汪光灿
责任校对：贾海霞　薄萌钰　　封面设计：张　静
责任印制：张　博
天津市光明印务有限公司印刷
2025 年 1 月第 3 版第 1 次印刷
184mm×260mm · 17. 25 印张 · 297 千字
标准书号：ISBN 978-7-111-77170-8
定价：54. 00 元

电话服务　　　　　　　　　网络服务
客服电话：010-88361066　　机　工　官　网：www.cmpbook.com
　　　　　010-88379833　　机　工　官　博：weibo.com/cmp1952
　　　　　010-68326294　　金　书　网：www.golden-book.com
封底无防伪标均为盗版　　机工教育服务网：www.cmpedu.com

关于"十四五"职业教育
国家规划教材的出版说明

为贯彻落实《中共中央关于认真学习宣传贯彻党的二十大精神的决定》《习近平新时代中国特色社会主义思想进课程教材指南》《职业院校教材管理办法》等文件精神，机械工业出版社与教材编写团队一道，认真执行思政内容进教材、进课堂、进头脑要求，尊重教育规律，遵循学科特点，对教材内容进行了更新，着力落实以下要求：

1. 提升教材铸魂育人功能，培育、践行社会主义核心价值观，教育引导学生树立共产主义远大理想和中国特色社会主义共同理想，坚定"四个自信"，厚植爱国主义情怀，把爱国情、强国志、报国行自觉融入建设社会主义现代化强国、实现中华民族伟大复兴的奋斗之中。同时，弘扬中华优秀传统文化，深入开展宪法法治教育。

2. 注重科学思维方法训练和科学伦理教育，培养学生探索未知、追求真理、勇攀科学高峰的责任感和使命感；强化学生工程伦理教育，培养学生精益求精的大国工匠精神，激发学生科技报国的家国情怀和使命担当。加快构建中国特色哲学社会科学学科体系、学术体系、话语体系。帮助学生了解相关专业和行业领域的国家战略、法律法规和相关政策，引导学生深入社会实践、关注现实问题，培育学生经世济民、诚信服务、德法兼修的职业素养。

3. 教育引导学生深刻理解并自觉实践各行业的职业精神、职业规范，增强职业责任感，培养遵纪守法、爱岗敬业、无私奉献、诚实守信、公道办事、开拓创新的职业品格和行为习惯。

在此基础上，及时更新教材知识内容，体现产业发展的新技术、新工艺、新规范、新标准。加强教材数字化建设，丰富配套资源，形成可听、可视、可练、可互动的融媒体教材。

教材建设需要各方的共同努力，也欢迎相关教材使用院校的师生及时反馈意见和建议，我们将认真组织力量进行研究，在后续重印及再版时吸纳改进，不断推动高质量教材出版。

机械工业出版社

第3版前言

本书是"十四五"职业教育国家规划教材，自 2015 年出版以来，深受广大读者的欢迎。随着我国模具工业正在从"制造"向"智造"转型发展，以创新为第一动力，以智能制造为主攻方向，推进模具制造业数字化转型、智能化升级，加快形成新质生产力。为了适应新发展理念和职业教育人才培养要求，对第 2 版进行了修订和完善。

本次修订原则及内容如下：

1. 增加了"学习目标"和"学习评价"，提高了学习的针对性，对需要达到的水平和目标有了更清晰的认识。

2. 增加了"项目训练"，突出"做中学，做中教"，强化教育教学实践性和职业性，注重对学生塑料模具结构认识、成型工艺分析能力的培养。同时增加了"思考与练习"的习题种类和数量。

3. 更新了"扩展阅读"内容，更加充分体现社会主义核心价值观的思想观念、家国情怀、职业荣誉感与社会责任感的情操，树立敬业精神、工匠精神和不断进取的创新精神。

4. 突出了校企合作、产教融合，增加了模具现场生产视频和 3D 仿真动画（通过扫二维码进行观看）。

5. 更新了部分塑料模具行业发展的新技术、新标准，增加了塑料模具结构典型案例和工程图。

本书由南京工程学院吴梦陵、王鑫，常州机电职业技术学院陈叶娣任主编。广西理工职业技术学校周宝誉、南京工程学院张振任副主编。吴梦陵、陈叶娣编写项目一、项目五、项目六及附录，周宝誉编写项目三，王鑫编写项目四和项目七，张振编写项目八，南京工程学院张珑、陈金山和哈尔滨理工大学王辛共同编写项目二。全书由南京工程学院吴梦陵负责统稿及修改工作。

本书在编写过程中得到了南京工程学院以及兄弟院校、有关企业专家的大力支持和帮助，在此一并表示感谢。

由于编者水平有限，书中难免会有不当和错误之处，恳请读者批评指正。

编　者

第2版前言

本书第 1 版是"十二五"职业教育国家规划教材，自 2015 年出版以来，受到广大读者的欢迎。为适应塑料工业的快速发展以及职业教育人才培养要求，对第 1 版进行修订和完善。

本次修订主要的原则及修订的内容如下：

1. 增加了扩展阅读，旨在通过将课程知识点和思政知识点相融合的课程思政教育，培养学生的理想信念、价值取向、政治信仰、社会责任，培育和弘扬社会主义核心价值观。

2. 为了便于读者理解模具结构，增加了典型的三维模具结构图和实物图。

3. 为了适应新的教材建设要求，增加了扫二维码观看视频和动画功能。

4. 为了应对塑料污染，牢固树立新发展理念，增加了对可降解塑料内容的介绍。

5. 增加了注射料筒的清洗、机械手取件、模内热切、随形冷却系统技术等新的知识点。

6. 更新了助教课件。同时，广大读者可以在"爱课程"网站搜索吴梦陵老师的"塑料成型工艺与模具结构"在线课程，进行线上学习。

本书由南京工程学院吴梦陵、常州机电职业技术学院陈叶娣、广西理工职业技术学校周宝誉任主编，由南京工程学院王鑫、张振任副主编。吴梦陵、陈叶娣编写第一章、第五章、第六章及附录，周宝誉编写第三章，王鑫、张振编写第四章和第七章，缪遇春编写第八章，南京工程学院张珑、陈金山共同编写第二章。全书由屈华昌主审。

在本书编写过程中，编者参考了相关资料，得到了南京工程学院以及兄弟院校、有关企业专家的大力支持和帮助，在此一并表示感谢。

由于编者水平有限，书中不妥之处在所难免，恳请读者批评指正。

编　者

　　本书是由全国机械职业教育教学指导委员会和机械工业出版社联合组织编写的"十二五"职业教育国家规划教材，是根据教育部最新公布的模具专业教学标准，同时参考模具工职业资格标准编写的。

　　全书共分八章，主要内容包括绪论、塑料成型技术基础、塑料成型制件的结构工艺性、注射成型工艺特性、塑料注射模具结构、注射成型新技术的应用、压缩模与压注模结构和挤出成型工艺与挤出模结构，其中，最后两章为选学内容。本书强调实用性和可读性，并具有一定的创新性，注重实际应用和能力培养。编写过程中力求体现以下特色。

　　1. 执行新标准

　　本书依据最新教学标准和课程大纲要求，对接职业标准和岗位需求。本书中"注射模标准模架""塑件公差尺寸数值""公差等级选用""塑料及树脂缩写代号"等均采用了国家最新标准。

　　2. 体现新模式

　　本书采用理实一体化的编写模式，突出"做中教，做中学"的职业教育特色。本书在内容的安排上力求知识结构完整统一，整体布局与取材上理论与实践紧密结合，但在详略的处理上和重点的突出方面是十分鲜明的，着重模具技术实践能力的培养，同时也便于教师组织教学。为了方便读者学习与思考，每章后面均附有思考与练习。

　　3. 内容丰富，图例清楚，力求知识新型实用

　　结合近年来模具技术的发展，本书注重反映先进技术，所有章节均有独到创新之处。本书除对传统的注射模具进行介绍外，还对热流道注射成型、气体辅助注射成型、精密注射成型等注射成型的新技术、新工艺进行了介绍。

　　全书共八章，由南京工程学院吴梦陵、屈华昌任主编，南京工程学院史晓帆、常州机电职业技术学院陈叶娣任副主编。具体分工如下：南京工程学院吴梦陵、

屈华昌编写第一、二、五、六章和附录，常州机电职业技术学院陈叶娣、南京工程学院史晓帆编写第三、四、七章，宿迁学院张俊、吉林工业职业技术学院杨云龙、南京工程学院张珑及哈尔滨理工大学王辛共同编写第八章。全书由南京工程学院吴梦陵、屈华昌负责统稿及修改工作，由俞芙芳主审。

　　本书经全国职业教育教材审定委员会审定，评审专家对本书提出了宝贵的建议，在此对他们表示衷心的感谢！编写过程中，编者参阅了国内外出版的有关教材和资料，在此对相关人员一并表示衷心感谢！

　　由于编者水平有限，书中不妥之处在所难免，恳请读者批评指正。

编　者

二维码索引

（续）

（续）

序号与名称	二维码	页码	序号与名称	二维码	页码
7-5 压注模结构		235	教材试卷 D 卷		
8-1 挤出成型原理		244	教材试卷 E 卷		
三板式注射模具拆装软件操作说明（安卓手机版）			教材试卷 F 卷		
三板式注射模具拆装软件操作说明（计算机版）			教材试卷 G 卷		
教材试卷 A 卷			教材试卷 H 卷		
教材试卷 B 卷			教材试卷 I 卷		
教材试卷 C 卷					

目 录

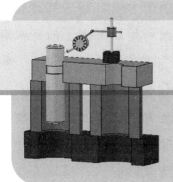

项目一

认识塑料成型技术

学习目标

1）了解模具及塑料模具的概念、模具工业在国民经济中的重要地位，以及塑料工业的发展历史。

2）了解塑料成型及塑料模具技术的发展趋势动向、新技术、新工艺知识。

3）掌握塑料模具基本分类及特点。

4）培养严谨规范的专业精神、敬业精神、工匠精神和创新精神。

任务一　认识塑料模具

　　模具是利用其本身特定形状成型具有一定形状和尺寸制品的工具。模具是工业产品生产用的重要工艺装备，根据国家生产技术协会的预测，21世纪机械制造工业的零件，其粗加工的75%和精加工的50%都将依靠模具完成。因此，模具工业已经成为国民经济的重要基础工业。模具工业发展的关键是模具技术的进步。模具作为一种高附加值和技术密集型产品，其技术水平的高低已成为衡量一个国家制造水平的重要标志。因此，美国工业界认为"模具工业是美国工业的基石"；日本把模具誉为"进入富裕社会的原动力"；德国则冠之为"加工工业中的王者"；在欧美其他一些发达国家，模具被称为"磁力工业"。由此可见模具工业在各国国民经济中的重要地位。

　　随着我国经济快速发展，我国的汽车、电子、通信、电器、仪器和家电等相关产业得以飞速发展。而这些领域85%以上的产品都依靠模具成型，这势必带动模具行业的迅猛发展。我国长江三角洲地区和珠江三角洲地区经济基础雄厚，区域条件优越，制造业发达，发展潜力巨大。这两个地区汇集了几万家模具企业，且增长势头迅猛，商业渠道覆盖海内外市场，已成为中国两大模具制造基地和销售集散地。模具工业的发展对制造模具机床和设备的研制和生产带来了前所未有的机遇。党的二十大报告指出，要"推进新型工业化，加快建设制造强国"。我国模具工业正在从"制造"向"智造"转型发展，智能化是模具工业高质量发展的重要特征和必要途径，以创新为第一动力，以智能制造为主攻方向，推进模具制造业数字化转型、智能化升级，驱动模具制造业效率变革和价值再造，提升模具制造业供给水平和能力。随着我国智能制造和数字化转型的深入，模具工业也正在加快形成新质生产力。

塑料模具是指利用其本身特定密闭腔体成型具有一定形状和尺寸的立体形状塑料制品的工具，是用于成型塑件的模具，它是型腔模的一种类型。据新近有关统计资料表明，在国内外模具工业中，塑料成型模具约占模具总量的35%～40%占有与冲压模并驾齐驱的"老大"位置。

塑料工业是随着石油工业的发展应运而生的，自从1909年酚醛树脂实现工业化生产以来，塑料工业经历了百余年的发展。目前，塑件几乎进入了一切工业部门以及人民日常生活的各个领域。塑料工业又是一个飞速发展的工业领域，它经历了20世纪20年代的初创阶段、20世纪30年代的发展阶段、20世纪50～60年代的飞跃发展阶段和20世纪70年代至今的稳定增长阶段。目前，我国石化工业发展非常迅速。2022年我国合成树脂产量为1.27亿t，需求量为1.557亿t。其中通用合成树脂产量占比中聚乙烯（PE）占比为27.56%，聚丙烯（PP）占比为34.64%，聚氯乙烯（PVC）占比为28.12%，聚苯乙烯（PS）占比为4.24%。这些树脂中，很大一部分用塑料模具成型，制成塑料件，用于工业生产和人民日常生活。

现代塑料成型生产中，塑件的质量与塑料成型模具、塑料成型设备和塑料成型工艺这三项因素密切相关。在这三项要素中，塑料成型模具质量最为关键，它的功能是双重的，既赋予塑料熔体以期望的形状、性能、质量，又能冷却并推出成型的制件。模具是决定最终产品性能、规格、形状及尺寸精度的载体，塑料成型模具是使塑料成型生产过程顺利进行，保证塑料成型制件质量不可缺少的工艺装备，是体现塑料成型设备高效率、高性能和合理先进塑料成型工艺的具体实施者，也是新产品开发的决定性环节。由此可见，为了周而复始地获得符合技术经济要求及质量稳定的塑件，塑料成型模具的质量是关键，它最能反映出整个塑料成型生产过程的技术含量及经济效益。

任务二 了解塑料成型技术的发展趋势

近年来，我国在塑料模的制造精度、模具标准化程度、制造周期、模具寿命以及塑料成型设备的自动化程度和精度等方面已经有了长足的进步。从产业技术进步看，在政府政策扶持和引导下，塑料模具行业投入较大，企业装备水平和实力有了很大提高，生产技术长足进步，CAD/CAM技术已普及；热流道技术已得到较好推广；CAE、CAPP、PLM、ERP等数字化技术已被大多数企业所采用，并收到了较好的效果；高速加工、并行工程、逆向工程、虚拟制造、无图生产和标准化生产已在一些重点骨干企业实施。

我国的模具产品已达到或接近世界先进水平。大型塑料模具已能生产单套质量达到50t以上的注射模，精密塑料模具的精度已达到1μm，制件精度很高的小模数齿轮模具及达到高光学要求的车灯模具等也已能生产，多腔塑料模具已能生产一模7800腔的塑料模；高速模具方面已能生产挤出速度达6m/min以上的高速塑料异型材挤出模具及主型材双腔共挤、双色共挤、软硬共挤、后共挤、再生料共挤和低发泡钢塑共挤等各种模具。但与国外工业先进国家相比，仍有一定的差距，一些高技术含量的模具还需要进口，许多精密技术、大型薄壁和长寿命塑料模具自主开发的生产能力还较薄弱。

参考国内外模具工业的现状及我国国民经济和现代工业品生产中模具的地位，从塑料成型模具的设计理论、设计实践和制造技术出发，我国的模具工业大致有以下几个方面的发展趋势：

1. 大型及精密塑料模具设计制造技术的发展

作为现代工业基础的模具，不但要满足生产零件的需要，而且要满足生产组件的需要，还要满足产品轻量化和生产的节能降耗及环保等要求。现在，汽车、轻工、机电、电信、建材等行业及航空航天、新能源、医疗等新兴产业对塑料零部件的需求越来越大，要求越来越高。因此，大力发展大型及精密塑料模具生产技术已成为提高我国模具制造水平的重要环节之一。一些新型的塑料成型技术及相应的模具发展的重要性尤为突出，而且这对于提高工业生产的效率及节能降耗和环保有重要意义。该项技术的发展包含的主要关键技术有热流道技术及其在精密注射模上的合理应用、多注射头塑料封装模具生产技术、为1000t锁模力以上注射机和200t以上热压压力机配套的大型塑料模具以及精度达到0.001mm以上的精密注射模具生产技术、多色多材质模具生产技术、金属与塑料零件组合模生产技术、不同塑料零件叠层模具生产技术、高光无痕不需再进行塑料件表面加工的注射模具生产技术、塑料模模内装配及装饰技术和热压快速无痕成型技术、新型塑料和多层复合材料的成型技术及模具技术、气液等辅助注射技术及模具技术、塑料异型材共挤及高速挤出模具生产技术等。

2. CAD/CAE/CAM 技术在模具设计与制造中的应用

模具设计的"软件化"和模具制造的"数控化"已经在我国模具企业中成为现实。采用 CAD 技术是模具生产的革命，是模具技术发展的一个显著特点。引用模具 CAD 系统后，模具设计借助计算机完成传统设计中各个环节的设计工作，大部分设计与制造信息由系统直接传送。模具制造技术的发展趋于专业化、标准化、集成化、智能化、虚拟化和网络化，这使模具行业发生了巨大变革。

根据不同塑料模具生产企业的需求，有针对性地开发专用模具 CAD/CAE/CAM 系统软件，或者根据模具生产企业自身的特点对软件系统进行二次开发，如专用的塑料注射模系统 MoldWizard、法国 Misslel Software 公司的注射模专用软件 TopMold、日本 UNISYS 株式会社的塑料模设计和制造系统 CADCEUS 等。这些专用模具软件的产生，大大地提高了模具设计人员的工作效率，让模具设计人员从烦琐的劳动中解放出来，从而进行创造性的设计活动。

标准化模具 CAD/CAM 系统可建立标准零件数据库、非标准零件数据库和模具参数数据库。标准零件数据库中的零件在模具 CAD 设计中可以随时调用，并采用成组技术（Group Technology，GT）生产。非标准零件数据库中存放的零件，虽然与设计所需结构不尽相同，但利用系统自身的建模技术可以方便地进行修改，从而加快设计过程，使典型模具结构库在参数化设计的基础上实现。

在塑料模设计过程中，塑料熔体流动模拟显得必不可少。因此，CAE 技术的应用对塑料模技术的发展起到十分重要的作用。美国 Autodesk 公司的三维真实感流动模拟软件 Moldflow、原华中理工大学华塑 CAE 及原郑州工业大学的 Z-mold 已经受到用户广泛的好评和应用。这些软件是以塑料件成型过程为对象，以塑料流动理论、有限单元和数值模拟等理论为支撑，以计算机为运行载体的仿真软件。它以便捷高效的方式对塑料成型过程进行模拟，模拟的结果为生产实践提供参考。

3. 快速原型制造（RPM）技术的快速发展

快速原型制造技术获得零件的途径不同于传统的材料去除或材料变形方法，而是在计算机控制下，基于离散/堆积原理采用不同方法堆积材料最终完成零件的成型与制造的技术。快速原型制造工艺方法有选区激光烧结、熔融堆积造型和叠层制造等多种。利用快速成型技术不需任何工装，可快速制造出任意复杂的工件甚至连数控设备都极难制造或根本不可能制造出来的产品样件，大大减少了产品开发风险和加工费用，缩短了研制周期。在现代制造模具技术中，可以不急于直接加工出难以测量和加工的模具凹模和凸模，而是采用快速原型制造技术，先制造出与实物相同的样品，看该样品是否满足设计要求和工艺要求，再开发模具。

4. 发展优质模具材料和采用先进的热处理和表面处理技术

模具材料的选用在模具的设计与制造中是一个涉及模具加工工艺、模具寿命、塑件成型质量和加工成本等的重要问题。国内外模具材料的研究工作者在分析模具的工作条件、失效形式和如何提高模具使用寿命的基础上进行了大量的研究工作，开发研制出使用性能良好、加工性能好、热处理变形小、抗热疲劳性能好的新型模具钢种，如预硬钢、耐蚀钢等。另外，模具成型零件的表面抛光处理技术和表面强化处理技术方面的发展也很快，国内的许多单位进行了研究与工程实践，取得了一些可喜的成绩。模具热处理的发展方向是采用真空热处理，这在国内的许多热处理中心和有些大型模具企业已经得到应用并且正在进一步推广。模具表面处理除了完善和普及常用表面处理方法（如渗碳、渗氮、渗硼、渗铬、渗钒）外，还应发展设备昂贵、工艺先进的气相沉积、等离子喷涂等技术。

5. 模具标准件生产技术的提高

模具标准件是模具的基础，广泛使用模具标准件不但能缩短模具生产周期和提高模具质量，而且还能降低模具生产成本及有利于模具维修。目前我国模具标准件生产落后于模具生产，一些高档模具标准件只能依赖进口。为了适应模具工业发展，模具标准化工作必将加强，模具标准化程度将进一步提高，模具标准件生产也必将得到发展。例如，温控能达到±1℃的热流道及系统，无油润滑推杆推管在精密塑料模具，属于应予大力发展的高档模具标准件。这些产品生产技术的突破，将有助于提升我国大型精密模具的水平。目前，我国塑料模标准在 2006 年进行了更新，用 GB/T 12555—2006《塑料注射模模架》代替了 GB/T 12555.1—1990《塑料注射模大型模架标准模型》和 GB/T 12556.1—1990《塑料注射模 中小型模架》。

6. 创新型、可循环回收、可降解塑料的应用

创新型、可循环回收、可降解塑料在新能源汽车、新兴氢能、创新药、生物制造、低空经济等方面的应用广泛。例如用于新能源汽车的有机硅特种弹性体，应用于固态电池包的轻量化、高效热管理、可循环回收的塑料，应用于高压连接器的无卤阻燃增强尼龙66（PA66），助力光伏胶膜创新的热塑性弹性体（POE）、硅烷接枝烯烃共聚物、光稳定剂，提高光伏组件发电效能的乙烯-四氟乙烯共聚物（ETFE）薄膜，医用级聚乳酸（PLA）、聚羟基脂肪酸酯（PHA）多产品专用改性料，应用于航天、航空及轨道交通的高强度和高刚度塑料等。

7. 数字化与智能制造赋能塑料产业提质增效

机器学习、人工智能、模具监控、数据图像监控、视觉检测系统、全伺服自动吹塑、系统集成与协作机器人、模块化设计系统、实现多个生产流程全自动互连的解决方案、模内上漆工艺，全新高速度强稳定性机械手、高集成化医疗移液吸头交钥匙方案、可降解植入骨钉注塑成型技术、应用于包装的定制回收解决方案等，成为塑料产业升级与加速发展新质生产力的生动展示。

任务三　掌握塑料成型模具的分类

按照塑件成型的方法不同，塑料成型模具通常可以分成以下几类：

1. 注射模

注射模又称注塑模。塑料注射成型是在金属压铸成型的基础上发展起来的，成型所使用的设备是注射机。通常适合于热塑性塑料的成型，热固性塑料的注射成型正在推广和应用中。塑料注射成型是塑料成型生产中自动化程度最高、应用最广泛的一种成型方法。

2. 压缩模

压缩模又称压塑模。塑料压缩成型是塑件成型方法中较早采用的一种方法，是热固性塑料通常采用的成型方法之一。成型所使用的设备是塑料成型压力机。与塑料注射成型相比，其成型周期较长，生产率较低。

3. 压注模

压注模又称传递模。压注成型又称传递成型，它是在压缩成型基础上发展起来的一种热固性塑料的成型方法。压注模与压缩模结构的较大区别之处在于压注模有单独的加料室。

4. 挤出模

挤出模被安装在挤出机料筒端部，因此也称为挤出机头。成型所使用的设备是塑料挤出机。只有热塑性塑料才能采用挤出成型。

5. 吹塑模

吹塑是将处于高弹态（接近于黏流态）的塑料型坯置于模具型腔内，借助压缩空气将其吹胀，使之紧贴于型腔壁上，经冷却定型得到中空塑件的成型方法。中空吹塑成型主要用于制造瓶类、桶类、罐类、箱类等的中空塑料容器，如加仑筒、化工容器、饮料瓶等。

6. 发泡模

将发泡性树脂直接填入发泡模具内，使其受热熔融，形成气液饱和溶液，通过成核作用，形成大量微小泡核，泡核增长，制成泡沫塑件。

7. 吸塑模

将平展的塑料硬片材料加热变软后，采用真空将其吸附于模具表面，冷却后成型。

8. 热压印模

热压工艺是在微纳米尺度获得并行复制结构的一种成本低而速度快的方法，仅需一个热压印模具，完全相同的结构可以按需复制到大的表面上。

除了上述介绍的几种常用的塑料成型模具外，还有浇注成型模、聚四氟乙烯冷压成型模、滚塑模、搪塑模和彩印模等。

任务四　了解本课程的任务和要求

通过该课程的学习，学生应该达到下述要求：

1）了解塑料成型及塑料模具技术的发展动向、新技术、新工艺知识。

2）掌握塑料及其成型工艺，如塑料的工艺性能、塑件的工艺性能、塑料压缩成型工艺、塑料压注成型工艺、塑料注射成型工艺、挤出成型工艺以及成型工艺规程的编制，具备分析塑料产品的工艺性，并在此基础上找出工艺难点，提出解决问题的方法的能力。

3）掌握塑料注射成型、压缩成型、塑料压注成型和挤出成型工艺条件的选择和工艺条件对塑件质量的影响。掌握注射机有关工艺参数的校核。

4）掌握成型零件结构特点、适用范围、材料选择、加工方法与装配要求。掌握各结构零件作用、结构、安装形式、配合要求、材料的选择，了解塑料标准模架的概念。

5）掌握运用塑料模具分型面的几个基本原则，针对不同塑件选择合适的分型面。

6）掌握加热与冷却装置的结构。

7）掌握浇注系统的结构，知道如何选择浇口在工件上的位置，了解推出机构的各种类型，能看懂各种推出机构结构图、动作原理和模具结构图；能看懂各种抽芯机构结构图、动作原理和模具结构图；重点掌握斜导柱分型抽芯机构。

8）掌握塑料模具常用的几种分类和典型塑料模具结构，达到具备读图能力的目的。

9）了解热流道模具的基本结构特点，了解热固性塑料与热塑性塑料模具结构的不同点，了解精密注射成型模具结构特点，了解挤出模（机头）的概念、总体结构和工作原理，了解中空吹塑成型模具结构特点。

学习评价

完成本项目的学习后进行学习评价，学习评价见表1-1。

表1-1 学习评价表

任务评价	评价内容	参考分值	评价结果	评价人
素质目标评价	自主学习	5		
	交流、表达及互动	10		
	团队合作	5		
知识目标评价	了解模具及塑料模具的概念	10		
	了解模具工业在国民经济中的重要地位	5		
	了解我国塑料成型工业的发展历史	5		
	了解塑料模具技术的发展新技术	10		
	掌握塑料模具的分类	10		
	掌握塑料模具的成型特点	10		
能力目标评价	掌握塑料模具与其他类型模具成型特点区别的能力	15		
	掌握各种塑料模具成型适用范围的能力	15		
总计		100		

拓展阅读

我国古代模具技术

模具的概念来源于一种对复制物品的意识。"范"是我国古代对模具的称谓。在古代，随着铸造技术的不断进步，曾先后出现石范、泥范、陶范、铜范、铁范、熔模铸造等。在我国，泥范、铁范、熔模铸造被称为先秦"三绝"。泥范因易损坏，在古代其他国家和地区使用较少，但在我国却大量使用，是先秦时期铜器铸造的基本范型，并一直沿用到近代的砂型之前。泥范铸造法大体要经过制模、塑出花纹、翻制泥范、高温焙烧、浇注金属液体以及加工修整等工艺过程。泥范需要具有很高的清晰度和准确度，制作出来的成品才美观漂亮，线条错落有致。泥范又分单合范、双合范、三合范及多合范，简单制件如刀、戈等器件可由单合范、双合范制成；复杂的就用三合范或三块以上的多合范制成，如鼎、壶等日常用品。著名的"后母戊"青铜方鼎（图 1-1）的鼎身由八块外范拼成，鼎足的每一足由三块外范拼成，鼎耳、鼎足中空，鼎身与四足为整体铸造，鼎耳则是在鼎身铸成之后再装范浇注而成。

图 1-1　"后母戊"青铜方鼎

我国古代的青铜器制造可以追溯到 4000～5000 年以前，即夏、商开始。目前发现的青铜器主要有以下三个用途：

1）礼器：如鼎、编钟等，主要是为了祭祀用。

2）武器：如剑、钺等。

3）工具等。

青铜器的制作过程主要包括采矿、冶炼、合金配制、制范、浇注与后期处理等。其中的制范其实就是模具的制作。

思　考　与　练　习

1. 简述模具的概念。

2. 我国塑料工业经历了哪几个阶段的发展？

3. 简述塑料模具的概念。

4. 不同国家对于模具工业的定位是什么？

5. 塑料成型模具通常分为哪几类？

6. 我国古代对模具的称谓是什么？

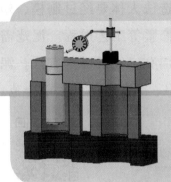

项目二

常用塑料的选择

学习目标

1) 了解塑料的组成及特性。
2) 掌握塑料的分类方法，掌握热塑性塑料和热固性塑料的区别。
3) 了解降解塑料的含义及生物分解塑料的目的和意义。
4) 了解塑料的热力学性能，掌握塑料成型的工艺性能。
5) 掌握常用塑料的选择。
6) 培养学生的环保意识，关注环境保护。

任务一　认识塑料的组成和特性

塑料是以高分子聚合物（合成树脂）为主要成分的物质，除了以合成树脂作为基体外，还有某些特定用途的添加剂（少数情况下可以不加添加剂）。由于合成树脂是塑料最基本、最重要的组成部分，所以它决定着塑料的基本性能。

一、塑料的组成

1. 合成树脂

树脂是一种高分子有机化合物，其特点是无明显的熔点，受热后逐渐软化，可溶解于有机溶剂，不溶解于水。树脂分为天然树脂和合成树脂。合成树脂实质上是高分子物质或其预聚体，它是塑料的基材，对塑料的物理、化学性能起着决定作用。合成树脂常呈液体状、粉状或颗粒状，不能直接应用，需通过一定的加工工艺将它转化为塑料和塑件后才能使用，这种塑料的制造过程也就是塑料成型加工。

2. 塑料添加剂

在工业生产和应用上，单纯的聚合物性能往往不能满足加工成型和实际使用的要求，因此，需要加入添加剂来改善其工艺性能、使用性能或降低成本。

（1）填料　填料在充填过程中一般显示两种功能：首先增加容量，降低塑料成本；其次是能够改善塑料性能，即用以塑料改性，提高塑料的物理性能、加工性能和塑件的质量等。填料一般是粉末状的物质，而且对树脂聚合物都呈现惰性。

例如，把木粉加入到酚醛树脂中，即能起到降低成本的作用，还能改善它的脆性；把玻璃纤维加入到塑料中，可以大幅度提高塑料的机械强度；聚乙烯（PE）、聚氯乙烯（PVC）中加入钙质填料后，便可得到物美价廉的具有刚性和耐热性的钙塑料，有的填料还可使塑料具有树脂没有的性能，诸如导电性、导磁性、导热性等。

（2）增塑剂　凡添加到聚合物中能使聚合物体系的塑性增加的物质都可以称为增塑剂。增塑剂的主要作用是削弱聚合物分子间的作用力，增加聚合物分子间的移动性，降低聚合物分子链的结晶性，亦即增加聚合物的塑性。塑料所使用的增塑剂也就是为了改进树脂的柔顺性、延伸性和可塑性等，以达到降低其熔融黏度和熔融温度，改善其可加工性的目的。

（3）润滑剂　润滑剂是以改进高聚物的流动性、减少摩擦、降低界面黏附为目的而在树脂中使用的一种添加剂。在树脂中加入润滑剂可以改善其流动性，同时，润滑剂还可以起到熔融促进剂、防粘连和防静电、有利于脱模等作用。

（4）稳定剂　工业上，为了提高树脂在热、光和真菌等外界因素作用时的稳定性，防止发生质量变异和性能下降，常在树脂中加入一些添加剂，这些阻碍塑料变质的物质被称为稳定剂。稳定剂的加入量很少，但作用却很大。选择稳定剂首先要求和树脂相容性好、对树脂的稳定效果佳，其次还要求在成型过程中最好不分解，挥发性小，无色、耐油、耐化学药品及耐水等。常用的稳定剂按其作用分为光稳定剂、热稳定剂和抗氧剂等。

（5）着色剂　着色剂就是能使塑件具有各种颜色的物质。现代塑料成型加工中，塑料着色已越来越重要，所有的塑件中约有80%是经过着色的，塑件的着色能够使塑件外观绚丽多彩、美艳夺目，提高塑件的商品价值。着色剂一般有无机颜料、有机颜料及有机染料三大类。

塑料添加剂除上述几种外，还有发泡剂、阻燃剂、防静电剂等，可根据需要为塑件选择适当的添加剂。

二、塑料的特性

1. 密度小、质量小

塑料的密度是钢材的 1/8 ~ 1/5，铝材的 1/2，如果采用发泡工艺生产泡沫塑料，则塑料的密度将会更小。塑料质量小的这一特点，对于减轻自重的车辆、飞机、船舶、建筑工业等具有特别重要的意义。塑料还适合制造轻巧的日用品和家用电器零件，在日用工业中传统材料（如金属、陶瓷、木材）正逐渐被塑料所代替。

2. 比强度、比刚度高

塑料的强度相对金属要差，刚度与木材相近。但由于塑料密度小，按单位质量计算相对的强度和刚度，即比强度（强度与其密度之比称为比强度）和比刚度（弹性模量与其密度之比称为比刚度）比较高。尤其是以各种高强度的纤维状、片状或粉末状的金属或非金属为填料的增强塑料，例如，玻璃纤维增强的塑料，比强度可高达 170 ~ 400MPa，而一般钢材的比强度约为 160MPa。

3. 化学稳定性高

生产实践和科学试验已经表明，绝大多数塑料的化学稳定性都很高，它们对酸、碱、盐和许多化学药物都具有良好的耐腐蚀能力，有些塑料还能耐潮湿空气、蒸汽的腐蚀作用。其中最突出的是聚四氟乙烯塑料，其化学稳定性极高，对强酸、强碱及各种氧化剂等腐蚀性很强的介质都完全稳定，甚至可以承受"王水"的腐蚀，被称为"塑料王"。

由于塑料具有优越的化学稳定性，在化工设备和其他腐蚀条件下工作的设备及日用工业中应用广泛，如制作各种容器、管道、密封件、换热器和在腐蚀介质中有相对运动的零部件。

4. 减摩、耐磨性能优良，减振、隔音性能好

塑料的摩擦因数小，具有良好的减摩、耐磨性能。如果用塑料制作机械零件，并在摩擦、磨损的工作条件下应用，那么大多数塑料都具有良好的减摩和耐磨性能，它们可以在水、油或带有腐蚀性的液体中工作，也可以在半干摩擦或者完全干摩擦的条件下工作，这是一般金属零件无法与其相比的。因此，现代工业中已有许多齿轮、轴承和密封圈等机械零件开始采用塑料制造，特别是对塑料配方进

行特殊设计后，还可以使用塑料制造自润滑轴承。

塑料的减振和隔音性能来自于聚合物大分子的柔韧性和弹性。一般来讲，由于塑料的柔韧性要比金属大得多，所以当其遭到频繁的机械冲击和振动时，内部将产生黏性内耗，这种内耗可以把塑料从外部吸收进来的机械能量转换成内部热能，从而起到了吸振和减振的作用。塑料是现代工业中减振隔音性能极好的材料，不仅可以用于高速运转机械，而且还可以用作汽车中的一些结构零部件（如保险杠和内装饰板等），国内外一些汽车生产企业采用碳纤维增强塑料制造板簧。

5. 电绝缘性能好、介质损耗低

金属导电是其原子结构中自由电子和离子作用的结果，而塑料原子内部一般都没有自由电子和离子，所以大多数塑料都具有良好的绝缘性能以及很低的介质损耗。因此，塑料是现代电工行业和电器行业不可缺少的原材料，许多电器用的插头、插座、开关、手柄等，都是用塑料制成的。

6. 热导率低，部分塑料具有良好的光学性能

塑料的热导率比金属低得多，相差数百倍，利用热导率低的特点，塑料可用来制作需要保温和绝热的器皿或零件。

有些塑料具有良好的透明性，透光率高达90%以上，如有机玻璃、聚碳酸酯、聚苯乙烯等，它们可用于制造透明器皿、透明灯罩等。

此外，塑料还有良好的成型加工性、可电镀性和着色能力。

与其他材料相比，塑料也有缺点，例如，塑件在光和热的作用下容易老化，使性能变差；塑件若长期受载荷作用，即使温度不高，其形状也会发生"蠕变"，且这种变形是不可逆的，从而导致塑件尺寸精度的丧失；塑件的使用温度范围较窄，对温度的敏感性远比金属或其他非金属大；塑料成型时收缩率较高，有的甚至高达3.5%以上，使得塑件要获得高精度难度较大，故塑件精度普遍不如金属零件。

任务二　认识塑料的分类

塑料的品种很多，根据塑料树脂的大分子类型、塑料的制造方法和应用角度等不同可把塑料分为不同的种类。

一、按照塑料树脂的大分子类型和特性分类

可将塑料分为热塑性塑料和热固性塑料两大类。

1. 热塑性塑料

热塑性塑料主要由合成树脂（分子为线型或者带有支链的线型结构）制成，其成型过程是物理变化。热塑性塑料受热可软化或熔融，成型加工后冷却固化，再加热仍可软化，如此反复进行多次，这种塑料可回收利用。

2. 热固性塑料

热固性塑料主要是以缩聚树脂（分子为立体网状结构）为主，加入各种助剂制成的，但它的成型过程不仅是物理变化，更主要的是化学变化。热固性塑料成型加工时也可受热软化或熔融，但一旦成型固化后便不能软化，也不可回收利用。

二、按照塑料树脂的应用角度分类

将塑料分为普通塑料、工程塑料和特种塑料。

1. 普通塑料

普通塑料主要指产量大、用途广、价格低廉的一类塑料，它包括聚乙烯、聚丙烯、聚氯乙烯、聚苯乙烯、酚醛塑料、氨基塑料六大类普通塑料。它们的产量占塑料总产量的一大半以上，构成了塑料工业的主体。

2. 工程塑料

工程塑料是指在工程技术中作为结构材料的塑料。这类塑料的力学性能、耐热性、耐蚀性、尺寸稳定性等均较高，在变化的环境条件下可保持良好的绝缘介电性能。工程塑料一般可作为承载结构件、耐热件、耐蚀件、绝缘件使用。由于工程塑料既有一定的金属性能，又有塑料的优良性能，故在机械、化工、电子、日用、航空航天等工程领域广泛使用。常用的工程塑料有尼龙、聚碳酸酯、聚甲醛、ABS、聚砜、聚苯醚等。

3. 特种塑料

特种塑料又称为功能塑料，指具有某种特殊功能的塑料，如用于导电、导热、导磁、感光、防辐射、光导纤维、专用于减摩耐磨用途的塑料。特种塑料一般由通用塑料或工程塑料用的树脂经特殊处理或改性获得。

三、按照制造树脂的方法分类

可将塑料分为缩聚型塑料和加聚型塑料。

一、降解塑料的定义与分类

降解塑料是指其制品的各项性能可满足使用要求，在保存期内性能不变，而使用后在自然条件下能降解成对环境无害物质的一类塑料。

根据降解途径可以将降解塑料分为光降解塑料、热氧降解塑料、生物分解塑料、可堆肥塑料和部分资源替代型降解塑料。按照原材料来源可将降解塑料分为石化基降解塑料和生物基降解塑料。

1. 光降解塑料

光降解塑料的降解过程是在日光作用下，经过一段时间和包含一个或更多步骤，导致塑料的化学结构显著变化而损失某些性能（如完整性、分子量、结构或力学性能）和（或）发生破碎。

光降解塑料由于其降解需要光的条件，而塑料废弃物废弃后，要么是被搁在封闭的垃圾处理系统（焚烧、填埋、堆肥等）中，要么就是暴露在条件不固定的自然环境中，很难保证光降解塑料所需要的固定条件。因此，在大多数情况下，光降解塑料因为受条件限制，无论是在垃圾处理系统中还是在自然环境中都不能全部降解。

2. 热氧降解塑料

热氧降解塑料的降解过程是在热和（或）氧化作用下，经过一段时间和包含一个或更多步骤，导致材料化学结构的显著变化而损失某些性能（如完整性、分子量、结构或力学性能）和（或）发生破碎。

热氧降解塑料因为受条件限制，所以大多数情况下也很难全部降解。

3. 生物分解塑料

生物分解塑料的降解过程是在自然界，如土壤和（或）沙土等条件下，和（或）特定条件下（如堆肥处理），或厌氧消化条件下，或水性培养液中，由自然界存在的微生物作用引起降解，并最终完全降解变成二氧化碳（CO_2）或（和）甲烷（CH_4）、水（H_2O）及其所含元素的矿物无机盐以及新的生物质塑料。

按照原料来源和合成方式，生物分解塑料可分为三大类，即利用石化资源合成得到的石化基生物分解塑料、可再生材料衍生得到的生物基生物分解塑料以及以上两类材料共混加工得到的塑料。

生物分解塑料在一定条件下可以生物分解，不增加环境负荷，是解决白色污染的有效途径。普通塑料，如常用的聚乙烯（塑料袋）、聚丙烯（塑料餐具）、聚酯（饮料瓶）等不能生物分解，在目前常用的垃圾处理方式（即卫生填埋条件）下，普通塑料将存在很多年以上，而生物分解塑料在堆肥条件下短期内就可以完全分解，回归自然。

生物分解塑料可以和有机废弃物（如厨余垃圾）一起堆肥处理，因此和一般塑料垃圾相比，省去了人工分拣的步骤，大大方便了垃圾收集和处理，从而使城市有机垃圾堆肥处理和无害化处理变为现实。

（1）利用石化资源合成得到的石化基生物分解塑料　此类生物分解塑料是指主要以石化产品为单体，通过化学合成的办法得到的一类聚合物，如聚己内酯（PCL）、聚丁二酸丁二醇酯（PBS）、聚乙烯醇（PVA）、改性芳香族聚酯（PBAT）等。

（2）可再生材料衍生得到的生物基生物分解塑料

1）天然材料制得的生物分解塑料。利用天然生物质资源，如淀粉、植物秸秆纤维素、甲壳素等，通过模塑、挤出等热塑性加工方法，直接制得产品。

2）微生物参与合成过程的生物分解塑料。利用可再生天然生物质资源，如淀粉等，通过微生物发酵直接合成聚合物，如聚羟基烷酸酯类（PHA、PHB、PHBV）等；或通过微生物发酵产生乳酸等单体，再通过化学合成聚合物，如聚乳酸（PLA）等。

3）二氧化碳共聚物。以二氧化碳矿源或以工业生产中产生的二氧化碳废气为原料，与环氧丙烷或环氧乙烷催化合成此聚合物。

4）共混制得生物分解塑料。它是利用以上几种生物分解材料共混加工得到的塑料。

4. 可堆肥塑料

该类塑料可在堆肥条件下，由于生物反应过程，塑料可被降解和崩解，并最终完全分解成二氧化碳（CO_2）、水（H_2O）、矿化无机盐以及新的生物质，并且最后形成堆肥的重金属含量、毒性试验、残留碎片等必须符合相关标准。

5. 部分资源替代型塑料

该类材料是指用可再生资源材料与塑料共混后制得的一类材料，目前市场上主要是以淀粉基塑料和木塑产品形式居多。淀粉基塑料总量在 8 万 t 左右，而木塑产品在 10 万 t 左右。这类材料中由于添加了一些可降解的天然材料，如果其共混材料是生物分解材料，那么其最终制品可以生物分解；如果其共混材料不是生物分解材料，那么虽然其具有一定的降解性能，但却不能生物分解。

二、生物分解塑料的目的和意义

塑料自发明以来，因为质量小、性能好而被大量使用。其中，塑料包装材料的发展速度较为迅猛，塑料包装材料占生活垃圾的 41%，而这种垃圾实际上是"永久性"的，不能被降解。怎样面对及如何处理塑料垃圾已成为世界性的环保问题。另外，近年来其面临的资源紧缺和环境形势也变得越来越严峻。如何减轻对石油资源的依存，实施循环经济，促进可持续发展，成为塑料工业的全球性热门话题。

塑料的大量使用不仅消耗了大量的石油和能源，而且因为不能自然降解，燃烧时又释放出大量二氧化碳，部分地造成和加重了白色污染和温室效应。为净化周围环境，消除塑料废弃物，人们努力地做好以下工作来减少污染：一是卫生填埋（用土掩埋垃圾）；二是废物利用。卫生填埋虽可明显地缓解环境污染，但是却将环保的重任推到下一代人身上。废物利用是较可行的办法，世界上相继出现了焚烧利用热能、回收再利用、自然降解三种主要的解决塑料废弃物方法。回收再利用是从垃圾中回收塑料，要经过分拣、冲洗、干燥、粉碎等过程，最后加工成制品，虽然会耗费一定的人力和物力，但一定程度上能使环境有所改善。

开发可自然降解的塑料制品来替代普遍使用的普通塑料制品曾经成为 20 世纪 90 年代的热点，但是当时因为降解塑料的成本和技术问题，其发展比较缓慢。近年来，随着塑料原料生产和制品加工技术的进步，降解塑料尤其是生物分解塑料重新受到关注。

无论是从能源替代、二氧化碳（CO_2）减少，还是从环境保护以及部分解决"三农"问题考虑，发展降解塑料都是必要的，也是十分有意义的。

1. 减少二氧化碳排放，防治温室效应

生物基降解塑料在生产过程中，其原料主要以消耗 CO_2 和水（植物光合作用将其变成淀粉）来生产，可以减少 CO_2 排放。

另外，各种塑料燃烧时释放的 CO_2 不同，焚烧处理时，一般塑料会变成约是自重 3 倍的 CO_2，而生物基或生物分解塑料释放的 CO_2 大约是自重的 2 倍。

2. 促进可持续发展，减少白色污染

据有关部门统计，塑料包装材料需求量已超过 600 万 t，按其中 30% 为难以收集的一次性塑料包装材料和制品计算，则废弃物产生量达 180 万 t；2015 年我国可覆盖地膜的面积达 2.75 亿 m^2，使用量达 145.5 万 t。由于塑料地膜较薄，用后破碎在农田中，夹杂了大量的沙土，很难回收利用，而且一次性日用杂品和医疗材料中一部分也是难以收集或不宜回收利用的，由此引发的环境问题日益严重。若其中 50% 采用降解塑料替代，则降解塑料的需求量将不断增大。因此，降解塑料在我国具有较大的市场潜力。

3. 部分解决"三农"问题

目前生物基降解塑料多以淀粉、秸秆等为原料，其大量推广后会拉动国内玉米、土豆等农副产品的需求，促进玉米、土豆等农产品种植以及农副产品加工业的发展，提高农民收入。

任务四　分析塑料的热力学性能

描述高聚物在恒定应力作用下形变随温度改变而变化的关系曲线称为热力学曲线。固体聚合物可划分为晶态聚合物和非晶态聚合物，对线型非晶态（无定形）聚合物施加一个恒定应力，可发现试样的形变和温度的关系如图 2-1 所示。

把非晶态高聚物按温度区域不同划分为三种力学状态——玻璃态、高弹态和黏流态。玻璃态和高弹态之间的转变称为玻璃化转变，对应的转变温度即玻璃化转变温度，通常用 θ_g 表示。高弹态与黏流态之间的转变温度称为黏流温度，用 θ_f 表示。

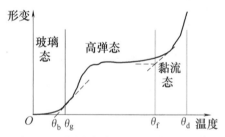

图 2-1　非晶态高聚物温度形变曲线

聚合物处于玻璃态时硬而不脆，可作为结构件使用，但使用温度是有要求的，不能太低，否则会发生断裂，使塑料失去使用价值，通常有一个温度极限 θ_b，这个温度被称作脆化温度，它是塑料使用时的下限温度。

当 $\theta > \theta_g$ 时，随着温度的升高，分子热运动的能量逐渐增加，当温度升高到某一温度时，链段的运动都可以觉察到了，则高聚物便进入高弹态了。在高弹态下，宏观上表现为弹性回缩，即除去外力，变形量可以恢复，弹性是可逆的。这种聚集态具有双重性，既表现出液体的性质，又表现出固体的性质。

当温度继续升高，$\theta > \theta_f$ 时，宏观表现为高聚物在外力作用下发生黏性流动。这种流动同低分子流动相类似，是不可逆变形，当外力除去后，形变不能自发回复。但当温度继续上升，超过某一温度极限 θ_d 时，聚合物就不能保证其尺寸的稳定性和使用性能，通常将 θ_d 称为热分解温度。高聚物在 $\theta_f \sim \theta_d$ 之间是黏流态，塑料的成型加工就是在此范围内进行的。由此可见，塑料的使用温度范围为 $\theta_b \sim \theta_g$，而塑料的成型加工范围为 $\theta_f \sim \theta_d$。若想使高聚物达到黏流状态，加热是主要方法。θ_f 是塑料成型加工的最低温度。

晶态高聚物温度形变曲线如图 2-2 所示。晶态高聚物中通常都存在非晶区，非晶部分在不同的温度条件下，也一样要发生上述两种转变，但宏观上将觉察不到它有明显的玻璃化转变，其温度曲线在 $\theta < \theta_m$（熔点）以前不出现明显的转折。

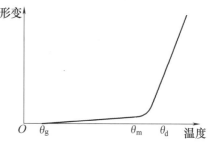

图 2-2　晶态高聚物温度形变曲线

任务五　分析塑料的工艺性能

塑料的成型工艺性有很多，塑料的流动性、成型收缩性、相容性、热敏性和吸湿性等都属于它的成型工艺特性。

一、塑料的流动性

塑料的流动性是指在成型过程中，在一定温度和一定压力下塑料熔体充填模具型腔的能力。塑料的品种、成型工艺和模具结构等是影响流动性的主要因素。表 2-1 是热塑性塑料流动性的一般分类。

表 2-1　热塑性塑料流动性的一般分类

流动性	塑料名称
好	尼龙(PA)、聚乙烯(PE)、聚苯乙烯(PS)、聚丙烯(PP)、醋酸纤维素
一般	聚甲基丙烯酸甲酯(PMMA)、ABS、聚甲醛(POM)、聚氯醚
差	聚碳酸酯(PC)、硬聚氯乙烯(PVC)、聚苯醚(PPO)、聚砜(PSU)、氟塑料

热塑性塑料用熔融指数的大小来表示流动性的好坏，熔融指数采用熔融指数测定仪（图 2-3a）进行测定。将被测定的定量热塑性塑料原材料加入到测定仪

中，上面放入压柱，在一定压力和一定温度下，10min 内以测定仪下面的小孔中的塑料挤出量来表示熔融指数的大小。塑料挤出量越多，表示其流动性越好。在测定几种塑料相对流动性的大小时，也可以采用螺旋线长度法进行测定，即在一定温度下，将定量的塑料以一定的压力注入阿基米德螺旋线型腔（图 2-3b）中，测其流动的长度，即可判断它们流动性的好坏。

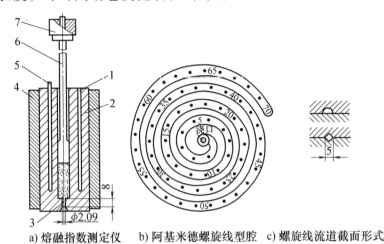

a) 熔融指数测定仪　　b) 阿基米德螺旋线型腔　c) 螺旋线流道截面形式

图 2-3　热塑性塑料流动性的测定

1—热电偶测温管　2—料筒　3—出料孔　4—保温层　5—加热棒　6—柱塞

7—重锤（重锤加柱塞共重 2160g）

二、塑料的成型收缩性

塑件从模具中取出冷却后一般都会出现尺寸缩小的现象，这种塑料成型冷却后发生的体积收缩的特性被称为塑料的成型收缩性。一般塑料成型收缩性的大小常用实际收缩率 S_s 和计算收缩率 S_j 来表示。

$$S_s = \frac{(a-b)}{b} \times 100\% \tag{2-1}$$

式中　a——模具型腔在成型温度时的尺寸；

　　　b——塑料制品在常温时的尺寸。

$$S_j = \frac{(c-b)}{b} \times 100\% \tag{2-2}$$

式中　c——塑料模具型腔在常温时的尺寸。

通常，实际收缩率 S_s 表示成型塑件从其在成型温度时的尺寸到常温时的尺寸之间实际发生的收缩百分数，常用于大型及精密模具成型塑件的计算。S_j 则常用于小型模具及普通模具成型塑件的尺寸计算。影响收缩率的因素有很多，诸如塑料品种、成型特征、成型条件及模具结构等。

三、塑料的相容性

塑料的相容性又称为塑料的共混改性，这主要是针对高聚物共混体系而言的。不同金属可以做成金属合金，从而得到纯金属所不及的性能优良的新材料。同样，不同的塑料进行共混以后，也可以得到单一塑料所无法拥有的性质。这种塑料的共混材料通常被称为塑料合金。相容性就是指两种或两种以上的塑料共混后得到的塑料合金，在熔融状态下，各种参与共混的塑料组分之间不产生分离现象的能力。

通过塑料的这一性质，可得到类似共聚物的综合性能，这是改进塑料性能的重要途径之一。分子结构相似者较易相容，如高压聚乙烯、低压聚乙烯、聚丙烯彼此之间较易相容，分子结构不同时较难相容，如聚乙烯和聚苯乙烯之间的混熔。例如，需要 ABS 产品能耐受更高的使用温度并保持较好的强度，此时可以加入另一种塑料 PC，成为 PC/ABS 塑料合金，如图 2-4 所示。

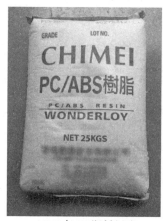

a) PC/ABS塑料树脂　　　　b) PC/ABS塑料合金塑件

图 2-4　ABS 的相容性

四、塑料的热敏性和吸湿性

热敏性是指塑料在受热、受压时的敏感程度，也可称为塑料的热稳定性。通常，当塑料在高温或高剪切力等条件下时，树脂高聚物本体中的大分子热运动加剧，有可能导致分子链断裂，导致聚合物分子微观结构发生一系列的化学、物理变化，宏观上表现为塑料的降解、变色等缺陷，具有这种特性的塑料称为热敏性塑料。塑料的热敏性对塑料的加工成型影响很大，因此生产中为了防止热敏性塑料在成型过程中受热分解等现象发生，通常在塑料中添加一些抗热敏的热稳定剂，并且控制成型生产的温度。

吸湿性是指塑料对水的亲疏程度。有的塑料很容易吸附水分，有的塑料吸附水分的倾向不大，这与塑料本体的微观分子结构有关。一般具有极性基团的塑料对水的亲附性较强，如聚酰胺、聚碳酸酯等，而具有非极性基团的塑料对水的亲附性较小，如聚乙烯，对水几乎不具有吸附力。塑料的吸湿性对塑料的成型加工影响也很大，会导致塑料制品表面产生银丝、气泡等缺陷，严重影响了塑料制品的质量，因此，在塑料成型加工前，通常都要对那些易吸湿的塑料进行烘干处理，以确保塑件的质量令人满意。图 2-5 所示为成型前塑料的干燥设备。

a) 注射机干燥料斗　　　　　　b) 注射生产车间集中干燥设备

图 2-5　成型前塑料的干燥设备

五、塑料（聚合物）的取向性

当线型高分子受到外力而充分伸展的时候，其长度远远超过其宽度，这种结构上的不对称性，使它们在某些情况下很容易沿某特定方向做占优势的平行排列，这种现象称为塑料（聚合物）的取向性。

塑料（聚合物）取向的结果导致高分子材料的力学性质、光学性质以及热性能等方面发生了显著的变化。力学性能中，拉伸强度和挠曲疲劳强度在取向方向上显著增加，而与取向方向相垂直的方向上则显著降低，同时，冲击强度、伸长率等也发生相应的变化，聚合物的光学性质也将呈现各向异性。聚合物的取向性已被广泛应用于工业生产中，例如，合成纤维中使用的牵伸工艺就是利用了取向机理来大幅度地提高纤维的强度。在一般塑件的工业生产中，常利用取向性来提高制件的强度，例如，塑件的吹塑成型工艺中就常利用取向性来提高塑件的强度。

六、塑料（聚合物）的降解性

降解是指聚合物在某些特定条件下发生的大分子链断裂、侧基的改变、分子链结构的改变及相对分子质量降低等高聚物微观分子结构的化学变化。导致这些变化的条件有高聚物受热、受力、受到氧化作用或水、光及核辐射等。按照聚合物产生降解条件的不同可把降解分为很多种，主要有热降解、水降解、氧化降解、应力降解等。

在成型过程中，聚合物发生降解是难以避免的，为了确保成型塑件的质量，成型时必须将成型温度及加热时间控制好，一般加热温度不得高于热降解温度（即热稳定性温度），否则易导致聚合物的热降解。并且，成型温度和时间控制不好，也可能导致氧化降解，这会使高聚物分子结构中某些化学结合力较弱的部位产生过氧化结构，最终导致热降解。还有，通常在注射成型中，成型物料一般都要采取烘干等干燥措施，这对一些吸湿性较大的聚合物来说尤为必要，其目的是避免水降解的发生。当然在注射成型中，也要尽力避免压力降解的发生。

任务六　　掌握常用塑料的选择

1. 聚乙烯（PE）

聚乙烯是由乙烯聚合而成的，属于烯烃类聚合物，它是塑料工业中产量最大的塑料。聚乙烯无毒、无味，呈乳白色，密度为 $0.91 \sim 0.96 \mathrm{g/cm^3}$，聚乙烯有优良的绝缘性、耐蚀性及耐低温性能，还有很高的耐水性，长期与水接触其性能可保持不变。这种塑料很容易加工成各种形状（管、桶、袋、盆等）的塑件。它已被广泛应用于电器工业、化学工业、食品工业、机械制造工业、农业等各个方面。聚乙烯主要分为低密度聚乙烯和高密度聚乙烯。适用于制薄膜和日用品的聚乙烯被称作低密度聚乙烯，适用于制备各种工业配件的聚乙烯称为高密度聚乙烯。聚乙烯质地柔软且易脱模，塑件有浅的侧凹时可强行脱模。

2. 聚丙烯（PP）

聚丙烯属于线形烯烃类聚合物，它是 20 世纪 60 年代发展起来的热塑性塑料。

聚丙烯密度低，无色、无味、无毒，外观和聚乙烯很相似，呈白色蜡状，密度为 $0.90\sim0.91g/cm^3$。聚丙烯耐热性好，能在 100℃ 以上的温度下进行消毒灭菌，熔点为 164~170℃，聚丙烯最高使用温度可达 150℃，最低使用温度为-15℃。但在氧、热、光的作用下极易降解、老化，因此必须加入防老化剂。定向拉伸后聚丙烯可制作铰链，抗弯曲疲劳强度特别高，俗称"百折软胶"。成型加工时成型收缩率较大，易导致成型加工出来的制件出现变形、缩孔等缺陷。由于聚丙烯具有上述许多优良特性，因此，常用它来制作各种机械零件，如法兰、接头、泵叶轮、汽车零件和自行车零件等，也可用作水、蒸汽、各种酸碱等的输送管道，盖和箱壳及各种绝缘零件，此外还可用于医药工业等。

3. 聚氯乙烯（PVC）

聚氯乙烯是世界上产量仅次于聚乙烯而占第二位的塑料。聚氯乙烯树脂为白色或浅黄色粉末，由于其分子结构中含有氯原子，所以聚氯乙烯通常不易燃烧，离火即灭。聚氯乙烯燃烧时，火焰呈黄色，塑料可变软，同时发出刺激性气味，滴下胶质，且胶质可拉丝。常用的聚氯乙烯可分为硬质聚氯乙烯和软质聚氯乙烯。硬质聚氯乙烯不含或含有少量的增塑剂，有较好的抗拉、抗弯、抗压和抗冲击性能，它可单独用作结构材料。软质聚氯乙烯含有较多的增塑剂，它的柔软性、伸长率、耐寒性增加，但脆性、硬度、拉伸强度降低。

聚氯乙烯的热稳定性较差，在一定温度下会有少量的氯化氢（HCl）气体放出，促使其进一步分解变色，因此需加入稳定剂防止其裂解。它的使用温度范围也较窄，一般在-15~55℃范围内。成型加工时聚氯乙烯在成型温度下容易分解放出氯化氢，所以必须加入稳定剂，并严格控制温度及熔料的滞留时间。

因聚氯乙烯化学稳定性高，可用于制作防腐管道、管件、输油管、离心泵、鼓风机等。聚氯乙烯的硬板广泛用于化学工业上制作各种贮槽的衬里、建筑物的瓦楞板、门窗结构、墙壁装饰物等建筑用材。由于聚氯乙烯的电气绝缘性能优良，因而在电气、电子工业中，用于制造插座、插头、开关、电缆。在日常生活中，用于制造凉鞋、雨衣、玩具、人造革等。

4. 聚苯乙烯（PS）

聚苯乙烯是仅次于聚氯乙烯和聚乙烯的第三大塑料品种。聚苯乙烯是一种无定形高聚物，它无色、无味、透明，密度为 $1.05g/cm^3$，容易染色和加工，尺寸稳定，电绝缘性和热绝缘性较好；聚苯乙烯的刚性很大，质地硬而脆，落地时发出的声音清脆，类似金属声；聚苯乙烯的透明性较好，但若长时间存放或受到光照易出现混浊和发黄的现象。

成型加工中，聚苯乙烯的流动性好，易成型且成品率高，浇注系统很适宜采用点浇口形式。聚苯乙烯发展了改性聚苯乙烯和以苯乙烯为基体的共聚物，使它的用途更加广泛。聚苯乙烯在工业上可用于制作仪表外壳、灯罩、化学仪器零件、透明模型等。在电气方面用于制作良好的绝缘材料、接线盒、电池盒等电器零件。在日用品方面广泛用于制作包装材料、各种容器、玩具等。

5. 丙烯腈-丁二烯-苯乙烯共聚物（ABS）

ABS 是由丙烯腈、丁二烯、苯乙烯共聚而成的聚合物，因此 ABS 具有良好的综合力学性能。丙烯腈使 ABS 有良好的耐蚀性及表面硬度，丁二烯使 ABS 坚韧，苯乙烯使它有良好的加工性和染色性能。

ABS 外观为粒状或粉状，呈浅象牙色，不透明但成型的塑料件有较好的光泽。它无毒、无味，易燃烧，无自熄性，密度为 $1.08 \sim 1.2 \mathrm{g/cm^3}$。ABS 具有较高的冲击强度，且在低温下也不迅速下降。有良好的力学性能和一定的耐磨性、耐寒性、耐油性、耐水性、化学稳定性和电气性能。ABS 有一定的硬度和尺寸稳定性，易于切削成形加工，且易着色。ABS 几乎不受酸、碱、盐及水和无机化合物的影响。

ABS 具有良好的成型性和综合力学性能，因此用途广泛，在机械工业上用来制造散热器外壳、蓄电池槽、冷藏库、冰箱衬里、管道、电机外壳、仪表壳、齿轮、泵叶轮、轴承和把手等。ABS 在汽车工业上的用途也日趋增大，用 ABS 可制造汽车挡泥板、扶手、热空气调节导管、加热器等，还有用 ABS 夹层板制汽车车身等。此外，ABS 还可用来制作水表壳、纺织器材、家用电器外壳、文教体育用品、玩具、电子琴及收录机壳体、食品包装容器、农药喷雾器及家具等。

6. 聚酰胺（PA）

聚酰胺通称尼龙，它在世界上的消费量居工程塑料的首位。常见的尼龙品种有尼龙 1010、尼龙 610、尼龙 66、尼龙 6、尼龙 9、尼龙 11 等。

尼龙有优良的力学性能，其冲击强度比一般塑料有显著提高，其中尼龙 6 尤为突出。尼龙本身无毒、无味、不霉烂。其吸水性强、收缩率大，常常因吸水而引起尺寸变化。尼龙具有良好的消声效果和自润滑性能，耐化学性能良好，对酸、碱、盐性能稳定，耐溶剂性能和耐油性也好。

成型加工时，尼龙具有较低的熔融黏度和良好的流动性，生产的制件容易产生飞边。因其吸水性强，成型加工前必须进行干燥处理。

由于尼龙有较好的力学性能，被广泛地使用在工业中制作各种机械、化学和电气零件，如轴承、齿轮、滚子、辊轴、滑轮、泵叶轮、风扇叶片、蜗轮、高压密封扣圈、垫片、阀座、输油管、储油容器、绳索、传动带、电池箱、电器线圈等。

7. 聚甲基丙烯酸甲酯（PMMA）

聚甲基丙烯酸甲酯是聚丙烯酸酯类塑料中最重要的一类，俗称有机玻璃。成型收缩率不大，仅为 0.8%。它的密度为 1.19~1.22g/cm³，具有很高的透明性，透光率为 90%~92%，耐磨性能差，用该塑料生产的塑件易划伤、刮花。

聚甲基丙烯酸甲酯可用来制造具有一定透明度的防振、防爆和用于观察等方面的零件，如油杯、光学镜片、车灯灯罩、油标及各种仪器零件，透明模型、透明管道、汽车和飞机的窗玻璃、飞机罩盖，也可用作广告铭牌、绝缘材料等。

8. 聚碳酸酯（PC）

聚碳酸酯是一种性能优良的热塑性工程塑料，本色微黄，而加点淡蓝色后，得到无色透明的塑件，密度为 1.2g/cm³。它具有良好的韧性和刚性，抗冲击性能极好，俗称"防弹塑胶"。成型收缩率一般为 0.5%~0.8%，因此，成型零件可达到很好的尺寸精度。但是未增强的聚碳酸酯的缺点是塑件易开裂，耐疲劳强度较差。用玻璃纤维增强的聚碳酸酯可具有更好的力学性能和尺寸稳定性，成型收缩率还会更小，耐热性却有所增加，同时还能降低成本，提高产品质量。

在加工成型时，聚碳酸酯吸水率小，它对水分比较敏感，因此加工前物料必须干燥处理，否则会出现银丝、气泡及强度下降现象；聚碳酸酯熔融温度高，熔融黏度大，流动性差，成型时要求有较高的温度和压力，而且温度对 PC 的熔融黏度影响较大，可用提高温度的办法来增加融熔塑料的流动性。

聚碳酸酯是一种性能优良的工程塑料，用途也很广泛。在机械上主要用作各种节流阀、润滑油输油管、心轴、轴承、齿轮、蜗轮、蜗杆、齿条、凸轮、滑轮、泵叶轮、铰链、螺母、垫圈、容器、冷冻冷却装置零件、灯罩及各种外壳和盖板等。在电器方面，用作电动机零件、电话交换器零件、信号用继电器、风扇部件、拨号盘、仪表壳、接线板等。还可制作照明灯、高温透镜、视孔镜、防护玻璃等光学零件。

9. 聚甲醛（POM）

聚甲醛是继尼龙之后发展起来的一种性能优良的热塑性工程塑料。

聚甲醛外观呈淡黄色或白色，既硬又滑，薄壁部分半透明。抗拉及抗压性能较好，疲劳强度突出，俗称"赛钢"。其缺点是成型收缩率大，在成型温度下的热稳定性较差，加工温度范围窄，因此要严格控制成型温度，以免温度过高或在允许温度下长时间受热而引起分解。

聚甲醛特别适合用于制作轴承、凸轮、滚轮、辊子、齿轮等耐磨、传动零件，还可用于制造汽车仪表板、化油器、各种仪器外壳、罩盖、箱体、化工容器、泵叶轮、鼓风机叶片、配电盘、线圈座、各种输油管、塑料弹簧等。

10. 聚砜（PSU）

聚砜是 20 世纪 60 年代出现的工程塑料，又称聚苯醚砜。聚砜具有较好的化学稳定性，有很高的力学性能、很好的刚性和优良的介电性能，聚砜的尺寸稳定性较好，可进行一般机械加工和电镀。但其耐气候性较差。聚砜的收缩率较小，但成型加工前仍要预先将原料进行充分干燥，否则，塑件易产生银丝、云母斑、气泡甚至开裂。

聚砜可用于制造电气和电子零件，如断路元件、恒温容器、开关、绝缘电刷、电视机元件、整流器插座、线圈骨架、仪器仪表零件等；也可用来制造需要具有良好的热性能、耐化学性和刚性的零件，如转向柱轴环、电动机罩、飞机导管、电池箱、汽车零件、齿轮、凸轮等。

11. 聚四氟乙烯（PTFE）

聚四氟乙烯是氟塑料（主要包括聚三氟乙烯、聚全氟乙丙烯、聚偏氟乙烯等）中最重要的一种，俗称塑料王。聚四氟乙烯树脂为白色粉末，外观呈蜡状，光滑不粘，平均密度为 $2.2g/cm^3$。聚四氟乙烯具有卓越的性能，它的化学稳定性是其他任何塑料无法相比的，强酸、强碱及各种氧化剂甚至沸腾的"王水"和原子工业中用的强腐蚀剂五氟化铀等对它都不起作用，其化学稳定性超过金、铂、玻璃、陶瓷及特种钢等，目前，在常温下还未发现一种能溶解它的溶剂。它的耐热、耐寒性能优良，可在 $-195 \sim 250℃$ 范围内长期使用而不发生性能变化。聚四氟乙烯具有良好的电气绝缘性，且不受环境湿度、温度和电频率的影响。聚四氟乙烯的缺点是容易热膨胀，且不耐磨、力学性能差、刚性不足且成型困难。一般将粉料冷压成坯件，再烧结成型。

聚四氟乙烯在防腐化工机械上用于制造管子、阀门、泵、涂层衬里等；在电绝缘方面广泛应用在要求有良好高频性能并能高度耐热、耐寒、耐蚀的场合，如喷气式飞机、雷达等上面的某些零件；也可用于制造自润滑减摩轴承、活塞环等零件；由于它具有不黏性，在塑料加工及食品工业中被广泛地用作脱模剂；在医学上还可用作代用血管、人工心肺装置等。

12. 热固性塑料

（1）酚醛树脂（PF） 酚醛树脂是最早工业化的塑料产品，它属于热固性塑料，在我国热固性塑料中占第一位。酚醛树脂通常由酚类化合物和醛类化合物缩聚而成。酚醛树脂本身很脆，呈琥珀玻璃态，必须加入各种纤维或粉末状填料后才能获得具有一定性能要求的酚醛塑料。酚醛塑料大致可分层压塑料、压塑料、纤维状压塑料、碎屑状压塑料等。酚醛塑料具有良好的成型性能，常用于压缩成型。

根据所用填料不同，酚醛层压塑料有纸质、布质、木质、石棉和玻璃纤维等各种层压塑料，可用来制成各种型材和板材。

（2）氨基塑料 氨基塑料是由氨基化合物与醛类（主要是甲醛）经缩聚反应而制得的塑料，主要包括脲-甲醛、三聚氰胺-甲醛等。

氨基塑料常用于压缩、压注成型，压注成型时收缩率大。它含水分及挥发物多，使用前需预热干燥，且成型时有弱酸性分解及水分析出，因此模具应镀铬防腐，并注意排气。该塑料的熔体流动性好，硬化速度快，因此预热及成型温度要适当，尽快进行装料、合模及加工。

（3）环氧树脂（EP） 环氧树脂是含有环氧基的高分子化合物。未固化之前，环氧树脂是线型的热塑性树脂。只有在加入固化剂（如胺类和酸酐等）之后，才交联反应成不熔的体型结构的高聚物。

环氧树脂有许多优良的性能，其最突出的特点是黏结能力很强，是人们熟悉的"万能胶"的主要成分。

项目训练

PLA、PBAT、PHA 是应用较广泛的降解塑料。查阅资料，了解这三种降解塑料的应用。例如，PHA 具有自发的生物可降解性，无需堆肥即可在自然环境下降解，且降解时间可控。PHA 因其良好的生物降解性和生物相容性，在药物缓释体系中发挥着越来越重要的作用。在医用缝线、绷带、神经导管、脊髓支架等方面应用具有很多开放潜力。图 2-6 所示为 3D 打印的 PHA 材料耳软骨支架。

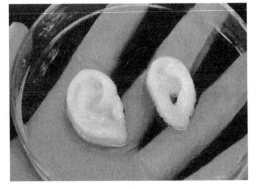

图 2-6　3D 打印的 PHA 材料耳软骨支架

下面是可降解塑料的简称和全称，试用连线正确连接其简称和对应的全称。

PLA　　　聚己二酸/对苯二甲酸丁二醇酯

PBAT　　聚羟基脂肪酸酯

PHA　　　聚乳酸，又称聚丙交酯，是以乳酸为主要原料聚合得到的聚酯类聚

合物

学习评价

完成本项目的学习后进行学习评价，学习评价见表2-2。

表 2-2　学习评价表

任务评价	评价内容	参考分值	评价结果	评价人
素质目标评价	自主学习	5		
	交流、表达及互动	10		
	团队合作	5		
知识目标评价	了解塑料的组成	5		
	了解塑料的特性	5		
	掌握塑料的分类	5		
	了解塑料的力学性能	5		
	了解塑料的工艺性能	10		
	掌握热塑性材料的性能及用途	10		
	掌握热固性材料的性能及用途	5		
	了解降解塑料的应用	5		
能力目标评价	掌握塑件材料工艺性能分析的能力	15		
	掌握常用塑料选用能力	15		
总计		100		

 拓展阅读

防治白色污染，建设美丽中国

白色污染是对废塑料污染环境现象的一种形象称谓，是指用聚苯乙烯、聚丙烯、聚氯乙烯等高分子化合物制成的塑料袋、农用地膜、一次性餐具等塑料制品使用后被弃置成为固体废物而造成的污染。白色污染对空气、土壤、水源、动物等都会造成不同程度的危害，最终会引发生态环境问题。例如，废旧塑料包装物混在土壤中，将导致农作物减产；抛弃在陆地或水体中的废旧塑料包装物，被动

物当作食物吞入，会导致动物死亡；一些废旧塑料所填埋之处会滋生细菌，污染地下水，危害人类健康。

党中央、国务院高度重视塑料污染治理工作。早在 2020 年 1 月，国家发展和改革委员会、生态环境部就印发实施了《关于进一步加强塑料污染治理的意见》，该文件提出坚持以人民为中心，牢固树立新发展理念，有序禁止、限制部分塑料制品产生、销售和使用，积极推广替代产品，规范塑料废弃物回收利用，建立健全塑料制品生产、流通、使用、回收处置等环节的管理制度，有力有序有效治理塑料污染，努力建设美丽中国。

因此，大家要采取行动，从自身做起，减少使用一次性塑料制品，尽可能使用可循环材质物品和降解塑料制品，践行垃圾分类，做好废旧塑料的回收利用，拒绝白色污染，牢固树立和践行绿水青山就是金山银山的理念，站在人与自然和谐共生的高度谋划发展。

思 考 与 练 习

一、填空题

1. 塑料中添加的稳定剂按其作用分为_____、_____和_____。

2. 从应用角度分，塑料可分为普通塑料、_____和特种塑料。

3. 塑料的热敏性指在受热、_____时的敏感程度。

4. 聚甲基丙烯酸甲酯英文简称为_____。

二、单项选择题

1. 塑料的基本性能主要由下面（　　）物质所决定。

A. 稳定剂　　　　B. 填料　　　　C. 合成树脂　　　　D. 着色剂

2. 日常生活中使用的保鲜薄膜主要是采用（　　）来制造。

A. PMMA　　　　B. PE　　　　C. ABS　　　　D. PC

3. 两种或两种以上的塑料共混后得到的塑料合金在熔融状态下，各种参与共混的塑料组分之间不产生分离的现象称为（　　）。

A. 流动性　　　　B. 热敏性　　　　C. 相容性　　　　D. 吸湿性

4. 热塑性塑料除采用熔融指数的大小来表示流动性的好差，还经常采用的一种方法是（　　）。

A. 压缩测量法　　　　　　　　B. 挤出测量法

C. 螺旋线长度法　　　　　　　D. 拉西格拉伸测量法

5. 塑件从模具中取出冷却后一般都会出现尺寸变小的现象，这种塑料成型冷却后发生的体积收缩的特性被称为塑料的（   ）。

A. 质量收缩性   B. 面积收缩性

C. 线性收缩性   D. 成型收缩性

6. 塑料最常用的分类方法是按照塑料树脂的大分子类型和特性将塑料分为热塑性塑料和（   ）。

A. 普通塑料   B. 热固性塑料

C. 工程塑料   D. 缩聚型塑料

三、简答题

1. 塑料一般由哪些成分组成？各自起什么作用？

2. 塑料是如何进行分类的？热塑性塑料和热固性塑料有什么区别？

3. 塑料的优点和缺点有哪些？

4. 在线型非晶态（无定形）聚合物的热力学曲线上，可以分为哪三种力学状态的区域？温度点 θ_b、θ_g、θ_f、θ_d 表征什么意义？

5. 什么是塑料的计算收缩率？

6. 什么是塑料的流动性？

7. 什么是塑料的相容性？

8. 测定热塑性塑料的流动性使用什么仪器？如何进行测定？

9. 什么是塑料的热敏性？成型过程中如何避免热敏现象的发生？

10. 什么是聚合物的降解？如何避免聚合物的降解？

11. 什么是聚合物的取向性？聚合物的取向性对其成型物的性能有什么影响？

12. 阐述常用塑料的性能特点。

项目三

塑料成型制件的结构工艺性分析

学习目标

1) 了解塑件结构工艺性设计的主要内容，包括尺寸和精度、表面粗糙度、形状、斜度、壁厚、加强肋、支承面、圆角、孔的设计、螺纹的设计、齿轮的设计、嵌件、铰链及标记、符号和文字等。

2) 掌握塑件的工艺性分析，能找出工艺难点并提出相应的解决方法。

3) 培养学生的社会责任感，遵守职业道德规范。

要获得优质的塑件，除合理选用塑件的原材料外，还须考虑塑件的结构工艺性。合理的结构工艺不仅可使成型工艺顺利进行，而且还能满足塑件和模具的经济性要求。塑件结构工艺性设计应该注意以下几点。

1) 设计塑件时，应考虑原材料的成型工艺性，如流动性、收缩率等。

2) 设计塑件的同时应考虑模具的总体结构，使模具型腔易于制造，模具抽芯和推出机构简单。

3) 在保证塑件使用性能、物理性能与电性能、力学性能、耐蚀性能和耐热性能等的前提下，力求结构简单，壁厚均匀，使用方便。

4) 当对设计的塑料件外观要求较高时，应先通过造型，然后逐步绘制图样。

塑件结构工艺性设计需要考虑的主要内容有尺寸和精度、表面粗糙度值、塑件形状、壁厚、斜度、加强肋、支承面、圆角、孔、螺纹、齿轮、嵌件、文字、符号及标记等。

一、尺寸和精度

塑件的尺寸是指制品的总体尺寸，而不是壁厚、孔径等结构尺寸。塑件尺寸的大小取决于塑料的流动性。流动性差的塑料（玻璃纤维增强塑料等）或薄壁制品进行注射成型时，制品尺寸不宜过大，以免熔体不能充满型腔或形成熔接痕，从而影响制品外观和强度。注射成型的塑件尺寸也会受到注射机注射量、锁模力和模板尺寸及脱模距离的限制。

塑件的精度不仅与模具制造精度及其使用后的磨损有关，还与塑料收缩率的波动、成型工艺条件的变化、塑件或模具的形状等有关。可见，塑件的尺寸精度一般不高，因此，在保证使用要求的前提下尽可能选用低公差等级。

目前我国已颁布了塑料模塑件尺寸公差的国家标准（GB/T 14486—2008），见表 3-1。

塑件尺寸公差的代号为 MT，公差等级为 IT7，每一级又可分为 A、B 两部分，其中 A 为不受模具活动部分影响尺寸的公差，B 为受模具活动部分影响尺寸的公差。该标准只规定标准公差值，上、下极限偏差可根据塑件的配合性质来分配。

塑料模塑件公差等级的选用与塑料品种有关，见表 3-2。

对孔类尺寸可取表中数值冠以"+"号作为上极限偏差，下极限偏差为零；对轴类尺寸可取表中数值冠以"-"号作为下极限偏差，上极限偏差为零；对中心距尺寸及其他位置尺寸可取表中数值之半冠以"±"号。一般配合部分尺寸精度高于非配合部分尺寸精度，模具尺寸精度比塑件尺寸精度高 2~3 级。

二、表面粗糙度

塑件的表面粗糙度是决定其表面质量的主要因素。塑件的表面粗糙度主要与模具型腔表面的粗糙度有关。模具的表面粗糙度值要比塑件小 1~2 级。注射成型塑件的表面粗糙度值通常为 $Ra0.02 \sim Ra1.25\mu m$，模具表面的表面粗糙度值为 $Ra0.01 \sim Ra0.63\mu m$。透明塑件要求型腔和型芯的表面粗糙度值相同，而不透明塑件则根据使用情况决定它们的表面粗糙度值。

三、形状

塑件的内外表面形状应尽可能保证有利于成型。塑件设计时应尽可能避免侧向凹凸，如果有侧向凹凸，则在模具设计时应在保证塑件使用要求的前提下，适

表3-1 塑料模塑塑件尺寸公差数值表（摘自 GB/T 14486—2008） （单位：mm）

公差等级	公差种类	>0~3	>3~6	>6~10	>10~14	>14~18	>18~24	>24~30	>30~40	>40~50	>50~65	>65~80	>80~100	>100~120	>120~140	>140~160	>160~180	>180~200	>200~225	>225~250	>250~280	>280~315	>315~355	>355~400	>400~450	>450~500	>500~630	>630~800	>800~1000
		标注公差的尺寸公差值																											
MT1	A	0.07	0.08	0.09	0.10	0.11	0.12	0.14	0.16	0.18	0.20	0.23	0.26	0.29	0.32	0.36	0.40	0.44	0.48	0.52	0.56	0.60	0.64	0.70	0.78	0.86	0.97	1.16	1.39
MT1	B	0.14	0.16	0.18	0.20	0.21	0.22	0.24	0.26	0.28	0.30	0.33	0.36	0.39	0.42	0.46	0.50	0.54	0.58	0.62	0.66	0.70	0.74	0.80	0.88	0.96	1.07	1.26	1.49
MT2	A	0.10	0.12	0.14	0.16	0.18	0.20	0.22	0.24	0.26	0.30	0.34	0.38	0.42	0.46	0.50	0.54	0.60	0.66	0.72	0.76	0.84	0.92	1.00	1.10	1.20	1.40	1.70	2.10
MT2	B	0.20	0.22	0.24	0.26	0.28	0.30	0.32	0.34	0.36	0.40	0.44	0.48	0.52	0.56	0.60	0.64	0.70	0.76	0.82	0.86	0.94	1.02	1.10	1.20	1.30	1.50	1.80	2.20
MT3	A	0.12	0.14	0.16	0.18	0.20	0.22	0.26	0.30	0.34	0.40	0.46	0.52	0.58	0.64	0.70	0.78	0.86	0.92	1.00	1.10	1.20	1.30	1.44	1.60	1.74	2.00	2.40	3.00
MT3	B	0.32	0.34	0.36	0.38	0.40	0.42	0.46	0.50	0.54	0.60	0.66	0.72	0.78	0.84	0.90	0.98	1.06	1.12	1.20	1.30	1.40	1.50	1.64	1.80	1.94	2.20	2.60	3.20
MT4	A	0.16	0.18	0.20	0.24	0.28	0.32	0.36	0.42	0.48	0.56	0.64	0.72	0.82	0.92	1.02	1.12	1.24	1.36	1.48	1.62	1.80	2.00	2.20	2.40	2.60	3.10	3.80	4.60
MT4	B	0.36	0.38	0.40	0.44	0.48	0.52	0.56	0.62	0.68	0.76	0.84	0.92	1.02	1.12	1.22	1.32	1.44	1.56	1.68	1.82	2.00	2.20	2.40	2.60	2.80	3.30	4.00	4.80
MT5	A	0.20	0.24	0.28	0.32	0.38	0.44	0.50	0.56	0.64	0.74	0.86	1.00	1.14	1.28	1.44	1.60	1.76	1.92	2.10	2.30	2.50	2.80	3.10	3.50	3.90	4.50	5.60	6.90
MT5	B	0.40	0.44	0.48	0.52	0.58	0.64	0.70	0.76	0.84	0.94	1.06	1.20	1.34	1.48	1.64	1.80	1.96	2.12	2.30	2.50	2.70	3.00	3.30	3.70	4.10	4.70	5.80	7.10
MT6	A	0.26	0.32	0.38	0.46	0.52	0.60	0.70	0.80	0.94	1.10	1.28	1.48	1.72	2.00	2.20	2.40	2.60	2.90	3.20	3.50	3.90	4.30	4.80	5.30	5.90	6.90	8.50	10.60
MT6	B	0.46	0.52	0.58	0.66	0.72	0.80	0.90	1.00	1.14	1.30	1.48	1.68	1.92	2.20	2.40	2.60	2.80	3.10	3.40	3.70	4.10	4.50	5.00	5.50	6.10	7.10	8.70	10.80
MT7	A	0.38	0.46	0.56	0.66	0.76	0.86	0.98	1.12	1.32	1.54	1.80	2.10	2.40	2.70	3.00	3.30	3.70	4.10	4.50	4.90	5.40	6.00	6.70	7.40	8.20	9.60	11.90	14.80
MT7	B	0.58	0.66	0.76	0.86	0.96	1.06	1.18	1.32	1.52	1.74	2.00	2.30	2.60	2.90	3.20	3.50	3.90	4.30	4.70	5.10	5.60	6.20	6.90	7.60	8.40	9.80	12.10	15.00
		未注公差的尺寸允许偏差																											
MT5	A	±0.10	±0.12	±0.14	±0.16	±0.19	±0.22	±0.25	±0.28	±0.32	±0.37	±0.43	±0.50	±0.57	±0.64	±0.72	±0.80	±0.88	±0.96	±1.05	±1.15	±1.25	±1.40	±1.55	±1.75	±1.95	±2.25	±2.80	±3.45
MT5	B	±0.20	±0.22	±0.24	±0.26	±0.29	±0.32	±0.35	±0.38	±0.42	±0.47	±0.53	±0.60	±0.67	±0.74	±0.82	±0.90	±0.98	±1.06	±1.15	±1.25	±1.35	±1.50	±1.65	±1.85	±2.05	±2.35	±2.90	±3.55
MT6	A	±0.13	±0.16	±0.19	±0.23	±0.26	±0.30	±0.35	±0.40	±0.47	±0.55	±0.64	±0.74	±0.86	±1.00	±1.10	±1.20	±1.30	±1.45	±1.60	±1.75	±1.95	±2.15	±2.40	±2.65	±2.95	±3.45	±4.25	±5.30
MT6	B	±0.23	±0.26	±0.29	±0.33	±0.36	±0.40	±0.45	±0.50	±0.57	±0.65	±0.74	±0.84	±0.96	±1.10	±1.20	±1.30	±1.40	±1.55	±1.70	±1.85	±2.05	±2.25	±2.50	±2.75	±3.05	±3.55	±4.35	±5.40
MT7	A	±0.19	±0.23	±0.28	±0.33	±0.38	±0.43	±0.49	±0.56	±0.66	±0.77	±0.90	±1.05	±1.20	±1.35	±1.50	±1.65	±1.85	±2.05	±2.25	±2.45	±2.70	±3.00	±3.35	±3.70	±4.10	±4.80	±5.95	±7.40
MT7	B	±0.29	±0.33	±0.38	±0.43	±0.48	±0.53	±0.59	±0.66	±0.76	±0.87	±1.00	±1.15	±1.30	±1.45	±1.60	±1.75	±1.95	±2.15	±2.35	±2.55	±2.80	±3.10	±3.45	±3.80	±4.20	±4.90	±6.05	±7.50

表 3-2　常用塑料模塑件尺寸公差等级的选用（摘自 GB/T 14486—2008）

材料代号	模塑材料		公差等级		
			标注公差等级		未注公差等级
			高精度	一般精度	
ABS	（丙烯腈-丁二烯-苯乙烯）共聚物		MT2	MT3	MT5
CA	乙酸纤维素		MT3	MT4	MT6
EP	环氧树脂		MT2	MT3	MT5
PA	聚酰胺	无填料填充	MT3	MT4	MT6
		30%玻璃纤维填充	MT2	MT3	MT5
PBT	聚对苯二甲酸丁二酯	无填料填充	MT3	MT4	MT6
		30%玻璃纤维填充	MT2	MT3	MT5
PC	聚碳酸酯		MT2	MT3	MT5
PDAP	聚邻苯二甲酸二烯丙酯		MT2	MT3	MT5
PEEK	聚醚醚酮		MT2	MT3	MT5
PE-HD	高密度聚乙烯		MT4	MT5	MT7
PE-LD	低密度聚乙烯		MT5	MT6	MT7
PESU	聚醚砜		MT2	MT3	MT5
PET	聚对苯二甲酸乙二酯	无填料填充	MT3	MT4	MT6
		30%玻璃纤维填充	MT2	MT3	MT5
PF	苯酚-甲醛树脂	无机填料填充	MT2	MT3	MT5
		有机填料填充	MT3	MT4	MT6
PMMA	聚甲基丙烯酸甲酯		MT2	MT3	MT5
POM	聚甲醛	≤150mm	MT3	MT4	MT6
		>150mm	MT4	MT5	MT7
PP	聚丙烯	无填料填充	MT4	MT5	MT7
		30%无机填料填充	MT2	MT3	MT5
PPE	聚苯醚；聚亚苯醚		MT2	MT3	MT5
PPS	聚苯硫醚		MT2	MT3	MT5
PS	聚苯乙烯		MT2	MT3	MT5
PSU	聚砜		MT2	MT3	MT5
PUR-P	热塑性聚氨酯		MT4	MT5	MT7
PVC-P	软质聚氯乙烯		MT5	MT6	MT7
PVC-U	未增塑聚氯乙烯		MT2	MT3	MT5
SAN	（丙烯腈-苯乙烯）共聚物		MT2	MT3	MT5
UF	脲-甲醛树脂	无机填料填充	MT2	MT3	MT5
		有机填料填充	MT3	MT4	MT6
UP	不饱和聚酯	30%玻璃纤维填充	MT2	MT3	MT5

当改变塑件的结构，以简化模具的结构。表 3-3 为一些改变塑件形状以利于塑件成型的典型实例。

表 3-3　一些改变塑件形状以利于塑件成型的典型实例

序号	合理的塑件形状	不合理的塑件形状	说明
1			改变形状后，无须采用侧抽芯，使模具结构简单
2			应避免塑件表面横向凸台，便于脱模
3			塑件有外侧凹时，必须采用瓣合凹模，故模具结构复杂，塑件外表有熔接痕
4			内凹侧孔改为外凹侧孔，有利于抽芯
5			改变塑件形状可避免抽芯
6			横向孔改为纵向孔可避免侧抽芯

　　塑件内侧凹陷或凸起较浅并允许有圆角时，可以采用整体式凸模并采取强制脱模的方法。这种方法要求塑件在脱模温度下应具有足够的弹性，以保证塑件在强制脱模时不会变形。例如，聚甲醛、聚乙烯、聚丙烯等塑料允许模具型芯有 5%的凹陷或凸起时采取强制脱模。图 3-1a 所示为塑件内侧有凹陷或凸起的强制脱模 $[(A-B)/B \leqslant 5\%]$；图 3-1b 所示为塑件外侧有凹陷或凸起的强制脱模 $[(A-B)/C \leqslant 5\%]$。大多数情况下塑件侧凹不能强制脱模，此时应采用侧向分型抽芯机构的模具。

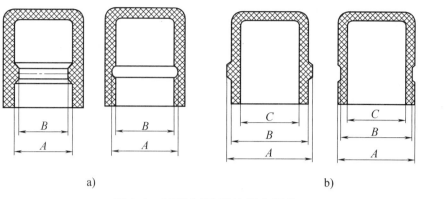

a)　　　　　　　　　b)

图 3-1　可强制脱模的侧向凹凸

四、斜度

塑件冷却时的收缩会使它紧紧地包住模具型芯或型腔中的凸起部分，为了便于从塑件中抽出型芯或从型腔中脱出塑件，防止脱模时拉伤塑件，在设计时，必须使塑件内外表面沿脱模方向留有足够的斜度 α，在模具上称为脱模斜度，如图 3-2 所示。

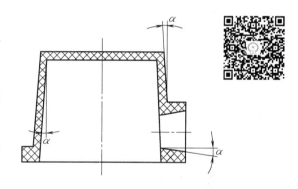

图 3-2　塑件的脱模斜度

脱模斜度取决于塑件的形状、壁厚及塑料的收缩率，在通常情况下，脱模斜度为 30′~1°30′；当塑件精度要求较高时，应选用较小的斜度，外表面斜度可小至 5′，内表面可小至 10′~20′；硬质塑料比软质塑料脱模斜度大；形状较复杂、成型孔较多的塑件，引起脱模阻力较大时，取较大的脱模斜度，可选用 4°~5°；塑件高度较大、孔较深，取较小的脱模斜度；壁厚增加，应选用较大的脱模斜度；塑件上的加强肋单边应有 4°~5°脱模斜度。常用塑件的脱模斜度见表 3-4。

表 3-4　常用塑件的脱模斜度

塑件材料	脱模斜度	
	型芯	型腔
丙烯腈-丁二烯-苯乙烯共聚物（ABS）	35′~1°	40′~1°20′
聚苯乙烯（PS）	30′~1°	35′~1°30′
聚碳酸酯（PC）	30′~50′	35′~1°

（续）

塑件材料	脱模斜度	
	型芯	型腔
聚丙烯（PP）	25′~50′	30′~1°
聚乙烯（PE）	20′~45′	25′~45′
聚甲基丙烯酸甲酯（PMMA）	30′~1°	35′~1°30′
聚甲醛（POM）	30′~1°	35′~1°30′

五、壁厚

塑件应有一定的壁厚，这不仅是为了保证塑件在使用中有足够的强度和刚度，脱模时能经受脱模机构的冲击，装配时能承受紧固力，而且也为了塑料在成型时能保持良好的流动状态。壁厚的大小对塑料的成型影响很大。壁厚过大，则浪费材料，还易产生气泡、缩孔等缺陷；壁厚过小，则成型时流动阻力大，难以充型，因此应合理选择塑件的壁厚。

塑件壁厚设计的另一基本原则是同一塑件的壁厚应尽可能均匀一致，否则会因冷却和固化速度不均匀而产生附加内应力，引起翘曲变形，热塑性塑料会在壁厚处产生缩孔；热固性塑料则会因未充分固化而鼓包或因交联度不一致而产生性能差异。

热塑性塑料比较容易成型，壁厚可以设计为 0.25mm；但一般不宜小于0.9mm，常选取 2~4mm。表 3-5 是几种常见热塑性塑料制品的最小壁厚及常用壁厚推荐值。

表 3-5 热塑性塑料制品的最小壁厚及常用壁厚推荐值 （单位：mm）

塑件材料	最小壁厚	小型塑件推荐壁厚	中型塑件推荐壁厚	大型塑件推荐壁厚
尼龙（PA）	0.45	0.76	1.5	2.4~3.2
聚乙烯（PE）	0.6	1.25	1.6	2.4~3.2
聚苯乙烯（PS）	0.75	1.25	1.6	3.2~5.4
改性聚苯乙烯（PS+）	0.75	1.25	1.6	3.2~5.4
聚甲基丙烯酸甲酯（PMMA）	0.8	1.50	2.2	4~6.5
硬聚氯乙烯（PVC）	1.2	1.60	1.8	3.2~5.8
聚丙烯（PP）	0.85	1.45	1.75	2.4~3.2
氯化聚醚（CPT）	0.9	1.35	1.8	2.5~3.4
聚碳酸酯（PC）	0.95	1.80	2.3	3~4.5

（续）

塑件材料	最小壁厚	小型塑件推荐壁厚	中型塑件推荐壁厚	大型塑件推荐壁厚
聚苯醚（PPO）	1.2	1.75	2.5	3.5～6.4
醋酸纤维素（CA）	0.7	1.25	1.9	3.2～4.8
乙基纤维素（EC）	0.9	1.25	1.6	2.4～3.2
丙烯酸类	0.7	0.9	2.4	3.0～6.0
聚甲醛（POM）	0.8	1.40	1.6	3.2～5.4
聚砜（PSU）	0.95	1.80	2.3	3～4.5

热固性塑料的小型制件，壁厚一般取 1.6～2.5mm，大型制件取 3.2～8mm。布基酚醛塑料等流动性较差的品种应取较大值，但一般不宜大于 10mm。脆性塑料（如矿粉填充的酚醛塑料）制件壁厚不应小于 3.2mm。表 3-6 是几种常见热固性塑料壁厚推荐值。

表 3-6　几种常见热固性塑料壁厚推荐值　　　　（单位：mm）

塑 料 名 称	塑 料 外 形 高 度		
	≤50	>50～100	>100
粉状填料的酚醛塑料	0.7～2.0	2.0～3.0	5.0～6.5
纤维状填料的酚醛塑料	1.5～2.0	2.5～3.5	6.0～8.0
氨基塑料	1.0	1.3～2.0	3.0～4.0
聚酯玻璃纤维填料的塑料	1.0～2.0	2.4～3.2	>4.8
聚酯无机物填料的塑料	1.0～2.0	3.2～4.8	>4.8

六、加强肋

加强肋的主要作用是在不增加壁厚的情况下，增强塑件的强度和刚度，避免塑件翘曲变形。此外，合理布置加强肋还可以改善充模流动性，减少塑件内应力，避免气孔、缩孔和凹陷等缺陷。原则上加强肋的厚度应小于塑件厚度，并与壁用圆弧过渡；加强肋端面高度不应超过塑件高度，宜低于 0.5mm 以上；尽量采用数个高度较矮的肋代替孤立的高肋，肋与肋间距离应大于肋宽的两倍；加强肋的设置方向除应与受力方向一致外，还应尽可能与熔体流动方向一致，避免料流受到搅乱，使塑件的韧性降低。表 3-7 为加强肋设计的一些典型实例。

除了采用加强肋外，对于薄壁容器或壳类件，适当改变其结构或形状，也能达到提高其刚度、强度和防止变形的目的。图 3-3 所示为容器底与盖的加强，图 3-4 所示为容器边缘的增强。

表 3-7　加强肋设计的一些典型实例

序号	不合理	合理	说明
1	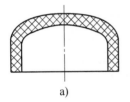		塑料过厚处应减薄并设置加强肋,以保持原有强度
2			过高的塑件应设置加强肋,以减薄塑件壁厚
3			加强肋应设计得矮些,与支承面的间隙应大于 0.5mm

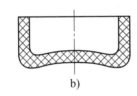
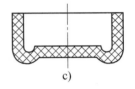

　　　　a)　　　　　　　　　b)　　　　　　　　c)

图 3-3　容器底与盖的加强

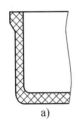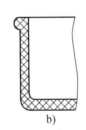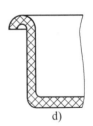

　　a)　　　　　　b)　　　　　　c)　　　　　　d)

图 3-4　容器边缘的增强

七、支承面

　　当塑件需要有一个面为支承面时,以整个底面作为支承面是不合理的,因为塑件稍有翘曲或变形就会造成底面不平。为了更好地支承,常采用边框(凸缘)支承或底脚(凸台)支承,如图 3-5 所示。图 3-5a 所示以整个底面作为支承面是不合理的;图 3-5b 和图 3-5c 分别以边框凸起和底脚作为支承面,设计较为合理。

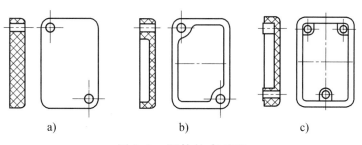

a) b) c)

图 3-5 塑件的支承面

八、圆角

带有尖角的塑件，往往会在尖角处产生应力集中，影响塑件强度，同时还会出现凹痕或气泡，影响塑件外观质量，为此塑件除了使用上要求必须采用尖角外，其余所有转角处应尽可能采用圆弧过渡。这样不仅避免了应力集中，提高了强度，而且增加了塑件的美观，有利于塑料充模时的流动，模具在淬火或使用时不致因应力集中而开裂。采用圆角给凹模型腔加工带来麻烦，使钳工劳动量增大。一般圆角半径不应小于0.5mm，理想的内圆角半径应为壁厚的 1/3 以上，如图 3-6 所示。

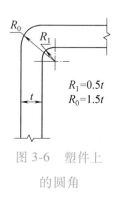

$R_1=0.5t$
$R_0=1.5t$

图 3-6 塑件上的圆角

九、孔的设计

塑件上的孔是用模具的型芯成型的，理论上可以成型任何形状的孔，但形状复杂的孔，其模具制造困难，成本高，因此采用模具成型的孔应为工艺上易于加工的孔。塑件上常见的孔有通孔、不通孔、形状复杂的孔。孔应设置在不易削弱塑件强度的地方，孔与孔之间和孔与边壁之间都应留有距离（应大于孔径）。热固性塑件两孔之间及孔与边壁之间的距离关系见表 3-8。塑件上固定用孔和其他受力孔的周围可设计一凸边或凸台加强，如图 3-7 所示。

1. 通孔

进行通孔设计时孔深不能太大，通孔深度不应超过孔径的 3.75 倍，压缩成型时尤应注意。成型通孔用的型芯一般有以下三种安装方法，如图 3-8 所示。在图 3-8a 中，型芯一端固定，这种方法虽然简单，但会出现不易修整的横向飞边，且当孔较深或孔径较小时型芯易弯曲；在图 3-8b 中，用两个型芯来成型，并使一个

表 3-8 热固性塑件两孔之间及孔与边壁之间的距离关系（单位：mm）

孔 径	孔与边壁 最小距离	孔与孔之间 剩下净距离	孔 径	孔与边壁 最小距离	孔与孔之间 剩下净距离
1.6	2.4	3.6	6.4	6.4	11.1
2.4	2.8	4.8	8	8	14.3
3.2	4	6.4	9.5	8.7	18.2
4.8	5.5	8	12.8	11.1	22.2

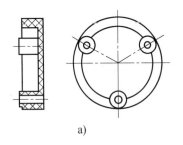 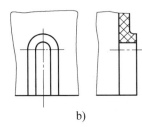 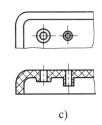

a)   b)   c)

图 3-7 孔的加强

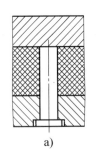 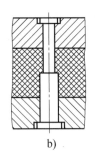 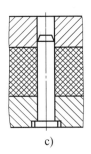

a)   b)   c)

图 3-8 通孔的成型方法

型芯径向尺寸比另一个大 0.5~1.0mm，这样即使稍有不同心，也不致引起安装和使用上的困难，其特点是型芯长度缩短了一半，稳定性增加，这种成型方式适用于较深的孔且孔径要求不很高的场合；在图 3-8c 中，型芯一端固定，一端导向支承，这种方法使型芯既有较好的强度和刚度，又能保证同轴度，较为常用，但导向部分因导向误差发生磨损后，会产生圆周纵向溢料。

2. 不通孔

不通孔只能用一端固定的型芯来成型，因此其深度应浅于通孔。注射成型或压注成型时，孔深不应超过孔径的 4 倍；压缩成型时，孔深应浅些，平行于压制方向的孔深一般不超过孔径的 2.5 倍，垂直于压制方向的孔深一般不超过孔径的 2 倍。直径小于 1.5mm 的孔或深度太大（大于以上值）的孔最好用成型后机械加工的方法获得。

3. 异形孔

当塑件孔为异形孔（斜度孔或复杂形状孔）时，常常采用拼合的方法来成型，这样可以避免侧向抽芯。图 3-9 所示为几个用拼合型芯成型异形孔的典型例子。

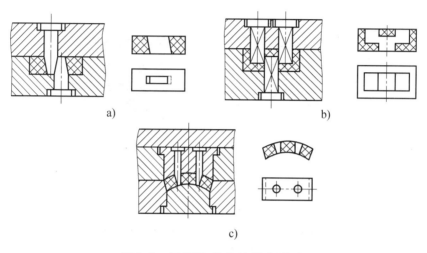

图 3-9   异形孔型芯的拼合形式

十、螺纹的设计

塑件上的螺纹既可以直接用模具成型，也可以在成型后用机械加工的方法获得。对于需要经常拆装和受力较大的螺纹，应采用金属螺纹嵌件。塑件上的螺纹一般应选用较大的螺纹公称直径，直径较小时也不宜选用细牙螺纹，否则会影响使用强度。表 3-9 列出了塑件螺纹的选用范围。

表 3-9   塑件螺纹的选用范围

螺纹公称直径/mm	螺 纹 种 类				
	公称标准螺纹	1 级细牙螺纹	2 级细牙螺纹	3 级细牙螺纹	4 级细牙螺纹
<3	+	—	—	—	—
3~6	+	—	—	—	—
6~10	+	+	—	—	—
10~18	+	+	+	—	—
18~30	+	+	+	+	—
30~50	+	+	+	+	+

注：表中"+"号为建议采用的范围。

塑件上螺纹的公称直径不宜过小，外径不应小于 4mm，内径不应小于 2mm，尺寸公差不超过 IT3。如果模具上螺纹的螺距未考虑收缩值，那么塑件螺纹与金属螺纹的配合长度不能太长，一般不大于螺纹公称直径的 1.5~2 倍，否则会因干涉而造成附加内应力，使螺纹连接强度降低。为了防止螺纹最外圈崩裂或变形，应使螺纹最外圈和最里圈留有台阶，如图 3-10 和图 3-11 所示。

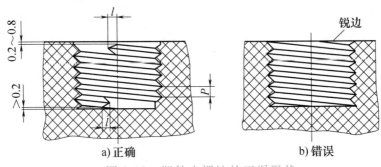

图 3-10　塑件内螺纹的正误形状

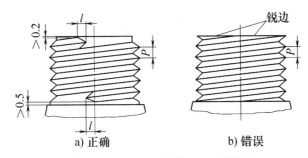

图 3-11　塑件外螺纹的正误形状

螺纹的始端和末端应逐渐开始和结束，有一段过渡长度 l，其数值可按表 3-10 选取。

表 3-10　塑件上螺纹始末端的过渡长度　　　　　　　　　（单位：mm）

螺纹公称直径	螺　距 P		
	<0.5	0.5~1	>1
	始末端过渡长度 l		
≤10	1	2	3
>10~20	2	3	4
>20~34	2	4	6
>34~52	3	6	8
>52	3	8	10

注：始末端的过渡长度相当于车制金属螺纹型芯或型腔的退刀长度。

螺纹直接成型的方法有：采用螺纹型芯或螺纹型环，在成型之后将塑件旋下来；外螺纹采用瓣合模方法，该方法成型效率高，但精度较差，且有飞边；要求不高的软塑件成型内螺纹时，可强制脱模，这种螺纹浅，断面呈椭圆形，如图 3-12 所示。

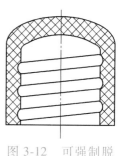

图 3-12　可强制脱模的圆牙螺纹

在同一型芯（或型环）上，当前后两段都有螺纹时，应使两段螺纹的旋向相同，螺距相等，如图 3-13a 所示，否则无法使塑件从型芯（或型环）上旋下来。当螺距不等或旋向不同时，则应采用两段型芯（或型环）组合在一起的方法，成型后分别旋下来，如图 3-13b 所示。

十一、齿轮设计

塑料齿轮目前主要用于精度和强度不太高的传动机构，其主要特点是重量轻，传动噪声小。可制作齿轮的塑料有尼龙、聚碳酸酯、聚甲醛、聚砜等。为了使塑料齿轮适应注射成型工艺，齿轮的轮缘、辐板和轮毂均应有一定的厚度，如图 3-14 所示。

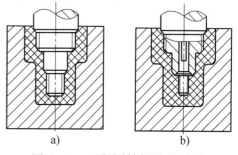

图 3-13　两段同轴螺纹的设计

齿轮各部分的尺寸关系如下：

1）最小轮缘宽度 t_1 应为齿高 t 的 3 倍。

2）辐板厚度 H_1 应不大于轮缘厚度 H。

3）轮毂厚度 H_2 应不小于轮缘厚度 H。

4）最小轮毂外径 D_1 应为轴孔直径 D 的 1.5~3 倍。

5）轮毂厚度 H_2 应相当于轴径 D。

为了减少尖角处的应力集中及齿轮在成型时内部应力的影响，应尽量避免截面的突然变化，尽可能加大圆角及过渡圆弧的半径。为了避免装配时产生内应力，轴与孔的配合应尽可能不采用过盈配合，而采用过渡配合。图 3-15 所示为轴与孔采用过渡配合的两种形式，其中，用月形孔配合（图 3-15a）比用销孔固定形式（图 3-15b）要好。

对于薄型齿轮，如果厚度不均匀，则会引起齿形歪斜，用无轮毂无轮缘的齿轮可以很好地解决这个问题。另外，当辐板上有较大的孔时（图 3-16a），因孔在

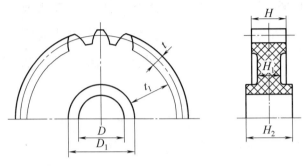

图 3-14　齿轮各部分尺寸

成型时很少向中心收缩，所以也会使齿轮歪斜；若轮毂和轮缘之间采用薄肋（图 3-16b），则能保证轮缘向中心收缩。由于塑料的收缩率大，所以，相互啮合的齿轮一般只宜用收缩率相同的塑料。

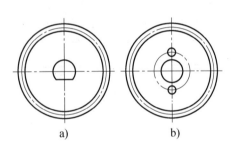

图 3-15　塑料齿轮的固定形式

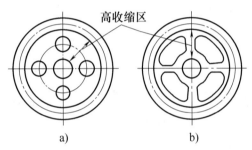

图 3-16　塑料齿轮的辐板结构

十二、嵌件

在塑件中嵌入其他零件形成不可拆卸的连接，所嵌入的零件称为嵌件。塑件中嵌入嵌件的目的是提高塑件的强度、硬度、耐磨性、导电性、导磁性等，或者是增加塑件尺寸和形状的稳定性，或者是降低塑料的消耗。嵌件的材料可以是金属材料，也可以是玻璃、木材和已成型的塑件等非金属材料，其中金属嵌件的使用最为广泛，其结构如图 3-17 所示。图 3-17a 所示为圆筒形嵌件；图 3-17b 所示为带台阶圆柱嵌件；图 3-17c 所示为片状嵌件；图 3-17d 所示为细杆状贯穿嵌件。

金属嵌件的设计原则如下：

1. 嵌件应可靠地固定在塑件中

为了防止嵌件受力时在塑件内转动或脱出，嵌件表面必须设计有适当的凹凸形状。图 3-18a 所示为最常用的菱形滚花，其抗拉和抗扭强度都比较大；图 3-18b

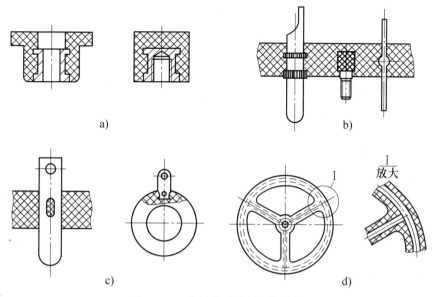

图 3-17　常见的金属嵌件结构

所示为直纹滚花，这种滚花在嵌件较长时允许塑件沿轴向少许伸长，以降低这一方向的内应力，但在这种嵌件上必须开设环形沟槽，以免在受力时被拔出；图 3-18c 所示为六角形嵌件，因其尖角处易产生应力集中，故较少采用；图 3-18d 所示为用孔眼、切口或局部折弯来固定片状嵌件；薄壁管状嵌件也可用边缘折弯方法固定，如图 3-18e 所示；针状嵌件可采用将其中一段砸扁或折弯的办法固定，如图 3-18f 所示。

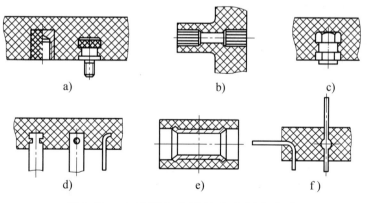

图 3-18　金属嵌件在塑件内的固定方式

2. 模具中嵌件应定位可靠

　　模具中的嵌件在成型时要受到高压熔体流的冲击，可能发生位移和变形，同时熔料还可能挤入嵌件上预制的孔或螺纹线中，影响嵌件的使用，因此嵌件必须在模具中可靠定位。图 3-19 和图 3-20 所示分别为外螺纹嵌件和内螺纹嵌件在模具内的固定方法。一般情况下，注射成型时，嵌件与模板安装孔的配合为 H8/f8；压缩成型时，嵌件与模板安装孔的配合为 H9/f9。当嵌件过长或呈细长杆状时，应在模具内设支承以免嵌件弯曲，但这时在塑件上会留下支承孔，如图 3-21 所示。

3. 嵌件周围的壁厚应足够大

金属嵌件与塑件的收缩率相差较大，致使嵌件周围的塑料存在很大的内应力，如果设计不当，则会造成塑件的开裂，而保持嵌件周围适当的塑料层厚度可以减小塑件的开裂倾向。对于酚醛塑料及与之相类似的热固性塑料的金属嵌件，周围塑料层厚度可参见表 3-11。另外，嵌件不应带有尖角，以减少应力集中。热塑性塑料注射成型时，应将大型嵌件预热到接近物料温度。对于应力难以消除的塑料，可在嵌件周围覆盖一层高聚物弹性体或在成型后进行退火。嵌件的顶部也应有足够的塑料层厚度，否则会出现鼓泡或裂纹。

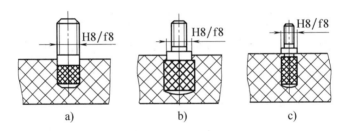

图 3-19　外螺纹嵌件在模具内的固定方法

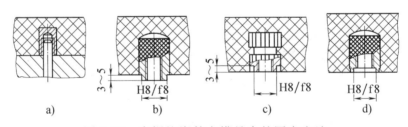

图 3-20　内螺纹嵌件在模具内的固定方法

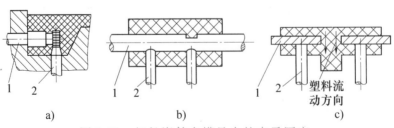

图 3-21　细长嵌件在模具内的支承固定

1—嵌件　2—支承柱

表 3-11　金属嵌件周围塑料层厚度　　　　　　　（单位：mm）

图　　例	金属嵌件直径 D	周围塑料层最小厚度 C	顶部塑料层最小厚度 H
	≤4	1.5	0.8
	>4~8	2.0	1.5
	>8~12	3.0	2.0
	>12~16	4.0	2.5
	>16~25	5.0	3.0

　　成型带嵌件的塑件会降低生产率，使生产不易实现自动化，因此在设计塑件时应尽可能避免使用嵌件。

十三、铰链

　　利用某些塑料的特性，可以直接成型为铰链结构。常用的塑料如聚丙烯、乙丙烯共聚物、某些品种 ABS 等，均可直接制成铰链。

　　常用的铰链截面形式如图 3-22 所示。铰链部分厚度应减薄，一般为 0.2~0.4mm，而且熔体流向必须是通过铰链部分，线性分子能沿其主链方向折弯。如果流向不对，则铰链部位容易折断。

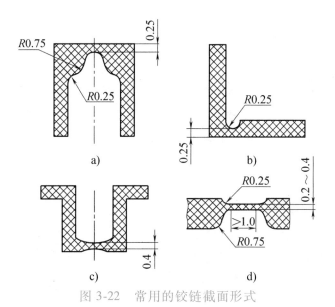

图 3-22　常用的铰链截面形式

　　铰链部分的截面长度不可过长，否则弯折线不能集中在一处，闭合效果不佳。壁厚的减薄过渡处，应以圆弧过渡，在制模时应使之均匀，而且此处的模具温度也必须始终保持一致，否则会减少其弯折寿命。

十四、标记、符号、文字

由于装潢或某些特殊要求，塑件上有时需要带有文字或图案符号的标志，如图 3-23 所示。标志应放在分型面的垂直方向上，并有适当的斜度以便脱模。如果塑件标记是凸的，在模具上则为凹形，加工比较容易。文字可用刻字机刻制，图案等可用手工雕刻或电加工等方法加工，但凸起的标记符号容易磨损。如果塑件标记是凹形的，在模具上则为凸形，用一般的机械加工方法难以满足，可采用电火花、冷挤压或电铸

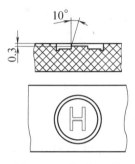

图 3-23 塑件上的
标志形式

等方法加工。位于塑件凹处的凸字具有很多优点，无论在研磨抛光或使用时都不易磨损破坏，而且容易加工，因而被广泛采用。

项目训练

学习分析塑件结构工艺的合理性。从塑件结构工艺性考虑，找出图 3-24 中设计合理的结构图。如果将图中不合理的结构应用在实际生产中，会产生什么后果？

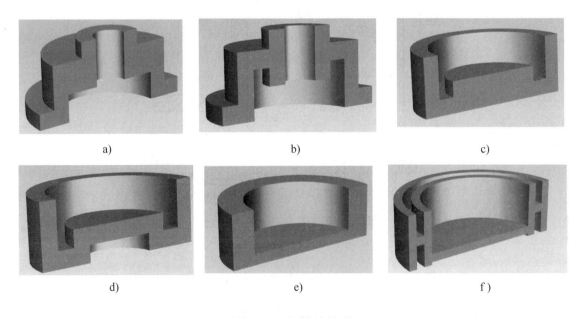

a)   b)   c)

d)   e)   f)

图 3-24 塑件结构图

学习评价

完成本项目的学习后进行学习评价，学习评价见表3-12。

表3-12　学习评价表

任务评价	评价内容	参考分值	评价结果	评价人
素质目标评价	自主学习	5		
	交流、表达及互动	10		
	团队合作	5		
知识目标评价	熟悉塑件结构工艺性设计的一般原则	5		
	了解塑件的尺寸与精度设计要求	5		
	了解脱模斜度设计要点	5		
	了解表面粗糙度和塑件形状设计要求	5		
	了解壁厚设计原则	5		
	了解加强肋设计要点	5		
	了解支承面设计原则	5		
	了解圆角设计要求	5		
	了解孔的类型及结构特点	5		
	了解螺纹和嵌件设计要求	5		
	了解铰链设计要点	5		
	了解标记、符号和文字的设计要求	5		
能力目标评价	掌握塑件质量缺陷形成原因的分析能力	10		
	掌握塑件结构工艺性分析的能力	10		
	总计	100		

 拓展阅读

大国工匠——郑朝阳

锉削、锯削、攻螺纹，一次次的钳工作业展现着他过硬的专业技术。内蒙古自治区首批"北疆工匠"、自治区优秀共产党员、自治区道德模范，一项项荣誉彰显了他始终如一的坚守，他就是中国航天科工集团有限公司六院三五九厂钳工组一线工人郑朝阳。郑朝阳从小就对火箭、导弹有着浓厚的兴趣，因此选择了在西安航天技工学校学习钳工专业。1988年，郑朝阳从西安航天技工学校毕业后，来到中国航天科工集团有限公司六院三五九厂，成为我国第一个固体火箭发动机研制生产基地的一名钳工。在生产第一线，他凭借对航天事业的那份热爱、执着和担当，凭借多年勤奋练就的操作技能，经过他的手生产的零件达到了"零误差"，并且钻研出多项技术创新成果，应用于国家几十个重点武器装备和各种重点型号产品中。

钳工的日常工作，要用到十几类、百余种工具，每个人的手法技艺各有不同。一件小小的零件看似简单，制作起来却至少要有4道工序：定周长、打样冲眼、去毛刺、窝圆，一步也不能放松警惕。为了攻克手工制作存在缺陷这一难题，拿到设计图样后，郑朝阳根据材质特性、零件功能、误差的影响，在产品上一个细节一个细节地抠。郑朝阳在日常的工作中默默地打磨零件，从连接套筒刻线到倒棱机，从导线固定环到电感固定环，在29年的反复实验、改装中，研制出了大大小小的工艺装备，使生产率得到极大提高。"我始终坚信，活儿都是踏踏实实干出来的。把简单的事做好，就是不简单；坚持把平凡的事情做好，就是不平凡。我自己这么做，也要求徒弟们这么做，踏踏实实把活干好是第一位的。"郑朝阳说。

思 考 与 练 习

一、填空题

1. 为了便于从成型零件上顺利脱出塑件，必须在塑件内外表面沿脱模方向设计有足够的斜度，这个斜度称为_____。

2. 影响塑件尺寸精度的因素十分复杂，首先是_____和塑料收缩率的波动，其次是模具的磨损程度。

3. 塑件上常见的孔有_____、不通孔和异形孔。

4. 镶入嵌件的目的主要是为了提高塑件的_____、硬度、耐磨性、导电性、导磁性等，或增加塑件尺寸和形状的稳定性，降低塑料的消耗。

二、单项选择题

1. 多数塑料的弹性模量和强度较低，受力后容易变形甚至破坏，单纯采用增加塑件壁厚的方法来提高其刚强度是不合理，也不经济的。通常在塑件的相应位置设置（　　）。

A. 圆角　　　　B. 加强肋　　　　C. 尖角　　　　D. 脱模斜度

2. 塑件的表面粗糙度，主要取决于模具成型零件的表面粗糙度。一般模具表面粗糙度数值要比塑件的小（　　）。

A. 7~8级　　　　B. 5~6级　　　　C. 3~4级　　　　D. 1~2级

3. 模塑件尺寸公差的代号为MT，公差等级分为（　　）。

A. 5 级　　　　B. 6 级　　　　C. 7 级　　　　D. 8 级

4. 一般孔与孔之间或孔与制件边壁之间的距离应（　　　）。

A. 不大于壁厚　　B. 不大于孔径　　C. 大于孔径　　D. 不小于壁厚

5. 塑件壁与壁转角处一般设计成（　　　）。

A. 直角过渡　　　B. 锐角过渡　　　C. 圆弧过渡　　　D. 尖角过渡

6. 塑料侧凹较浅时，可采取强制脱模，强制脱模与塑料材料的（　　　）性能相关。

A. 塑性　　　　　B. 弹性　　　　　C. 刚性　　　　　D. 密度

7. 支承面一般设计成（　　　）。

A. 平面　　　　　B. 凸起的边框　　C. 球面　　　　　D. 曲面

三、简答题

1. 影响塑件尺寸精度的主要因素有哪些？

2. 什么是塑件的脱模斜度？脱模斜度的选取应遵循哪些原则？

3. 为什么应尽量使塑件壁厚尽量均匀？

4. 绘出成型通孔用的型芯三种安装方法。

5. 何谓嵌件？嵌件设计时应注意哪几个问题？

6. 简述塑件上标记、符号设计原则。

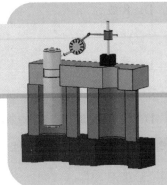

项目四

注射成型工艺特性分析

学习目标

1）掌握注射成型原理、工艺过程及工艺参数（温度、压力、时间）的调节和控制。

2）了解注射模具的分类，掌握注射模具的结构组成、典型的单分型面注射模和双分型面注射模的工作过程及原理。

3）了解注射机的分类、特点、适用范围及优缺点，注射成型机型号与规格的表示法；掌握注射机有关工艺参数的校核，包括型腔数量、最大注射量、锁模力、注射压力、开模行程、推出装置等。

4）培养学生的科学素养，倡导科学精神，鼓励创新思维。

任务一　认识注射成型

一、注射成型原理

注射机一般可以分为柱塞式注射机和螺杆式注射机两类，二者注射成型原理略有不同，下面以螺杆式注射机为例，如图4-1所示。

注射成型原理是将颗粒状或粉末状塑料从注射机的料斗送进料筒中，在料筒内经加热熔化呈流动状态后，在柱塞或螺杆的推动下，通过料筒前端的喷嘴以较快的速度注入温度较低的闭合模具型腔中，经冷却固化后获得成型塑件。当料筒前端的熔料堆积对螺杆产生一定的压力（称为螺杆的背压）时，螺杆就在转动中后退，直至与调整好的行程开关接触，具有模具一次注射量的塑料预塑和储料（即料筒前部熔融塑料的储量）结束。接着注射液压缸开始工作，与液压缸活塞

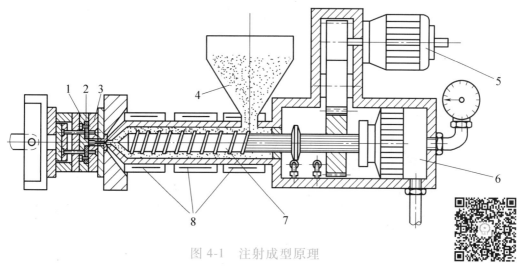

图 4-1　注射成型原理

1—动模　2—塑件　3—定模　4—料斗　5—传动装置　6—液压缸　7—螺杆　8—加热器

相连接的螺杆以一定的速度和压力将熔料通过料筒最前端的喷嘴注入温度较低的闭合模具型腔中，保压一定时间，熔融塑料冷却固化即可保持模具型腔所赋予的形状和尺寸。开合模机构将模具打开，在推出机构的作用下，即可取出注射成型的塑件。

注射成型生产周期短，生产率高，能成型形状复杂、尺寸精确或带嵌件的制品，成型塑料品种多，易于实现自动化，因此广泛用于各种塑料制品的生产。其成型制品占目前全部塑料制品的 20%~30%。注射成型是一种比较先进的成型工艺，目前正继续向着高速化和自动化方向发展。

二、注射成型工艺过程

注射成型工艺过程包括成型前的准备、注射成型过程、塑件后处理。

1. 成型前的准备

为了保证注射成型的正常进行和保证塑件质量，在注射成型前应做以下准备工作：

（1）塑料原材料的检验和预处理　对吸水性强的塑料（聚碳酸酯等）要进行干燥处理，去除过多水分及挥发物，防止成型后塑件表面出现斑纹等缺陷。图 4-2 所示为一种微机型料斗干燥机，图 4-3 所示为一种箱式干燥机。

（2）嵌件的预热　金属和塑料收缩率相差较大。冷却时，嵌件周围产生较大的内应力，导致嵌件周围塑料层强度下降和出现裂纹，因此成型前可对嵌件进行预热，以减少它在成型时与塑料熔体的温差，避免或抑制嵌件周围的塑料容易出现的收缩应力和裂纹。图 4-4 所示为嵌件预热车，图 4-5 所示为井式预热炉。

图 4-2　微机型料斗干燥机

图 4-3　箱式干燥机

图 4-4　嵌件预热车

图 4-5　井式预热炉

（3）料筒的清洗　在注射成型过程中，若需要改变塑料品种，更换制品颜色，发现塑料中有分解、炭化现象，或者首次使用注射机以及注射机长期封存重新启用时，都需要对注射机（主要是料筒）进行清洗或拆换。柱塞式注射机料筒的清洗比螺杆式注射机困难，由于柱塞式注塑机料筒内的存料量较大，物料不易移动，所以必须将料筒拆卸清洗或者采用专用料筒。

螺杆式注射机通常采用直接换料清洗的方式。换料清洗时使用的清洗料，可以是需更换塑料或是需更换塑料及清洗母料的混合物，或者先使用其他塑料过渡清洗，再使用更换塑料。由于清洗机筒需要耗费大量的塑料，在安排制品生产次序时，尽量用深颜色塑料更换浅颜色塑料，用不透明塑料更换透明塑料，用高黏度塑料更换低黏度塑料。在清洗热固性塑料注射机料筒时，最好使用不含固化剂的类似品种的塑料或其混合物。在清洗价格昂贵的塑料时，最好使用清洗母料混合物。

为节省时间和原料，换料清洗应采取正确的操作步骤，掌握塑料的热稳定性、成型温度范围和各种塑料之间的相容性等技术资料。当欲换塑料的成型温度远比料筒内存留塑料的温度高时，应先将料筒和喷嘴温度升高到欲换塑料的最低加工温度，然后加入欲换塑料（或欲换料的回料）并连续进行对空注射，直至全部存料清洗完毕时再调整温度进行正常的生产。如果欲换塑料的成型温度远比料筒内塑料的温度低，则应将料筒和喷嘴温度升高到料筒内塑料的最好流动温度后，切断电源，用欲换塑料在降温下进行清洗；如果欲换塑料的成型温度高，熔融黏度大，而料筒内存留的又是热敏性的塑料，如聚氯乙烯、聚甲醛或聚三氟氯乙烯等，为预防塑料分解，应选用流动性好、热稳定性高的聚苯乙烯或高压聚乙烯塑料作为过渡换料。

此外，料筒的清洗也可采用料筒清洗剂。操作时，首先将喷嘴向后退，排空之前原料，设定最大背压及射胶量，然后在下一种原料中添加1%的清洗剂，立即开始清洗，直至射胶换色完成。之后推进喷嘴至模具，在开模状态下射出发泡膨胀的塑胶，最后使用干料开始生产。使用料筒清洗剂进行清洗可节约大量原料，缩短时间，取得较好的效果。图4-6所示为螺杆式料筒。

（4）脱模剂的选用　由于工艺条件控制的不稳定性或塑件本身的复杂性，可能造成脱模困难，所以在实际生产中通常使用脱模剂。常用的脱模剂有硬脂酸锌、液状石蜡（石油）和硅油三种。图4-7所示为耐高温硅油脱模剂。

图4-6　螺杆式料筒

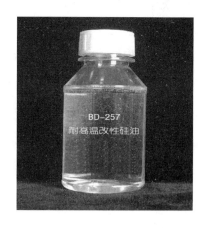

图4-7　耐高温硅油脱模剂

2. 注射成型过程

完整的注射成型过程包括加料、塑化、充模、保压、倒流、冷却和脱模。

（1）加料　将颗粒状或粉末状塑料加入注射机料斗中，由柱塞或螺杆带入料筒内进行加热。图 4-8 所示为注射加料。

图 4-8　注射加料

（2）塑化　成型塑料在注射机料筒内经过加热、混料等作用以后，由松散的粉末状或颗粒状的固态转变成熔融状态并具有良好的可塑性，这一过程称为塑化。

（3）充模　塑化好的塑料熔体在注射机柱塞或螺杆的推进作用下，以一定的压力和速度经过喷嘴和模具的浇注系统进入并充满模具型腔，这一阶段称为充模。

（4）保压　充模结束后，在注射机柱塞或螺杆的推动下，熔体仍然保持压力进行补料，使料筒中的熔料继续进入型腔，以补充型腔中塑料的收缩，从而成型出形状完整、质地致密的塑件，这一阶段称为保压。

（5）倒流　保压结束后，柱塞或螺杆后退，型腔中的熔料压力解除，这时，型腔中的熔料压力将比浇口前方的压力高，如果此时浇口尚未冻结，型腔中熔料就会通过浇口流向浇注系统，使塑件产生收缩、变形及质地疏松等缺陷，这种现象称为倒流。如果撤除注射压力时，浇口已经冻结，则倒流现象不会发生。由此可见，倒流是否发生或倒流的程度如何，均取决于浇口是否冻结或浇口的冻结程度。

（6）冷却　塑件在模内的冷却过程是指从浇口处的塑料熔体完全冻结时起到将塑件从模具型腔内推出为止的全部过程。在此阶段，补缩或倒流均不再继续进行，型腔内的塑料继续冷却、硬化和定型。实际上冷却过程从塑料注入模具型腔起就开始了，它包括从充模完成、保压开始到脱模前的这一段时间。

（7）脱模　塑件冷却到一定的温度即可脱模，在推出机构的作用下将塑件推出模外。

3. 塑件后处理

由于塑化不均匀或塑料在型腔内的结晶、取向和冷却及金属嵌件的影响等，塑件内部不可避免地存在一些内应力，从而导致塑件在使用过程中产生变形或开裂。为了解决这些问题，可对塑件进行一些适当的后处理。常用的后处理方法有退火和调湿两种。

（1）退火处理　退火处理是将塑件放在定温的加热介质（如热水、热油、热空气和液状石蜡等）中保温一段时间，然后缓慢冷却的热处理过程。利用退火时的热量，能加速塑料中大分子松弛，从而消除塑件成型后的残余应力。退火温度一般在塑件使用温度以上 10~20℃ 至热变形温度以下 10~20℃ 范围内进行选择和控制。

（2）调湿处理　调湿处理是一种调整塑件含水量的后处理工序，主要用于吸湿性很强且又容易氧化的聚酰胺等塑件。调湿处理除了能在加热条件下消除残余应力外，还能使塑件在加热介质中达到吸湿平衡，以防止在使用过程中发生尺寸变化。调湿处理所用的介质一般为沸水或醋酸钾溶液（沸点为 121℃），加热温度为 100~121℃。

三、注射成型的工艺参数

正确的注射成型工艺过程可以保证塑料熔体良好塑化、顺利充模、冷却与定型，从而生产出合格的塑件，而温度、压力和时间是影响注射成型工艺的重要参数。

1. 温度

在注射成型过程中需要控制的温度有料筒温度、喷嘴温度和模具温度。其中，料筒温度和喷嘴温度主要影响塑料的塑化和流动，模具温度影响塑料的流动和冷却定型。

（1）料筒温度　为了保证塑料熔体的正常流动，不使物料发生过热分解，料筒最适合的温度范围应在黏流态或熔点温度 $\theta_{f(m)}$ 和热分解温度 θ_d 之间。料筒的温度分布一般采用前高后低的原则，即料筒的加料口（后段）处温度最低，喷嘴处的温度最高。料筒后段温度应比中段、前段温度低 5~10℃。对于螺杆式注射机，料筒前段温度略低于中段，以防止塑料由于螺杆与熔料、熔料与熔料、熔料与料筒之间的剪切摩擦热而产生热降解现象。

（2）喷嘴温度 喷嘴温度一般略低于料筒的最高温度，若喷嘴温度太高，则熔料在喷嘴处产生流涎现象，塑料易产生热分解现象；但喷嘴温度也不能太低，否则易产生冷块或僵块，使熔体产生早凝，其结果是凝料堵塞喷嘴，或是将冷料注入模具型腔，导致成品缺陷。

（3）模具温度 模具温度对熔体的充模流动能力、塑件的冷却速度和成型后的塑件性能等有着直接的影响。

2. 压力

注射成型过程中的压力包括塑化压力、注射压力和保压压力三种，它们直接影响塑料的塑化和塑件质量。

（1）塑化压力 塑化压力又称螺杆背压，它是指采用螺杆式注射机注射时，螺杆头部熔料在螺杆转动后所受到的压力。在保证塑件质量的前提下，塑化压力应越低越好，其具体数值随所用塑料的品种而定，一般为 $6 \sim 20\mathrm{MPa}$。

（2）注射压力 注射压力是指柱塞或螺杆轴向移动时其头部对塑料熔体所施加的压力。

（3）保压压力 型腔充满后，继续对模内熔料施加的压力称为保压压力，保压压力的作用是使熔料在压力下固化，并在收缩时进行补缩，从而获得健全的塑件。

3. 时间（成型周期）

完成一次注射成型过程所需的时间称成型周期。它包括合模时间、注射时间、保压时间、模内冷却时间和其他时间等。

（1）合模时间 合模时间是指注射之前模具闭合的时间。

（2）注射时间 注射时间是指注射开始到塑料融体充满模具型腔的时间（柱塞或螺杆前进时间）。

（3）保压时间 保压时间是指型腔充满后继续施加压力的时间（柱塞或螺杆停留在前进位置的时间）。

（4）模内冷却时间 模内冷却时间是指塑件保压结束至开模以前所需的时间（柱塞后撤或螺杆转动后退的时间均在其中）。

（5）其他时间 其他时间是指开模、脱模、喷涂脱模剂、安放嵌件等时间。

常用塑料的注射成型工艺参数可参考表 4-1。

表 4-1　常用塑料的注射成型工艺参数

塑料	LDPE	HDPE	乙丙共聚PP	PP	玻纤增强PP	软PVC	硬PVC	PS	HIPS	ABS	高抗冲ABS	耐热ABS	电镀级ABS	阻燃ABS	透明ABS	ACS
注射机类型	柱塞式	螺杆式	柱塞式	螺杆式	螺杆式	柱塞式	螺杆式	柱塞式	螺杆式	螺杆式	螺杆式	螺杆式	螺杆式	螺杆式	螺杆式	螺杆式
螺杆转速/(r/min)	—	30~60	—	30~60	30~60	—	20~30	—	30~60	30~60	30~60	30~60	20~60	20~50	30~60	20~30
喷嘴 形式	直通式	直通式	直通式	直通式	直通式	直通式	直通式	直通式	直通式	直通式	直通式	直通式	直通式	直通式	直通式	直通式
喷嘴 温度/℃	150~170	150~180	170~190	170~190	180~190	140~150	150~170	160~170	160~170	180~190	190~200	190~200	150~210	180~190	190~200	160~170
料筒温度/℃ 前段	170~200	180~190	180~200	180~200	190~200	160~190	170~190	170~190	170~190	200~210	200~210	200~220	210~230	190~200	200~220	170~180
料筒温度/℃ 中段	—	180~200	190~220	200~220	210~220	—	165~180	—	170~190	210~230	210~230	220~240	230~250	200~220	220~240	180~190
料筒温度/℃ 后段	140~160	140~160	150~170	160~170	160~170	140~150	160~170	140~160	140~160	180~200	180~200	190~200	200~210	170~190	190~200	160~170
模具温度/℃	30~45	30~60	50~70	40~80	70~90	30~40	30~60	20~60	20~50	50~70	50~80	60~85	40~80	50~70	50~70	50~60
注射压力/MPa	60~100	70~100	70~100	70~120	90~130	40~80	80~130	60~100	60~100	70~90	70~120	85~120	70~120	60~100	70~100	80~120
保压压力/MPa	40~50	40~50	40~50	50~60	40~50	20~30	40~60	30~40	30~40	50~70	50~70	50~80	50~70	30~60	50~60	40~50
注射时间/s	0~5	0~5	0~5	0~5	2~5	0~8	2~5	0~3	0~3	3~5	3~5	3~5	0~4	3~5	0~4	0~5
保压时间/s	15~60	15~60	15~60	20~60	15~40	15~40	15~40	15~40	15~40	15~30	15~30	15~30	20~50	15~30	15~40	15~30
冷却时间/s	15~60	15~60	15~50	15~50	15~40	15~30	15~40	15~60	10~40	15~30	15~30	15~30	15~30	10~30	10~30	15~30
成型周期/s	40~140	40~140	40~120	40~120	40~100	40~80	40~90	40~90	40~90	40~70	40~70	40~70	40~90	30~70	30~80	40~70

（续）

塑料	玻纤增强PSU	改性PSU	PSU	透明PA	玻纤增强PC	PC/PE	PC/PE	PC	PC	玻纤增强PA1010	玻纤增强PA1010	PA1010	PA1010	PA612	PA610	玻纤增强PA66
注射机类型	螺杆式	螺杆式	螺杆式	螺杆式	螺杆式	螺杆式	螺杆式	螺杆式	螺杆式	螺杆式	螺杆式	螺杆式	螺杆式	柱塞式	螺杆式	螺杆式
螺杆转速/(r/min)	20~50	20~50	20~40	20~50	20~40	20~50	20~40	20~40	20~40	20~40	20~40	20~40	20~30	—	20~30	20~50
喷嘴 形式	自锁式	直通式	直通式	直通式	直通式	直通式	直通式	直通式	直通式	直通式	直通式	直通式	直通式	直通式	直通式	直通式
喷嘴 温度/℃	250~260	170~180	190~200	180~190	200~210	200~210	210~230	200~220	250~260	170~180	170~180	180~200	220~240	180~200	180~200	180~190
料筒温度 前段/℃	250~260	185~220	200~220	185~200	220~240	220~240	230~240	230~240	260~270	170~190	170~190	180~200	230~250	210~240	180~210	200~210
料筒温度 中段/℃	260~280	190~240	220~250	190~220	230~250	230~250	240~260	230~250	260~280	170~190	180~200	240~260	240~260	—	190~210	210~230
料筒温度 后段/℃	240~250	160~170	180~190	170~180	200~210	200~220	210~220	200~220	240~260	170~180	170~190	180~190	210~230	180~200	180~200	170~180
模具温度/℃	60~120	70~110	60~90	60~90	80~120	60~100	65~75	60~70	60~100	90~100	90~120	80~110	80~110	60~80	40~80	50~70
注射压力/MPa	80~130	90~130	90~130	90~120	90~130	80~110	80~100	60~90	80~120	80~120	80~130	80~110	80~130	80~130	50~120	80~120
保压力/MPa	40~50	50~60	40~50	30~50	30~50	30~50	40~50	30~40	30~50	30~50	30~50	30~40	40~60	40~60	40~60	40~50
注射时间/s	0~5	2~5	2~5	0~4	2~5	0~4	2~5	0~3	0~5	2~5	2~5	0~5	0~5	0~5	0~5	0~5
保压时间/s	20~50	20~60	15~40	15~50	15~50	15~50	10~20	10~30	20~30	20~90	20~80	15~50	20~60	20~40	20~40	15~30
冷却时间/s	20~40	20~40	20~40	20~40	20~40	20~40	15~30	15~30	20~30	20~60	20~60	20~50	20~40	20~40	20~40	15~30
成型周期/s	50~70	50~110	40~90	40~100	40~90	40~100	30~60	50~90	30~70	50~160	50~150	40~110	50~90	50~90	50~90	40~70

（续）

塑料	LDPE	HDPE	乙丙共聚PP	PP	玻纤增强PP	软PVC	硬PVC	PS	HIPS	ABS	高抗冲ABS	耐热ABS	电镀级ABS	阻燃ABS	透明ABS	ACS
注射机类型	螺杆式	螺杆式	螺杆式	螺杆式	柱塞式	螺杆式	柱塞式	螺杆式	柱塞式	螺杆式	柱塞式	螺杆式	螺杆式	螺杆式	螺杆式	螺杆式
螺杆转速/(r/min)	20~40	20~50	20~50	20~50	—	20~40	—	20~40	—	20~40	—	20~30	20~50	20~30	20~30	20~30
喷嘴 形式	直通式	自锁式	自锁式	自锁式	自锁式	直通式	直通式	直通式	直通式	直通式	直通式	直通式	直通式	直通式	直通式	直通式
喷嘴 温度/℃	250~260	200~210	200~210	190~200	190~210	180~190	180~190	230~250	240~250	220~230	230~240	240~260	220~240	280~290	250~260	230~280
料筒温度/℃ 前段	260~270	220~230	210~220	200~210	230~250	210~230	240~260	240~280	270~300	230~250	250~280	260~290	240~250	290~310	260~280	300~320
料筒温度/℃ 中段	260~290	230~250	210~230	220~240	—	230~260	—	260~290	—	240~260	—	270~310	250~270	300~330	280~300	310~330
料筒温度/℃ 后段	230~260	200~210	200~205	190~200	180~200	190~200	190~200	240~270	260~290	230~240	240~260	260~280	220~240	280~300	260~270	290~300
模具温度/℃	100~120	60~90	40~70	40~80	40~80	40~80	40~80	90~110	90~110	80~100	80~100	90~110	40~60	130~150	80~100	130~150
注射压力/MPa	80~130	70~110	70~120	70~100	70~120	90~130	100~130	80~130	110~140	80~120	80~130	100~140	80~130	100~140	100~140	100~140
保压压力/MPa	40~50	20~40	30~50	20~40	30~40	40~50	40~50	40~50	40~50	40~50	40~50	40~50	40~50	40~50	40~50	40~50
注射时间/s	3~5	0~5	0~5	0~5	0~5	2~5	2~5	0~5	0~5	0~5	0~5	2~5	0~5	0~5	0~5	2~7
保压时间/s	20~50	20~50	20~50	20~50	20~50	20~40	20~40	20~80	20~80	20~80	20~80	20~60	20~60	20~80	20~70	20~50
冷却时间/s	20~40	20~40	20~50	20~40	20~40	20~40	20~40	20~50	20~50	20~50	20~50	20~50	20~40	20~50	20~50	20~50
成型周期/s	50~100	50~100	50~110	50~100	50~100	50~90	50~90	50~130	50~130	50~140	50~140	50~110	50~110	50~140	50~130	50~110

（续）

塑料	聚芳砜	聚醚砜	PPO	改性 PPO	聚芳酯	聚氨酯	聚苯硫醚	聚酰亚胺	醋酰纤维素	醋酸丁酸纤维素	醋酸丙酸纤维素	乙基纤维素	F46
注射机类型	螺杆式	螺杆式	螺杆式	螺杆式	螺杆式	螺杆式	螺杆式	螺杆式	柱塞式	柱塞式	柱塞式	柱塞式	螺杆式
螺杆转速/(r/min)	20~30	20~30	20~30	20~50	20~50	20~70	20~30	20~30	—	—	—	—	20~30
喷嘴 形式	直通式	直通式	直通式	直通式	直通式	直通式	直通式	直通式	直通式	直通式	直通式	直通式	直通式
喷嘴 温度/℃	380~410	240~270	250~280	220~240	230~250	170~180	280~300	290~300	150~180	150~170	160~180	160~180	290~300
料筒温度 前段/℃	385~420	260~290	260~280	230~250	240~260	175~185	300~310	290~310	170~200	170~200	180~210	180~220	300~330
料筒温度 中段/℃	345~385	280~310	260~290	240~270	250~280	180~200	320~340	300~330	—	—	—	—	270~290
料筒温度 后段/℃	320~370	260~290	230~240	230~240	230~240	150~170	260~280	280~300	150~170	150~170	150~170	150~170	170~200
模具温度/℃	230~260	90~120	110~150	60~80	100~130	20~40	120~150	120~150	40~70	40~70	40~70	40~70	110~130
注射压力/MPa	100~200	100~140	100~140	70~110	100~130	80~100	80~130	100~150	60~130	80~130	80~120	80~130	80~130
保压压力/MPa	50~70	50~70	50~70	40~60	50~60	30~40	40~50	40~50	40~50	40~50	40~50	40~50	50~60
注射时间/s	0~5	0~5	0~5	0~8	2~8	2~6	0~5	0~5	0~3	0~5	0~5	0~5	0~8
保压时间/s	15~40	15~40	30~70	30~70	15~40	30~40	10~30	20~60	15~40	15~40	15~40	15~40	20~60
冷却时间/s	15~20	15~30	20~60	20~50	15~40	30~60	20~50	30~60	15~40	15~40	15~40	15~40	20~60
成型周期/s	40~50	40~80	60~140	60~130	40~90	70~110	40~90	60~130	40~90	40~90	40~90	40~90	50~130

塑料注射成型所用的模具，称为注射成型模具，简称注射模或注塑模。与其他塑料成型方法相比，注射成型塑件的内在和外观质量均较好，生产率很高，容易实现自动化，是应用最为广泛的塑料成型方法。注射成型是热塑性塑料成型的一种重要方法，到目前为止除了氟塑料外，几乎所有的热塑性塑料都可用此方法成型。注射成型也已经成功地应用于某些热固性塑料，甚至橡胶制品的成型。

一、注射模的分类

注射模的分类方法很多。按注射机的类型，注射模可分为卧式注射机用模具、立式注射机用模具、角式注射机用模具；按注射成型工艺特点，注射模可分为单型腔注射模、多型腔注射模、普通流道注射模、热流道注射模、热塑性塑料注射模、热固性塑料注射模、精密注射模等；按注射模的总体结构特征，注射模可分为单分型面注射模、双分型面注射模等。

二、注射模的结构组成

注射模的基本结构由动模和定模两大部分组成。动模安装在注射机的移动模板上，定模安装在注射机的固定模板上。注射时，动模与定模闭合构成型腔和浇注系统。开模时，动模与定模分离，通过脱模机构推出塑件。

根据注射模各个零部件所起的作用不同，注射模由以下几个部分组成，如图 4-9 所示。

注射模具实体图如图 4-10 所示。

1. 成型部分

成型部分是指与塑件直接接触，成型塑件内、外表面的模具部分，它由凸模（型芯）、凹模（型腔）以及嵌件和镶块等组成。凸模（型芯）形成塑件的内表面形状，凹模形成塑件的外表面形状。合模后凸模和凹模便构成了模具型腔。在图 4-9 所示的模具中，型腔由动模板 1、定模板 2、凸模 7 等组成。

2. 浇注系统

浇注系统是熔融塑料在压力作用下充填模具型腔的通道（熔融塑料从注射机喷嘴进入模具型腔所流经的通道）。浇注系统由主流道、分流道、浇口及冷料穴等组成。

3. 导向机构

为了保证动模、定模在合模时的准确定位，模具必须设计有导向机构。导向机构分为导柱、导套导向机构与内外锥面定位导向机构两种形式。图 4-9 中的导向机构由导柱 8 和导套 9 组成。此外，大、中型模具还要采用推出机构的导向机构，图 4-9 中的推出导向机构由推板导柱 16 和推板导套 17 组成。

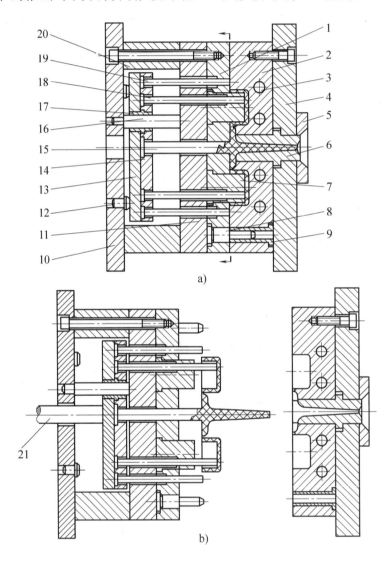

图 4-9 注射模具的结构

1—动模板 2—定模板 3—冷却水道 4—定模座板 5—定位圈 6—浇口套

7—凸模 8—导柱 9—导套 10—动模座板 11—支承板 12—支承柱 13—推板

14—推杆固定板 15—拉料杆 16—推板导柱 17—推板导套 18—推杆

19—复位杆 20—垫块 21—注射机顶杆

4. 侧向分型与抽芯机构

塑件上的侧向如果有凹凸形状及孔或凸台，这就需要有侧向的型芯或成型块来成型。在塑件被推出之前，必须先抽出侧向型芯或侧向成型块，然后才能顺利脱模。带动侧向型芯或侧向成型块移动的机构称为侧向分型与抽芯机构，如图 4-11 中的侧向抽芯机构。

5. 推出机构

推出机构是将成型后的塑件从模具中推出的装置。推出机构由推杆、复位杆、推杆固定板、推板、主流道拉料杆及推板导柱和推板导套等组成。图 4-9 中的推出机构由推板 13、推杆固定板 14、拉料杆 15、推板导柱 16、推板导套 17、推杆 18 和复位杆 19 等零件组成。

图 4-10　注射模具实体图

a)

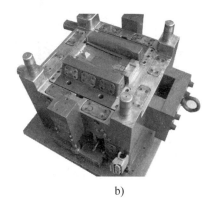

b)

图 4-11　侧向抽芯机构

6. 温度调节系统

为了满足注射工艺对模具的温度要求，必须对模具的温度进行控制，模具结构中一般都设有对模具进行冷却或加热的温度调节系统。模具的冷却方式是在模具上开设冷却水道（图 4-9 中件号 3），加热方式是在模具内部或四周安装加热元件。

7. 排气系统

在注射成型过程中，为了将型腔内的气体排出模外，常常需要开设排气系统。排气系统通常是在分型面上有目的地开设几条排气沟槽，另外许多模具的推杆或活动型芯与模板之间的配合间隙可起排气作用。

8. 支承零部件

用来安装固定或支承成型零部件以及前述各部分机构的零部件均称为支承零部件。支承零部件组装在一起，可以构成注射模具的基本骨架。图 4-9 中的支承零部件由定模座板 4、动模座板 10、支承板 11 和垫块 20 等组成。

三、注射模的典型结构

1. 单分型面注射模

单分型面注射模是注射模中最简单、最常见的一种结构形式，也称二板式注射模。单分型面注射模只有一个分型面，其典型结构如图 4-9 所示，三维图及爆炸图如图 4-12 和图 4-13 所示。单分型面注射模根据结构需要，既可以设计成单型腔注射模，也可以设计成多型腔注射模，应用十分广泛。

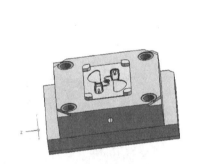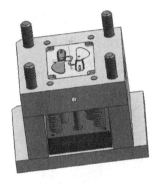

图 4-12　单分型面注射模三维图

其工作原理：合模时，在导柱 8 和导套 9（见图 4-9）的导向和定位作用下，注射机的合模系统带动动模部分向前移动，使模具闭合，并提供足够的锁模力锁紧模具。在注射液压缸的作用下，塑料熔体通过注射机喷嘴经模具浇注系统进入型腔，待熔体充满型腔并经保压，补缩和冷却定型后开模，如图 4-9a 所示；开模时，注射机合模系统带动动模向后移动，模具从动模和定模分型面分开，塑件包在凸模 7 上随动模一起后移，同时拉料杆 15 将浇注系统主流道凝料从浇口套中拉出，开模行程结束，注射机顶杆 21 推动推板 13，推出机构开始工作，推杆 18 和拉料杆 15 分别将塑件及浇注系统凝料从凸模 7 和冷料穴中推出，如图 4-9b 所示，至此完成一次注射过程。合模时，复位杆使推出机构复位，模具准备下一次注射。

2. 双分型面注射模

双分型面注射模的结构特征是有两个分型面，常常用于点浇口浇注系统的模

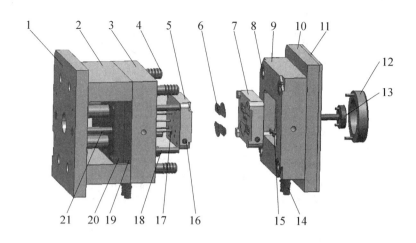

图 4-13　单分型面注射模爆炸图

1—动模座板　2—垫板　3—动模板　4—导柱　5—后模芯　6—产品　7—前模芯　8—导套
9—定模板　10—定模座板　11—隔热板　12—定位圈　13—浇口套　14—水嘴　15—密封圈
16—铜塞　17—顶杆　18—复位杆　19—推杆固定板　20—推板　21—推板导柱

具，也叫三板式（动模板、中间板、定模座板）注射模。在定模部分增加一个分型面（A 型面），分型的目的为取出浇注系统凝料，便于下一次注射成型；B 分型面为主分型面，分型的目的是打开模推出塑件。与单分型面注射模比较，双分型面注射模的结构较复杂。由于双分型面注射模在开模过程中要进行两次分型，必须采取顺序定距分型机构，即定模部分先分开一定距离，然后主分型面分型。其开模状态如图 4-14 所示。

图 4-15 所示为弹簧分型拉板定距双分型面注射模，其工作原理是：开模时，动模部分向后移动，由于压缩弹簧 7 的作用，模具首先在 A 分型面分型，中间板（定模板）12 随动模一起后退，主流道凝料从浇口套 10 中随之拉出。当动模部分移动一定距离后，固定在定模板 12 上的限位销 6 与定距拉板 8 左端接触，使中间板停止移动，A 分型面分型结束。动模继续后移，B 分型面分型。因塑件包紧在型芯 9 上，这时浇注系统凝料在浇口处拉断，然后在 B 分型面之间自行脱落或由人工取出。动模

图 4-14　双分型面注射模开模状态

部分继续后移，当注射机的顶杆接触推板 16 时，推出机构开始工作，推件板 4 在推杆 14 的推动下将塑件从型芯 9 上推出，塑件在 B 分型面之间自行落下。

图 4-16 所示为弹簧分型拉杆定距双分型面注射模。其工作原理与弹簧分型拉板定距式双分型面注射模基本相同，只是定距方式不同，即采用拉杆端部的螺母来限定中间板的移动距离。

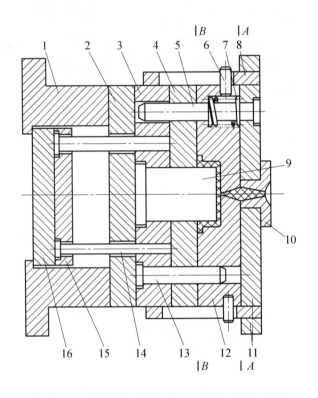

图 4-15　弹簧分型拉板定距双分型面注射模

1—支架　2—支承板　3—型芯固定板　4—推件板　5、13—导柱　6—限位销　7—弹簧

8—定距拉板　9—型芯　10—浇口套　11—定模座板　12—中间板（定模板）

14—推杆　15—椎杆固定板　16—推板

图 4-17 所示为导柱定距式双分型面注射模。开模时，由于弹簧 16 的作用使顶销 14 压紧在导柱 13 的半圆槽内，以便模具在 A 分型面分型。当定距导柱 8 上的凹槽与定距螺钉 7 相碰时，中间板停止移动，强迫顶销 14 退出导柱 13 的半圆槽。接着，模具在 B 分型面分型。

图 4-18 所示为摆钩分型螺钉定距双分型面注射模。两次分型的机构由挡块 1、摆钩 2、压块 4，弹簧 5 和限位螺钉 12 等组成。开模时，由于固定在中间板 7 上的摆钩拉住支承板 9 上的挡块，模具从 A 分型面分型。分型到一定距离后，摆钩在压块的作用下产生摆动而脱钩，同时中间板 7 在限位螺钉的限制下停止移动，B 分型面分型。

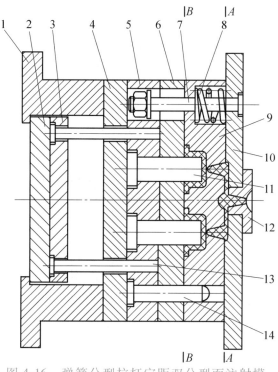

图 4-16　弹簧分型拉杆定距双分型面注射模

1—支架　2—推板　3—推杆固定板　4—支承板　5—型芯固定板　6—推件板　7—限位拉杆

8—弹簧　9—中间板（定模板）　10—定模座板　11—型芯　12—浇口套　13—推杆　14—导柱

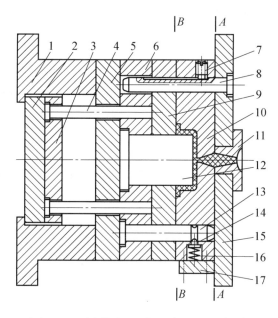

图 4-17　导柱定距式双分型面注射模

1—支架　2—推板　3—推杆固定板　4—推杆　5—支承板　6—型芯固定板　7—定距螺钉

8—定距导柱　9—推件板　10—中间板（定模板）　11—浇口套　12—型芯　13—导柱

14—顶销　15—定模座板　16—弹簧　17—压块

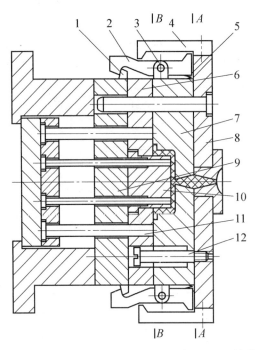

图 4-18　摆钩分型螺钉定距双分型面注射模

1—挡块　2—摆钩　3—转轴　4—压块　5—弹簧　6—动模板　7—中间板（定模板）

8—定模座板　9—支承板　10—型芯　11—推杆　12—限位螺钉

任务三　注射机的校核

　　注射模是安装在注射机上使用的。在设计模具时，除了应掌握注射成型工艺过程外，还应对注射机的有关技术参数有全面的了解，只有这样，才能生产出合格的塑件。

一、注射机的分类

　　按设备外形结构不同，注射机可分为卧式注射机、立式注射机和角式注射机。

1. 卧式注射机

　　这是最常见的类型，如图 4-19 所示，其合模系统和注射系统的轴线处于一线水平排列。其机身矮，易于操作和维修，安装较平稳；制品顶出后自动落下，自动化程度高。目前，大部分的注射成型采用此种形式。

2. 立式注射机

　　如图 4-20 所示，其合模系统和注射系统的轴线处于一线垂直排列。其占地面积小，装卸模具较方便，容易安放嵌件与活动型芯。但塑件顶出后不易自动落下，必须采用人工或其他方法取出，难以实现自动操作；且机身高，不易加料与维修。通常立式注射机为小型注射机，一般注射量在 60g 以下的采用这种注射机较多。

3. 角式注射机

如图 4-21 所示，其合模系统和注射系统的轴线互相垂直排列，注射方向和模具分型面在同一个面上。这类注射机的特点介于卧式与立式注射机之间，特别适合加工中心部分不允许留有浇口痕迹的塑件。这种形式的注射机宜用于小型注射机。

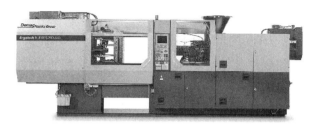

图 4-19 卧式注射机

图 4-20 立式注射机

图 4-21 角式注射机

面对全球可持续发展的迫切需求以及消费者环境保护意识的提升，塑料行业正经历着前所未有的转型，在塑料产品绿色制造和循环经济产业发展的需求下，注射成型设备制造业正按照高质量发展的要求走向高端化。例如，PT-V 第五代精密注射机采用全系标配电熔胶技术，同时对锁模、机铰等结构进行了全面优化升级，减小了冲击力，运行更高效、平稳，整机动力提升 15%~25%，成型周期缩短 10%~20%。除了全新一代注射机设备，领先的整场智能化，即集中供料、管道布局、智能水电气集成、多套自动化、MES 数字化管理系统等一站式智能车间的出现，全方位展示了注射机在推动注射成型产业高端化、智能化、绿色方面的重要作用。

二、注射机型号与规格的表示法

目前常用的注射机型号标准是用注射量、锁模力或是注射量与锁模力共同表示这三种方法。

1. 注射量表示法

我国常用的注射机型号有 XS-ZY-30、XS-ZY-60、XS-ZY-125 等。XS 表示塑料成型机械；Z 表示注射成型；Y 表示螺杆式注射机；30、60、125 表示注射机的最大注射量（cm³ 或 g）。如果注射机型号中没有 Y，则表示是柱塞式注射机，例如，XS-Z-30 表示注射量是 30cm³ 的柱塞式塑料注射成型机械。

2. 锁模力表示法

锁模力表示法是用注射机合模装置的锁模力来表示注射机的规格。此种表示方法能够直观地反映出设备的最大锁模力，但其不能反映出最大注射量，所以设备的加工能力不能全部反映出来。这时，可以采用注射量与锁模力共同表示。

3. 注射量与锁模力表示法

采用注射量与锁模力两个参数来表示设备的加工能力，更加全面合理。如 SZ-200/1000，SZ 表示塑料注射机，最大注射量为 200cm³，锁模力为 1000kN。常用国产注射机的规格和性能见表 4-2。

三、注射机有关工艺参数的校核

注射模只有安装在注射机上才能工作，所以两者在注射成型生产中应该互相匹配，任何模具设计人员在开始工作之前，除了必须了解注射成型工艺规程之外，还应熟悉有关注射机的技术规格和使用性能。

1. 型腔数量的确定和校核

型腔数量的确定是进行模具设计的第一步，对于多型腔注射模，其型腔数量与注射机的塑化速率、最大注射量及锁模力等参数有关，并且还直接影响着塑件的精度和生产的经济性。下面介绍几种根据注射机性能参数确定型腔数量的方法，这些方法也可用来校核初选的型腔数量能否与注射机的规格相匹配。

（1）按注射机的额定塑化量进行校核

$$nm \leqslant \frac{KMt}{3600} - m_1 \tag{4-1}$$

式中　n——型腔的数量；

　　　m——单个塑件的质量或体积（g 或 cm³）；

　　　K——注射机最大注射量的利用系数，一般取 0.8；

　　　M——注射机的额定塑化量（g/h 或 cm³/h）；

　　　t——成型周期（s）；

　　　m_1——浇注系统所需塑料的质量或体积（g 或 cm³）。

表 4-2 常用国产注射机的规格和性能

型号	XS-ZS-22	XS-Z-30	XS-Z-60	XS-ZY-125	G54-S200/400	SZY-300	XS-ZY-500	XS-ZY-1000	SZY-2000	XS-ZY-4000
额定注射量/cm³	30,20	30	60	125	200～400	320	500	1000	2000	4000
螺杆直径/mm	25,20	28	38	42	55	60	65	85	110	130
注射压力/MPa	75,115	119	122	120	109	77.5	145	121	90	106
注射行程/mm	130	130	170	115	160	150	200	260	280	370
注射方式	双柱塞式(双色)	柱塞式	柱塞式	螺杆式	螺杆式	螺杆式	螺杆式	螺杆式	螺杆式	螺杆式
锁模力/kN	250	250	500	900	2540	1500	3500	4500	6000	10000
最大成型面积/cm²	90	90	130	320	645		1000	1800	2600	3800
最大开合模行程/mm	160	160	180	300	260	340	500	700	750	1100
模具最大厚度/mm	180	180	200	300	406	355	450	700	800	1000
模具最小厚度/mm	60	60	70	200	165	285	300	300	500	700
喷嘴圆弧半径/mm	12	12	12	12	18	12	18	18	18	—
喷嘴孔直径/mm	2	2	4	4	4		3,5,6,8	7.5	10	—
顶出形式	四侧设有顶出,机械顶出	四侧设有顶出,机械顶出	中心设有顶出,机械顶出	两侧设有顶出,机械顶出	—	中心及上下两侧设有顶出,机械顶出	中心液压顶出,两侧顶杆机械顶出	中心液压顶出,两侧顶出,杆机械顶出	中心液压顶出,两侧顶出,杆机械顶出	中心液压顶出,两侧顶出,杆机械顶出
动定模固定板尺寸/mm	250×280	250×280	330×340	428×458	532×634	620×520	700×850	900×1000	1180×1180	—
拉杆空间/mm	235	235	190×300	260×290	290×368	400×300	540×440	650×550	760×700	1050×950
合模方式	液压-机械	液压-机械	液压-机械	液压-机械	液压-机械	液压-机械	液压-机械	两次动作液压式	液压-机械	两次动作液压式
液压泵 流量/(L/min)	50	50	70,12	100,12	170,12	103.9,12.1	200,25	200,18,1.8	175.8×12,14.2	50,50
液压泵 压力/MPa	6.5	6.5	6.5	6.5	6.5	7.0	6.5	14	14	20
电动机功率/kW	5.5	5.5	11	11	18.5	17	22	40.5,5.5	40,40	17,17
螺杆驱动功率/kW	—	—	—	4	5.5	7.8	7.5	13	23.5	30
加热功率/kW	1.75	—	2.7	5	10	6.5	14	16.5	21	37
机器外形尺寸(长×宽×高)/mm×mm×mm	2340×800×1460	2340×850×1460	3160×850×1550	3340×750×1550	4700×1400×1800	5300×940×1815	6500×1300×2000	7670×1740×2380	10908×1900×3430	11500×3000×4500

（2）按注射机的额定锁模力进行校核

$$npA \leqslant F_p - pA_1 \qquad (4\text{-}2)$$

式中　　n——型腔的数量；

p——塑料熔体对型腔的成型压力（MPa），其大小一般是注射压力的 80%，见表 4-3；

A——单个塑件在模具分型面上的投影面积（mm^2）；

F_p——注射机的额定锁模力（N）；

A_1——浇注系统在模具分型面上的投影面积（mm^2）。

表 4-3　常用塑料注射成型时所选用的型腔压力　　（单位：MPa）

塑料品种	高压聚乙烯（PE）	低压聚乙烯（PE）	聚苯乙烯（PS）	AS	ABS	聚甲醛（POM）	聚碳酸酯（PC）
型腔压力	10~15	20	15~20	30	30	35	40

按上述方法确定或校核型腔数量时，还必须考虑成型塑件的尺寸精度、生产的经济性及注射机安装模板的大小。型腔数量越多，塑件的精度越低（一般来说，每增加一个型腔，塑件的尺寸精度要降低 4%~8%），模具的制造成本越高，但生产率会显著增加。

2. 最大注射量的校核

最大注射量是指注射机一次注射塑料的最大容量。因聚苯乙烯塑料的密度是 $1.05g/cm^3$，近似于 $1g/cm^3$，因此规定柱塞式注射机的最大注射量是以一次注射聚苯乙烯塑料的最大克数为标准的；而螺杆式注射机则是用体积来表示最大注射量，与塑料的品种无关。

设计模具时，应保证成型塑件所需的总注射量小于所选注射机的最大注射量，即

$$nm + m_1 \leqslant Km_p \qquad (4\text{-}3)$$

式中　　n——型腔的数量；

m——单个塑件的质量或体积（g 或 cm^3）；

m_1——浇注系统所需塑料的质量或体积（g 或 cm^3）；

K——注射机最大注射量的利用系数，一般取 0.8；

m_p——注射机的最大注射量（g 或 cm^3）。

3. 锁模力的校核

当高压的塑料熔体充满模具型腔时，会产生使模具分型面胀开的力，这个力的大小等于塑件和浇注系统在分型面上的投影面积之和乘以型腔的压力，它应小于注射机的额定锁模力 F_p，从而保证在注射时不发生溢料现象，即

$$F_z = p(nA + A_1) < F_p \qquad (4\text{-}4)$$

式中　　F_z——熔融塑料在分型面上的胀开力（N）；

p——塑料熔体对型腔的成型压力；

n——型腔的数量；

A——单个塑件在模具分型面上的投影面积（mm²）；

A_1——浇注系统在模具分型面上的投影面积（mm²）；

F_p——注射机的额定锁模力（N）。

4. 注射压力的校核

注射压力的校核是核定注射机的额定注射压力是否大于成型时所需的注射压力。塑料成型时所需要的注射压力是由塑料品种、注射机类型、喷嘴形式、塑件形状和浇注系统的压力损失等因素决定的。对于黏度较大的塑料以及形状细薄、流程长的塑件，注射压力应取大些。由于柱塞式注射机的压力损失比螺杆式注射机大，所以注射压力也应取大些。常用塑料注射成型时所需的注射压力见表 4-1。

5. 模具与注射机安装部分参数的校核

（1）喷嘴尺寸的校核　注射成型过程中，应该避免主流道衬套始端与注射机喷嘴之间形成死角，且应防止主流道中积存凝料影响脱模及下一次的注射成型。

模具主流道衬套的小端直径 D 和球面半径 R 与注射机喷嘴前段孔径 d 和球面半径 r 通常满足以下关系：$R = r + (1 \sim 2)\text{mm}$，$D = d + (0.5 \sim 1)\text{mm}$，如图 4-22 所示。

（2）定位圈尺寸的校核　设计主流道时，应使主流道轴线位于模具中心线上，与注射机喷嘴轴线重合。这就要求模具定模座板上凸出的定位圈的孔径与注射机固定模板上的定位孔之间的尺寸相匹配。通常模具定位圈外径与注射机定位孔直径的装配尺寸呈较松动的间隙配合（H9/f9），定位圈的高度尺寸略小于注射机固定模板上定位孔的深度，一般小型模具上定位圈的高度为 $8 \sim 10\text{mm}$，大型模具为 $10 \sim 15\text{mm}$。

（3）模具的安装尺寸与动、定模固定板上的螺孔位置尺寸　为了安装压紧模具，注射机上的动模和定模两个固定板上都开有许多间距不同的螺孔。因此，设计模具时注意模具的安装尺寸应当与这些螺孔的位置及孔径相适应，以便能将动

模和定模分别紧固在对应的两个固定板上。

模具在注射机上的安装方式通常有两种：一种是用螺钉直接固定，如图4-23a所示，这种固定方式要求模具座板上螺纹过孔与注射机模板上的安装螺钉孔位置吻合，大型模具通常采用此种方法。另一种是采用螺钉和压板固定，如图4-23b所示，这种固定方法的灵活性较好，只要模具座板上需安放压板的外侧有螺纹孔就可以，中、小型模具常采用此法固定。

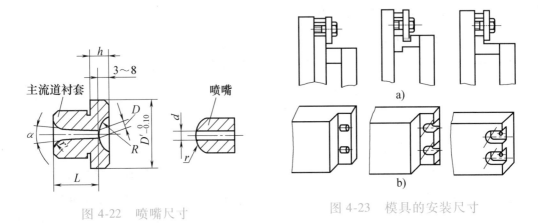

图4-22 喷嘴尺寸

图4-23 模具的安装尺寸

6. 开模行程的校核

开模行程也称合模行程，指模具开合过程中动模固定板的移动距离。当模具厚度确定以后，开模行程的大小直接影响模具所能成型制品的高度，因此设计模具时必须校核塑件所需的开模距离是否与注射机的开模行程相适应。

不同规格和型号的压力机其开模行程是不同的。取出塑件所需要的开模距离必须小于注射机的最大开模距离。开模距离的校核如下：

（1）注射机最大开模行程与模具厚度无关时的校核 主要是指液压—机械联合作用的合模机构的注射机。

图4-24所示为单分型面注射模开模行程，开模行程可按下式校核，即

$$S \geqslant H + h + (5 \sim 10)\,\text{mm} \tag{4-5}$$

对于双分型面注射模，如图4-25所示，开模行程可按下式校核，即

$$S \geqslant H + h + a + (5 \sim 10)\,\text{mm} \tag{4-6}$$

（2）注射机最大开模行程与模具厚度有关时的校核 对于全液压式和全机械式合模机构的注射机及带有丝杠传动合模机构的注射机，其最大开模行程与模具厚度有关。

最大开模行程 S_{max} 等于注射机移动模板与前固定板之间的最大开距 S_k 减去模

具闭合厚度 H_m，即

$$S_{max} = S_k - H_m \qquad (4\text{-}7)$$

（3）带有侧向抽芯时开模行程的校核　当模具需要利用开模动作完成侧向抽芯时，开模行程则需要考虑为了完成侧向抽芯而增加的这部分开模行程，如图 4-26 所示。设完成侧向抽芯所需的开模行程为 H_c，当 $H_c \leqslant H+h$ 时，对开模行程没有影响，仍用上述各公式进行校核；当 $H_c \geqslant H+h$ 时，可用 H_c 代替前述校核公式中的 $H+h$ 进行校核，其他各项保持不变。

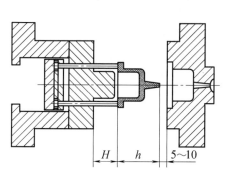

图 4-24　单分型面注射模开模行程

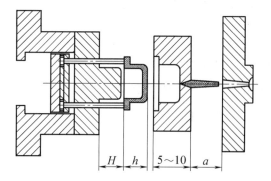

图 4-25　双分型面注射模开模行程

7. 推出装置的校核

不同型号注射机顶出装置的设置情况与最大顶出行程也不尽相同。设计时，应了解注射机顶出装置的类别、顶杆直径及位置，使模具的推出机构与注射机顶出装置相适应。注射机顶出装置通常可以分为以下几类：

1）机械顶出装置的注射机，有中心顶杆顶出与两侧顶杆顶出这两种方式。

2）液压顶出装置的注射机，采用中心顶出方式。

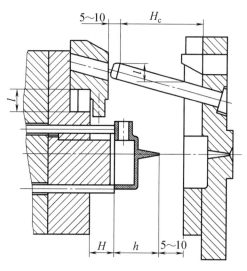

图 4-26　带有侧向抽芯时的开模行程

3）液压机械联合式顶出装置的注射机，中心顶杆液压顶出，两侧顶杆机械顶出。

4）液压与其他辅助液压缸联合式顶出装置的注射机。

如果模具安装在中心顶出的注射机上，则应对称固定在移动模板中心位置上，以便注射机顶杆顶在模具的推板中心位置上；而如果模具装在两侧顶出的注射机上，则模具的推板应足够长，以便注射机的顶杆能顶到模具推板上。

项目训练

正确的注射成型工艺过程可以保证塑料熔体良好塑化、顺利充模、冷却与定型，从而生产出合格的塑件，而温度、压力和时间是影响注射成型工艺的重要参数。耳机绕线盒塑件如图 4-27 所示，材料为 ABS，根据注射成型工艺卡，设计一系列注射成型工艺参数，填入相应数据，做到参数合理，符合生产实际的需要。

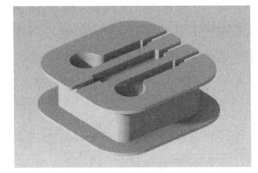

图 4-27　耳机绕线盒

学习评价

完成本项目的学习后进行学习评价，学习评价见表 4-4。

表 4-4　学习评价表

任务评价	评价内容	参考分值	评价结果	评价人
素质目标评价	自主学习	5		
	交流、表达及互动	10		
	团队合作	5		
知识目标评价	掌握注射成型原理	10		
	掌握注射过程	10		
	掌握注射成型工艺条件	10		
	了解注射机型号	10		
	掌握注射机有关参数的校核	10		
能力目标评价	掌握塑件成型工艺分析的能力	15		
	掌握塑件成型工艺卡片编制的能力	15		
	总计	100		

 拓展阅读

致力于我国塑料模具技术发展的领军人物

李德群（1945 年 8 月 7 日—2022 年 9 月 5 日），中国工程院院士，曾任华中科技大学材料科学与工程学院院长，作为材料成型专家长期从事材料成型模拟、工艺与智能装备等领域的研发，基于智能、面向装配的注射模 CAD/CAE/CAM 集成化技术的研究和注塑制品的虚拟制造，领衔团队历经 20 余年系统地开展了塑料注射过程计算机模拟理论和方法的研究和应用，对注射模 CAD/CAE/CAM 技术进行了系统而深入的研究，开发的华塑三维注射成型过程模拟的 CAE 塑料熔体模拟仿真软件，打破了美国 Moldflow 软件的垄断地位，产生了较好的社会效益和经济效益。塑料注射成型集成模拟软件——华塑 CAE，成为了李德群的又一成果。在李德群和他主持的数字化成型团队的努力下，塑料注射成型模拟和金属铸造模拟、板料成型模拟软件已成为我国材料成形模拟领域的知名品牌，目前已在 600 多家单位应用，覆盖家电、汽车、航空航天等领域的龙头企业，产生了显著的社会效益和经济效益。

思 考 与 练 习

一、填空题

1. 注射成型主要用于＿＿＿＿＿＿＿＿塑料的成型。

2. 完整的注射成型过程包括加料、＿＿＿＿＿＿＿、＿＿＿＿＿＿＿、保压、倒流、冷却、脱模等几个部分。

3. 注射成型工艺参数包括温度、压力和＿＿＿＿＿＿＿＿＿＿。

4. 注射成型过程中的压力包括＿＿＿＿＿＿＿＿＿压力、注射压力和保压压力。

二、单项选择题

1. 注射机的型号为 XS-ZY-125，其中 Z 表示的含义是（　　　）。

A. 液压成型　　　　B. 挤出成型　　　　C. 压缩成型　　　　D. 注射成型

2. 注射过程中需要控制的温度包括（　　　）。

A. 料筒温度、塑化温度、模具温度　　B. 料筒温度、喷嘴温度、水道温度

C. 料筒温度、喷嘴温度、模具温度　　D. 塑化温度、喷嘴温度、水道温度

3. 某注射机是使用最广泛的注射成型设备，它的注射装置和合模装置的轴线呈一线并垂直排列，该注射机的类型是（　　　）。

A. 卧式注射机　　　　　　　　　　B. 角式注射机

C. 立式注射机　　　　　　　　D. 多模角式注射机

4. 单分型面注射模是注射模最简单、最常见的一种结构形式，也称为（　　）。

A. 单板式注射模　　　　　　　B. 二板式注射模

C. 三板式注射模　　　　　　　D. 派生型注射模

三、简答题

1. 阐述螺杆式注射机注射成型原理。

2. 阐述注射成型的工艺过程。

3. 注射成型工艺参数中的温度控制包括哪些？选取范围是什么？

4. 注射成型过程中的压力包括哪三部分？选取范围是什么？

5. 注射成型周期包括哪几部分？

6. 典型注射模按其各零部件所起的作用不同，一般由哪几部分结构组成？

7. 点浇口进料的双分型面注射模，定模部分为什么要增设一个分型面？其分型距离是如何确定的？顺序分型机构有哪几种形式？

8. 什么情况需要注射模有侧向分型抽芯机构？

9. 根据注射装置和合模装置的排列方式进行分类，注射机可以分成哪几类？各类的特点是什么？

10. 从工艺参数方面考虑，对模具和所选用注射机必须进行哪些方面的校核？

11. 在选择注射机时，应该校核哪些安装部分相关尺寸？

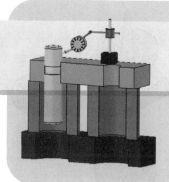

项目五

塑料注射模具结构设计

学习目标

1）了解塑料标准模架的概念、塑料模具分型面选择的基本原则。

2）掌握成型零件的结构特点、适用范围、材料选择、加工方法与装配要求，以及各类结构零件作用、结构、安装形式、配合要求和材料的选择。

3）了解推出机构的各种类型，能看懂各种推出机构结构图、动作原理和模具结构图。掌握浇注系统的结构，知道如何选择浇口在工件上的位置，能看懂各种抽芯机构结构图、动作原理和模具结构图。

4）掌握加热与冷却装置结构。

5）掌握塑料模具常用的几种分类和典型塑料模具结构，达到具备读懂注射模具图能力的目的。

6）通过学习，培养良好的专业精神、职业精神、工匠精神和创新精神。

任务一　认识普通浇注系统结构

浇注系统是指熔融塑料从注射机喷嘴射入到注射模具型腔所流经的通道。浇注系统分为普通浇注系统和热流道浇注系统。通过浇注系统，塑料熔体充满模具型腔并且使注射压力传递到型腔的各个部位，使塑件密实和防止缺陷的产生。本节主要介绍普通浇注系统。普通浇注系统（图 5-1）一般由主流道、分流道、浇口和冷料穴四部分组成。

浇注系统是模具结构中的一个重要环节，其结构合理与否对塑件的性能、尺寸、内外在质量及模具的结构、塑料的利用率等有较大影响。在确定浇注系统时，一般应遵循如下基本原则：

1. 保证浇注系统适应于所用塑料原材料的成型性能

了解被成型的塑料熔体的流动特性、温度、剪切速率对黏度的影响等十分重要，浇注系统一定要适应于所用塑料原材料的成型性能，保证成型塑件的质量。

2. 尽量避免或减少产生熔接痕

在选择浇口位置时，应注意避免熔接痕的产生。熔体流动时应尽量减少分流的次数，因为分流熔体的汇合之处必然会产生熔接痕，尤其是在流程长、温度低时，熔接痕对塑件熔接强度的影响就更大。

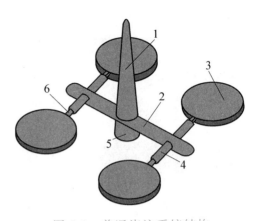

图 5-1　普通浇注系统结构

1—主流道　2—主分流道　3—零件
4—支分流道　5—冷料穴　6—浇口

3. 有利于型腔中气体的排出

浇注系统应能顺利地引导塑料熔体充满型腔的各个部分，使浇注系统及型腔中原有的气体能有序地排出，避免因气阻产生凹陷等缺陷。

4. 防止型芯的变形和嵌件的位移

浇注系统设计时应尽量避免塑料熔体直冲细小型芯和嵌件，以防止熔体的冲击力使细小型芯变形或嵌件位移。

5. 尽量采用较短的流程充满型腔

在选择浇口位置时，对于较大的模具型腔，一定要力求以较短的流程充满型腔，使塑料熔体的压力损失和热量损失减小到最低限，以保持较理想的流动状态和有效地传递最终压力，保证塑件良好的成型质量。

一、主流道结构

主流道是指浇注系统中从注射机喷嘴与模具浇口套接触处开始到分流道为止的塑料熔体的流动通道，是熔体最先流经模具的部分。

它的形状与尺寸对塑料熔体的流动速度和充模时间有较大的影响，因此，必须合理设计主流道结构，使熔体的温度降和压力损失最小。

1）在卧式或立式注射机上使用的模具中，主流道垂直于分型面。主流道通常设计在模具的浇口套中，如图 5-2 所示。

2）为了让主流道凝料能顺利从浇口套中拔出和塑料熔体顺利流入，主流道通常为圆锥形，锥角 α 为 $2° \sim 6°$。主流道的尺寸直接影响熔体的流动速度和充模时间，甚至塑件的内在质量。主流道与喷嘴接触处一般做成内凹形，小端直径 d 比注射机喷嘴直径大 $0.5 \sim 1mm$，小端的前面是球面，其深度为 $3 \sim 5mm$，注射机喷嘴的球面在此与浇口套接触并且贴合，因此要求浇口套上主流道前端球面半径比喷嘴球面半径大 $1 \sim 2mm$。流道的表面粗糙度值 $\leqslant Ra0.8\mu m$。

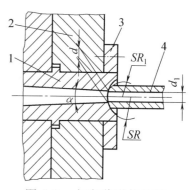

图 5-2　主流道形状及其与注射机喷嘴的关系

1—浇口套　2—定模座板
3—定位圈　4—注射机喷嘴

3）浇口套一般采用碳素工具钢如 T8A、T10A 等材料制造，热处理淬火硬度为 $53 \sim 57HRC$。

4）浇口套的结构形式如图 5-3 所示，图 5-3a 所示为浇口套与定位圈设计成整体式的形式，用螺钉固定于定模座板上（图 5-4a），一般只用于小型注射模；图 5-3b 和图 5-3c 为浇口套与定位圈设计成两个零件的形式，以台阶的形式固定在定模座板上，其中图 5-3c 所示为浇口套穿过定模座板与定模板的形式（图 5-4b 和图 5-4c）。

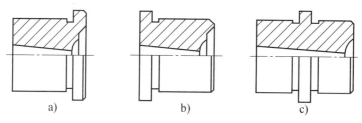

a)　　　　　　　b)　　　　　　　c)

图 5-3　浇口套的结构形式

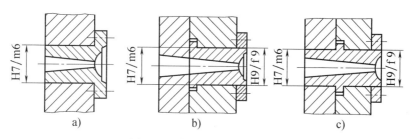

a)　　　　　　　b)　　　　　　　c)

图 5-4　浇口套的固定形式

浇口套与模板间配合采用 H7/m6 的过渡配合。浇口套与定位圈采用 H9/f9 的配合。定位圈在模具安装调试时插入注射机固定模板的定位孔内，用于模具与注射机的安装定位。定位圈外径比注射机定模板上的定位孔小 $0.2mm$ 以下。

二、分流道结构

分流道是指主流道末端与浇口之间的一段塑料熔体的流动通道。分流道作用是改变熔体流向，使其以平稳的流态均衡地分配到各个型腔。设计时应注意减少流动过程中的热量损失与压力损失。为便于机械加工及凝料脱模，分流道大多设置在分型面上。

1. 分流道的截面形状

常用的分流道截面形状有圆形、梯形、U形、半圆形及矩形等，如图5-5所示。选择其截面形状时应尽量使其比表面积（流道表面积与其体积之比）小。其中圆形截面的比表面积最小，但需开设在分型面的两侧，制造时一定要注意模板上两部分形状对中吻合；梯形及U形截面分流道加工较容易，且热量损失与压力损失均不大，为常用的形式；半圆形截面分流道需用球头铣刀加工，其比表面积比梯形和U形截面分流道略大，在设计中也有采用；因矩形截面分流道比表面积较大，且流动阻力也大，故在设计中不常采用。

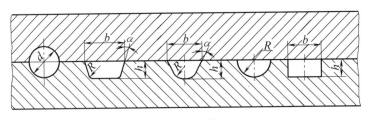

图 5-5　分流道截面形状

2. 分流道截面尺寸

分流道截面尺寸应视塑料品种、塑件尺寸、成型工艺条件以及流道的长度等因素来确定。对于流动性较好的尼龙、聚乙烯、聚丙烯等塑料，圆形截面的分流道在长度很短时，直径可小到2mm；对于流动性较差的聚碳酸酯、聚砜等，直径可大至10mm；对于大多数塑料，分流道截面直径常取5~6mm。

3. 分流道的长度

根据型腔在分型面上的排布情况，分道流可分为一次分流道、二次分流道甚至三次分流道。分流道的长度要尽可能短，且弯折要少，以便减少压力损失和热量损失，节约塑料的原材料和能耗。较长的分流道还需在末端设置冷料穴。图5-6所示为分流道长度的设计参数尺寸，分流道的长度一般在8~30mm，其中$L_1 = 8 \sim 10$mm，$L_2 = 3 \sim 6$mm，$L_3 = 10 \sim 13$mm。L的尺寸根据型腔的多少和型腔的大小而定。

4. 分流道的表面粗糙度

由于分流道中与模具接触的外层塑料迅速冷却，只有内部的熔体流动状态比较理想，因此分流道的表面粗糙度值不要求太小，一般取 $Ra1.6\mu m$ 左右，这可增加对外层塑料熔体的流动阻力，使外层塑料冷却皮层固定，形成绝热层。

5. 分流道在分型面上的布置形式

分流道常用的布置形式有平衡式和非平衡式两种。多型腔模具的型腔在模具分型面上的排布形式如图 5-7 所示。图 5-7a、b 的形式称为平衡式

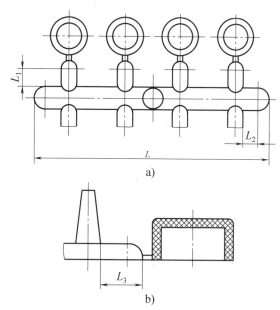

图 5-6　分流道的长度尺寸

布置，其特点是从主流道到各型腔浇口的分流道的长度、截面形状与尺寸均对应相同，可实现各型腔均匀进料和同时充满型腔的目的，从而使所成型的塑件内在质量均一稳定，力学性能一致。图 5-7c、d 所示的形式称为非平衡式布置，其特点是从主流道到各型腔浇口的分流道的长度不相同，因而不利于均衡进料，但可以明显缩短分流道的长度，节约塑件的原材料。为了使非平衡式布置的型腔也能达到同时充满的目的，往往各浇口的截面尺寸要制造得不相同。在实际多型腔模具的设计与制造中，对于精度要求高、物理与力学性能要求均衡稳定的塑件，应

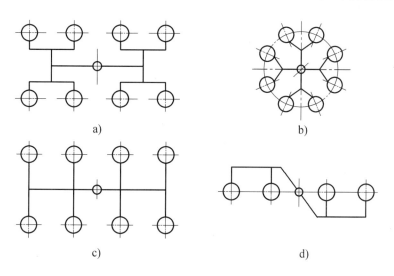

图 5-7　多型腔模具的型腔排布

尽量选用平衡式布置的形式。

多型腔模具最好成型同一形状和尺寸精度要求的塑件，不同形状的塑件最好不采用同一副多型腔模具来生产。但是在生产实践中，有时为了节约和同步生产，往往将成型配套的塑件设计成多型腔模具。可是，采用这种形式难免会引起一些缺陷，如塑件发生翘曲及不可逆应变等。原因有以下两点：

1）各型腔的制品或分流道长度存在差异，各型腔在成型制品时工艺条件不相同，即不能确保制品充填的一致性。

2）一模多腔模具成型时，当所有型腔全部充满后，注射压力才会升高，若浇注系统不平衡，型腔浇口凝固有先有后，先充满的浇口已凝固，型腔内的塑件无法进行压实和保压，无法得到优良的塑件，即保压压力不能保证一致性。

浇注系统的设计应使所有的型腔能同时得到塑料熔体均匀的充填，应尽量采用平衡式布置形式（平衡式浇注系统）。对于精度要求高、物理与力学性能要求均衡稳定的制件，尽量采用平衡式布置形式（平衡式浇注系统）。若需要设计成非平衡式布置形式（非平衡式浇注系统），可以通过调节浇口尺寸或分流道尺寸（图5-8），使各浇口流量和成型工艺条件一致。这就是浇注系统的平衡，也称人工平衡。

图5-8　调节分流道尺寸的浇注系统平衡

在实际的注射模设计与生产中，常采用试模的方法达到浇口的平衡，具体步骤如下。

1）首先将各浇口的长度、宽度和厚度加工成对应相等的尺寸。

2）试模后检验每个型腔的塑件质量，特别检查晚充满的型腔其塑件是否出现因补缩不足而产生的缺陷。

3）将晚充满且塑件有补缩不足缺陷的型腔的浇口宽度略微修大。

4）用同样的工艺方法重复上述步骤，直至达到要求为止。

三、浇口结构

浇口亦称进料口（或进水口），是连接分流道与型腔的熔体通道。浇口的设计与位置的选择恰当与否，直接关系到塑件能否被完好地、高质量地注射成型。

按浇口形状分类可分为侧浇口、直接浇口、扇形浇口、环形浇口、轮辐浇口、点浇口、潜伏浇口（隧道式浇口或剪切浇口）、护耳浇口（调整片式浇口或分接式浇口）等。

1. 侧浇口

侧浇口国外称为标准浇口，又称为边缘浇口，如图5-9所示。

图5-9　侧浇口结构

1）侧浇口一般开设在分型面上，塑料熔体从内侧或外侧充填模具型腔，其截面形状多为矩形（扁槽），改变浇口的宽度与厚度可以调节熔体的剪切速率及浇口的冻结时间。

2）这类浇口可以根据塑件的形状特征选择其位置，加工和修整方便。浇口截面小，同时去除浇口较容易，且不留明显熔接痕。因此，它是应用较广泛的一种浇口形式，普遍适用于中、小型塑件的多型腔模具，且对各种塑料的成型适应性均较强。

3）这种浇口成型的塑件往往存在熔接痕，且注射压力损失较大，对深型腔塑件排气不利。

图5-10a所示为外侧进料的侧浇口，为分流道、浇口与塑件在分型面同一侧的形式；图5-10b所示为外侧进料但分流道与浇口和塑件在分型面两侧的形式，浇口搭接在分流道上；图5-10c所示为端面进料的侧浇口，为分流道和浇口与塑件在分型面两侧的形式。

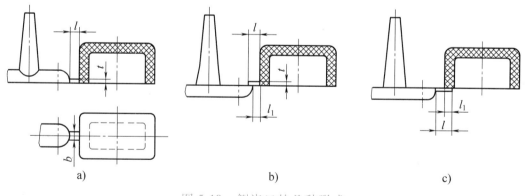

a)　　　　　　　　　b)　　　　　　　　　c)

图5-10　侧浇口的几种形式

2. 点浇口

点浇口又称针点浇口或菱形浇口，是一种截面尺寸很小的浇口，俗称小浇口（或小水口），如图5-11所示。图5-12所示为点浇口结构三维图。

这类浇口由于前后两端存在较大的压力差，能较大地增大塑料熔体的剪切速

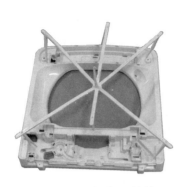

图 5-11　点浇口结构

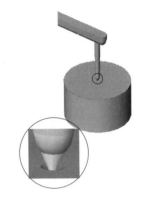

图 5-12　点浇口结构三维图

率并产生较大的剪切热，从而导致熔体的表观黏度下降，流动性增加，有利于型腔的充填，因而对于薄壁塑件以及诸如聚乙烯、聚丙烯等表观黏度随剪切速率变化敏感的塑料成型有利，但不利于成型流动性差及热敏性塑料，也不利于成型平薄易变形及形状非常复杂的塑件。

　　点浇口的形式有多种。图 5-13a 所示为直接式，直径为 d 的圆锥形的小端直接与塑件相连。图 5-13b 所示为点浇口的另一种形式，圆锥形的小端有一段直径为 d、长度为 l 的点浇口与塑件相连。这种形式的浇口直径 d 不能太小，浇口长度 l 不能太长，否则脱模时浇口凝料会断裂而堵塞住浇口，影响注射的正常进行。上述两种形式点浇口制造方便，但去除浇口时容易损伤塑件，浇口也容易磨损，仅

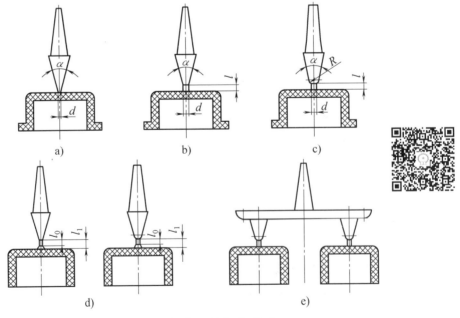

图 5-13　点浇口的各种形式

适于批量不大的塑件成型和流动性好的塑料。图 5-13c 所示为圆锥形小端带有圆角 R 的形式，其截面积相应增大，塑料冷却减慢，注射过程中型芯受到的冲击力要小些，但加工不如上述两种方便。图 5-13d 所示为点浇口底部增加一个小凸台的形式，其作用是保证脱模时浇口断裂在凸台小端处，使塑件表面不受损伤，但塑件表面遗留有高起的凸台，影响其表面质量。为了防止这种缺陷，可让小凸台低于塑件的表面。图 5-13e 是适用于一模多件或一个较大塑件多个点浇口的形式，该多点进浇，可以减少产品翘曲变形量。

采用点浇口进料的浇注系统，使用三板模模具（双分型面模具），在定模部分必须增加一个分型面，用于取出浇注系统凝料。

3. 潜伏浇口

潜伏浇口又称剪切浇口，是由点浇口变异而来，如图 5-14 所示。图 5-15 所示为潜伏浇口三维图。这类浇口的分流道位于模具的分型面上，而浇口却斜向开设在模具的隐蔽处，塑料熔体通过型腔的侧面或推杆的端部注入型腔，因而塑件外表面不受损伤，不致因浇口痕迹而影响塑件的表面质量与美观效果。

图 5-14 潜伏浇口

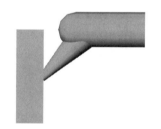

图 5-15 潜伏浇口三维图

潜伏浇口的形式如图 5-16 所示。图 5-16a 所示为潜伏浇口开设在定模部分的形式；图 5-16b 所示为潜伏浇口开设在动模部分的形式；图 5-16c 所示为潜伏浇口开设在推杆的上部而进料口开设在推杆上端的形式。

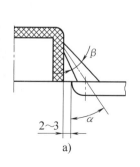

a)

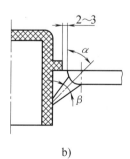

b)

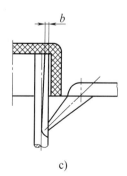

c)

图 5-16 潜伏浇口的形式

由于浇口成一定角度与型腔相连，形成了能切断浇口的刃口，这一刃口在脱模或分型时形成剪切力并且将浇口自动切断。

4. 环形浇口

采用圆环形进料形式充填型腔的浇口称为环形浇口，如图 5-17 所示。环形浇口的特点是进料均匀，圆周上各处流速大致相等，熔体流动状态好，型腔中的空气容易排出，熔接痕基本避免。图 5-17a 所示为内侧进料的环形浇口，浇口设计在型芯上；图 5-17b 所示为端面进料的搭接式环形浇口；图 5-17c 所示为外侧进料的环形浇口，其浇口尺寸可参考内侧进料的环形浇口。环形浇口主要用于成型圆筒形无底塑件，但浇注系统耗料较多，浇口去除较难，浇口痕迹明显。

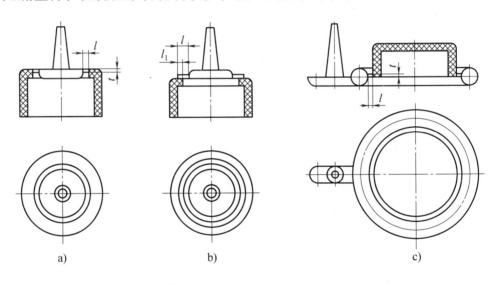

a)   b)   c)

图 5-17　环形浇口的结构形式

5. 轮辐浇口

轮辐浇口是在环形浇口基础上改进而成的，由原来的圆周进料改为几小段圆弧进料，浇口尺寸与侧浇口类似，如图 5-18 所示。

这种形式的浇口耗料比环形浇口少得多，且去除浇口容易。这类浇口在生产中比环形浇口应用广泛，多用于底部有大孔的圆筒形或壳形塑件。缺点是增加了熔接痕，这会影响塑件的强度。图 5-19a 所示为内侧进料的轮辐浇口；图 5-19b 所示为端面进料的搭接式轮辐浇口；

图 5-18　轮辐浇口

图 5-19c 所示为塑件内部进料的轮辐浇口，开设主流道的浇口套伸进塑件内部成

为其上部的型芯。

6. 直接浇口

直接浇口又称主流道型浇口，如图 5-20 和图 5-21 所示。塑料熔体由主流道的大端直接进入型腔，因而具有流动阻力小、流动路程短及补缩时间长等特点。

1）直接浇口的浇注系统有着良好的熔体流动状态，塑料熔体从型腔底面中心部位流向分型面，有利于克服深型腔处气体不易排出的缺点，排气通畅。

2）直接浇口形式，使塑件和浇注系统在分型面上的投影面积最小，模具结构紧凑，注射机受力均匀。

3）由于注射压力直接作用在塑件上，因而易在进料处产生较大的残余应力而导致塑件翘曲变形。这种形式的浇口截面大，去除较困难，去除后会留有较大的浇口痕迹，影响塑件的美观。这类浇口大多用于注射成型大、中型长流程深型腔的筒形或壳形塑件，尤其适合于如聚碳酸酯、聚砜等高黏度塑料。另外，这种形式的浇口只适于单型腔模具。

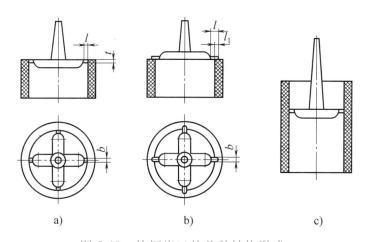

图 5-19　轮辐浇口的几种结构形式

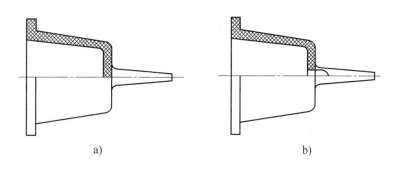

图 5-20　直接浇口结构形式

a) 实物图   b) 三维图

图 5-21 直接浇口实物图及三维图

4）在确定直接浇口时，为了减小与塑件接触处的浇口面积，防止该处产生缩孔、变形等缺陷，一方面应尽量选用较小锥度的主流道锥角 α（$\alpha = 2° \sim 4°$），另一方面尽量减小定模板和定模座板的厚度。

5）当有底筒类或壳类塑件的中心或接近于中心部位有通孔时，内浇口就开设在该孔口处，同时中心设置分流锥，这种类型的直接浇口称为中心浇口，如图 5-20b 所示。中心浇口实际上是直接浇口的一种特殊形式，它具有直接浇口的一系列优点，也克服了直接浇口易产生的缩孔、变形等缺陷。

7. 扇形浇口

扇形浇口是一种沿浇口方向宽度逐渐增加，厚度逐渐减小，呈扇形的侧浇口，如图 5-22 所示，常用于扁平且较薄的塑件的注射成型中，如盖板、标卡和托盘类等。通常在与型腔接合处形成长 $l = 1 \sim 1.3\text{mm}$、深 $t = 0.25 \sim 1.0\text{mm}$ 的进料口，进料口的宽度 b 视塑件大小而定，一般取 6mm 以上，整个扇形的长度 L 可取 6mm 左右。塑料熔体通过它进入型腔。采用扇形浇口，使塑料熔体在宽度方向上的流动得到更均匀的分配，塑件的内应力因此较小，还可避免流纹及定向效应所带来的不良影响，减少带入空气的可能性，但浇口痕迹较明显。图 5-23 所示为扇形浇口结构形式三维图。

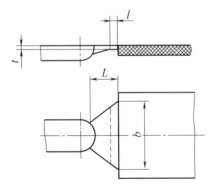

图 5-22 扇形浇口的结构形式   图 5-23 扇形浇口结构形式三维图

8. 平缝浇口

平缝浇口又称薄片浇口，如图 5-24 所示。这类浇口宽度很大，深度很小，几何上成为一条窄缝，与特别开设的平行流道相连。熔体通过平行流道与窄缝浇口得到均匀分配，以较低的线速度平稳均匀地流入型腔，减小了塑件的内应力，减少了因取向而造成的翘曲变形。如图 5-25 所示，这类浇口的宽度 b 一般取塑件宽度的 $25\% \sim 100\%$，深度 $t = 0.2 \sim 1.5mm$，长度 $l = 1.2 \sim 1.5mm$。这类浇口主要用来成型面积较大的扁平塑件，但浇口的去除比扇形浇口更困难，浇口在塑件上的痕迹也更明显。平缝浇口结构形式三维图如图 5-26 所示。

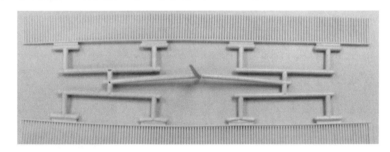

图 5-24　平缝浇口

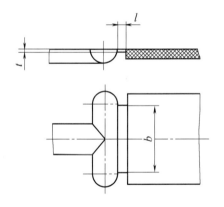

图 5-25　平缝浇口结构形式

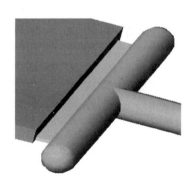

图 5-26　平缝浇口结构形式三维图

9. 牛角形浇口

牛角形浇口是注射模浇注系统中潜伏浇口的一种特殊的形式，因其曲线形状似牛角或香蕉，故称为牛角形浇口或香蕉形浇口。与普通潜伏浇口相比，牛角形浇口进点的位置与流道的距离可以更远，进点的位置选择更灵活，其压力降也相对较小，如图 5-27 所示。该浇口加工困难，顶出也较困难。在制品表面不允许留有任何浇口痕迹，又不能用普通潜伏浇口的情况下常采用牛角形浇口。图 5-28 所示为牛角形浇口结构形式。

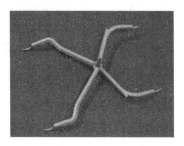

图 5-27　牛角形浇口的结构形式（一）

图 5-28　牛角形浇口的结构形式（二）

10. 护耳浇口

护耳浇口由矩形浇口和耳槽组成，如图 5-29 所示。熔体在冲击耳槽壁后，能调整流动方向，平稳地注入型腔，塑件成型后残余应力小；依靠耳槽能允许浇口周边产生收缩，能减少因注射造成的过量填充以及冷却收缩所产生的变形。护耳浇口适用于 PVC、PC 等热稳定性差、黏度高的塑料的成型。

不同的浇口形式对塑料熔体的充填特性、成型质量及塑件的性能会产生不同的影响。各种塑料因其性能的差异对不同形式的浇口会有不同的适应性，常用塑料所适应的浇口形式见表 5-1。

图 5-29　护耳浇口的结构形式

表 5-1　常用塑料所适应的浇口形式

塑料种类	浇口形式					
	直接浇口	侧浇口	平缝浇口	点浇口	潜伏浇口	环形浇口
硬聚氯乙烯(HPVC)	○	○				
聚乙烯(PE)	○	○		○		
聚丙烯(PP)	○	○		○		
聚碳酸酯(PC)	○	○		○		
聚苯乙烯(PS)	○	○		○	○	
橡胶改性苯乙烯					○	
聚酰胺(PA)	○	○		○	○	
聚甲醛(POM)	○	○	○	○		○
丙烯腈—苯乙烯	○	○		○		
ABS	○	○	○	○	○	○
丙烯酸酯	○	○				

注："○"表示塑料适用的浇口形式。

四、冷料穴和拉料杆

冷料穴是浇注系统的结构组成之一。冷料穴的作用是容纳浇注系统流道中料流的前锋冷料，以免这些冷料注入型腔，既影响熔体充填的速度，又影响成型塑件的质量。主流道下端的冷料穴如图5-30所示。主流道末端的冷料穴除了上述作用外，还便于在该处设置主流道拉料杆，注射结束模具分型时，在拉料杆的作用下，主流道凝料从定模浇口套被拉出，最后推出机构开始工作，将塑件和浇注系统凝料一起推出模外。多型腔模具冷料穴在分型面的设置形式如图5-31所示。

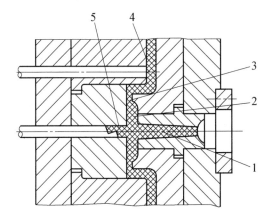

图5-30　主流道下端的冷料穴

1—主流道　2—分流道　3—浇口

4—塑件　5—冷料穴

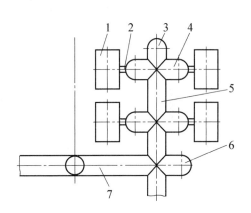

图5-31　多型腔模具分型面上的冷料穴

1—型腔　2—浇口　3、6—冷料穴　4—三次分

流道　5—二次分流道　7——次分流道

点浇口形式浇注系统的三板式模具，在主流道末端是不允许设置拉料杆的，否则定模部分不能分型，模具将无法工作。

主流道拉料杆有以下两种基本形式：

1) 一种是推杆形式的拉料杆，固定在推杆固定板上，如图5-32a、b所示，其中Z字形拉料杆（图5-32a）是其典型的结构形式，工作时依靠Z字形钩将主流道凝料拉出浇口套，推出时，推出结构带动拉料杆将主流道凝料推出模外，推出后由于钩子的方向性而不能自动脱落，需要人工取出。图5-32b所示为在动模板上开设反锥度冷料穴的形式，它的后面设置有推杆，分型时靠动模板上的反锥度冷料穴的作用将主流道凝料拉出浇口套，推出时靠后面的推杆强制地将其推出。

2) 另一种是仅适于推件板脱模的拉料杆，固定在动模板上，如图5-32c、d

所示。图 5-32c 所示为典型的球头拉料杆，图 5-32d 所示为菌形头拉料杆，它们是靠头部凹下去的部分将主流道凝料从浇口套中拉出来，然后推件板推出时，将主流道凝料从拉料杆的头部强制推出。在以上各种形式的拉料杆中，图 5-32b～d 推出的形式，其主流道凝料都能在推出时自动脱落。

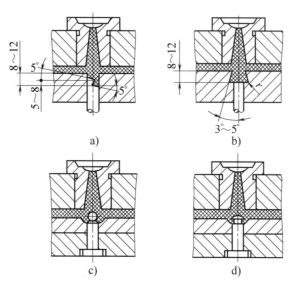

图 5-32　主流道拉料杆的结构形式

五、模内热切技术

模内热切是一种浇口分离技术，即模具未开模前将产品与浇口分离的技术。模内热切主要由微型超高压液压缸、高速高压切刀、模具外超高压时序控制器和辅助零件四大部分组成。微型超高压液压缸及高速高压切刀安装在模具内，超高压时序控制器为模具外可移动设备，它可以根据设定好的时间点输出油压到模具内，驱动切刀和液压缸完成顶出动作，从而切断浇口。

1. 模内热切技术的历史、现状及发展趋势

作为一项先进的注射加工技术，模内热切在欧美国家的普及使用可以追溯到20 世纪 90 年代甚至更早。由于模内热切具有许多优点，所以该技术在国外发展比较快，许多塑胶模具厂商所生产的模具 50% 以上采用了模内热切技术，部分模具厂商甚至达到 80% 以上。在我国，这一技术在近几年才真正得到推广和应用。随着模具行业的不断发展，模内热切技术在塑胶模具中运用的比例也逐步提高，但总体不足 5%。

近年来模内热切技术在我国逐渐得到推广，很大程度上是由于我国人力成本的增长与产品品质的升级，在欧美国家，注射成型生产已经依赖于模内热切技术。

2. 模内热切系统工作原理

在生产过程中，当模具闭合时触碰触点开关，触点开关传递信号给超高压时序控制器，超高压时序控制器计算好时间（计算好切刀何时顶出，顶出时长，何时退出）输出高压油给微型超高压液压缸，微型超高压液压缸推动切刀，顶出状态完成。在产品冷却前 2s，超高压时序控制器泄压，切刀弹簧受力于模具，将切刀与微型超高压液压缸退回，一个周期动作完成。

3. 模内切与模内热切的区别

模内切工作流程：合模→注射→保压→冷却→开模→顶出→人工剪浇口或利用工具切浇口。模内切后产品外观：由于冷切是在塑件冷却后实现切断的，所以在切断处会发白，有应力产生，影响外表面质量和力学性能，并且人工加工浇口会产生外观品质不良现象。

模内热切工作流程：合模→注射→保压→切浇口→冷却→开模→顶出。模内热切后产品外观：由于模内热切是在模腔内塑料保压完成后还处于熔融状态时，就实现浇口和塑件的分离，所以不会有应力产生。这不但能够保证塑件浇口位置分离后的外观品质，而且能保证产品的外观品质始终如一，从而提高产品合格率。

4. 模内热切模具的优点

模内热切模具在当今世界各工业发达国家和地区均得到极为广泛的应用。这主要是因为模内热切模具拥有如下显著特点：

（1）模内浇口分离自动化，降低对人工的依赖程度　传统的塑胶模具开模后产品与浇口相连，需两道工序进行人工剪切分离，而模内热切模具将浇口分离提前至开模前，消除后续工序，有利于自动化生产，降低对人工的依赖程度。

（2）降低产品品质的人为影响　在模内热切模具成型过程中，浇口分离的自动化可保证浇口分离处外观的一致性，而传统人工分离浇口工艺无法保证浇口分离处外观的一致性。因此，市场上很多高品质的产品均由模内热切模具生产。

（3）缩短成型周期，提高生产稳定性　模内热切成型的自动化，避免了生产过程中无用的人为动作，而产品的全自动化机械剪切保证了品质一致性，在产品大规模生产过程中较传统的模具有着较大的优势。

5. 模内热切模具的缺点

尽管与传统模具相比，模内热切模具有许多显著的优点，但模具用户亦需要了解模内热切模具的缺点。概括起来有以下几点：

（1）模具成本上升 模内热切系统元件价格比较高，使得模内热切模具成本大幅度增加。如果产品附加值较低，产品产量不高，则对于模具厂商来说在经济上不划算。对许多发展中国家的模具用户，模内热切系统价格高是影响模内热切模具广泛应用的主要问题之一。

（2）模内热切模具制作工艺设备要求高 模内热切模具需要精密加工机械作为保证。模内热切系统与模具的集成和配合要求极为严格，否则在模具生产过程中会出现很多严重问题。例如，模具液压缸安装孔平面因加工粗糙，密封件无法封油，导致液压缸无法运动、切刀与模仁的配合不好，导致切刀卡死无法生产等。

（3）操作维修复杂 与模内切模具相比，模内热切模具操作及维修复杂。例如，使用操作不当极易损坏模内热切零件，使生产无法进行，造成巨大经济损失。对于模内热切模具的新用户而言，需要较长时间来积累使用经验。

6. 模内热切模具的应用范围

（1）塑料材料种类 模内热切模具已被成功地用于加工各种塑料材料，如PP、PE、PS、ABS、PBT、PA、PSU、PC、POM、PVC、PET、PMMA、PEI、ABS/PC 等。任何可以用传统模具加工的塑料材料都可以用模内热切模具加工。

（2）零件质量 用模内热切模具制造的零件最小的质量约为 0.1g，最大的质量约为 30kg。模内热切模具应用广泛灵活。

（3）工业领域 模内热切模具在电子、汽车、医疗、日用品、玩具、包装、建筑、办公设备等各工业部门都得到了广泛应用。

7. 模内热切应用的主要技术因素

一个成功的模内热切模具应用项目需要多个环节予以保障。其中有三个重要的技术因素。一是切刀精度的控制；二是模内热切模具切刀公差与切刀的装配工艺；三是模内热切系统厂家对于模内热切模具方案的精准设计。

（1）切刀精度的控制 在模内热切模具应用中切刀精度的控制显得极为重要。许多生产过程中出现的产品质量问题直接源于模内热切系统切刀加工精度的控制，如开模后产品与料不分离问题、切完产品毛边严重问题、产品浇口切不干净问题等。此类问题只能通过提高切刀加工精度来解决。

（2）模内热切模具切刀公差与切刀的装配工艺 在模内热切系统模具正常生产中，切刀需反复进行动作，因此不同塑料采取不同的装配公差与装配工艺。否则切刀就会出现"卡死"，切刀不能回位，塑料流入切刀与模具的装配间隙，甚至使切刀蹦断。对于此类问题，只能找专业且有经验的模内热切系统厂家提供专业的解决方案。

（3）模内热切系统厂家对于模内热切模具方案的精准设计　对于模具行业来说，提供一个准确的设计方案起着事半功倍的作用。模内热切系统供应商对于不同的产品、不同的材料需提供最佳的设计方案，否则就会出现液压缸力量不足、切刀切不断产品、切刀回位不顺畅等一系列问题。

任务二　分型面的形式与选择

为了将已成型的塑件从模具型腔内取出或为了满足安放嵌件及排气等成型的需要，根据塑料件的结构，将直接成型塑件的那一部分模具分成若干部分的接触面，通称为分型面。分型面是决定模具结构形式的一个重要因素，它与模具的整体结构、浇注系统的设计、塑件的脱模和模具的制造工艺等有关，因此，分型面的选择是注射模的一个关键。

1. 分型面的形式

注射模有的只有一个分型面，有的有多个分型面。在多个分型面的模具中，将脱模时取出塑件的那个分型面称为主分型面，其他的分型面称为辅助分型面，辅助分型面均是为了达到某种目的而设计的。

分型面的形式如图 5-33 所示。图 5-33a 所示为平直分型面；图 5-33b 所示为倾斜分型面；图 5-33c 所示为阶梯分型面；图 5-33d 所示为曲面分型面；图 5-33e 所示为瓣合分型面，也称垂直分型面。

在模具的装配图上，分型面的标示一般采用如下方法：当模具分型时，若分型面两边的模板都移动，用"⊣⊢"表示；若其中一方不动，另一方移动，用"⊢"或"⊣"表示，箭头指向移动的方向；多个分型面应按分型的先后次序，标示出"A""B""C"等。

2. 分型面的选择原则

由于分型面受到塑件在模具中

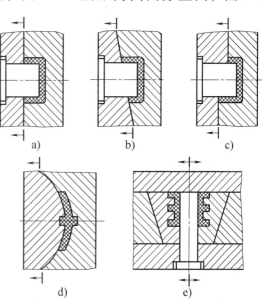

图 5-33　分型面的形式

的成型位置、浇注系统设计、塑件结构工艺性及尺寸精度、嵌件的位置、塑件的推出、排气等多种因素的影响，在选择分型面时应综合分析比较，以选出较为合理的方案。选择分型面时，应遵循以下几项基本原则：

（1）分型面应选在塑件外形最大轮廓处　分型面应选在塑件外形的最大轮廓处，这是最基本的选择原则，否则塑件无法从型腔中脱出。

（2）分型面的选择应有利于塑件的顺利脱模　如图 5-34a 所示，塑件在分型后由于收缩包紧在定模大型芯上的原因而留在定模，这样就必须在定模部分设置推出机构，增加了模具复杂性；若按图 5-34b 所示分型，分型后塑件留在动模，利用注射机的顶出装置和模具的推出机构很容易推出塑件。

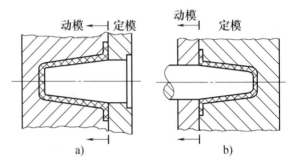

图 5-34　分型面对脱模的影响

（3）分型面的选择应保证塑件的尺寸精度　同轴度要求较高的塑件，选择分型面时最好把有同轴度要求的部分放置在模具的同一侧。若采用图 5-35a 的形式，型腔要在动、定模两块模板上分别加工出，精度不易保证，而采用图 5-35b 的形式，型腔同在定模内加工出，内孔用一个型芯成型，精度容易保证。

（4）分型面的选择应保证塑件的表面质量　分型面处不可避免地会在塑件上留下溢料痕迹或拼合不准确的痕迹，所以分型面应尽量避免选择在塑件光滑平整的外表面或带有圆弧的转角处。图 5-36a 的形式有损于塑件的表面质量，图 5-36b 的形式较好。

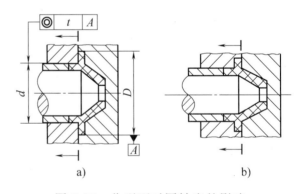

图 5-35　分型面对同轴度的影响

（5）分型面的选择应有利于模具的加工　通常在模具设计中，选择平直分型面居多。但为了便于模具的制造，应根据模具的实际情况选择合理的分型面。如图 5-37 所示的塑件，若采用图 5-37a 的形式，推管的工作端部需要制出塑件下部的阶梯形状，而这种推管制造困难，推管还需要采取止转措施。另外在合模时，推管会与定模型腔配合接触，模具制造难度大；而采用图 5-37b 所示的阶梯分型

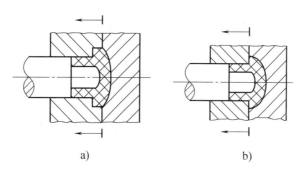

图 5-36　分型面对塑件外观的影响

形式，则模具加工十分方便。

（6）分型面的选择应有利于排气　分型面的选择与浇注系统的设计应同时考虑，为了使型腔有良好的排气条件，分型面应尽量设置在塑料熔体流动方向的末端，如图 5-38 所示。若采用图 5-38a 的形式，熔体充填型腔时先封住分型面，在型腔深处的气体就不易排出；而采用图 5-38b 的形式，分型面处最后充填，形成了良好的排气条件。

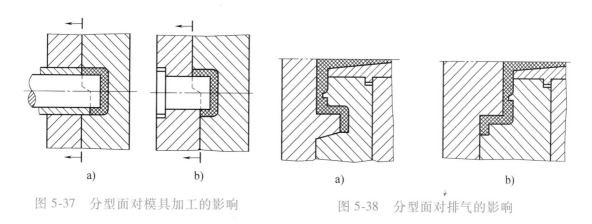

图 5-37　分型面对模具加工的影响　　　　图 5-38　分型面对排气的影响

任务三　认识成型零部件结构

　　模具合模后，在动模板和定模板之间的某些零部件组成一个能充填塑料熔体的模具型腔，模具型腔的形状与尺寸就决定了塑件的形状与尺寸，构成模具型腔的所有零部件称为成型零部件。

　　成型零件工作时直接与塑料熔体接触，要承受熔融塑料流的高压冲刷、脱模摩擦等。因此，成型零件不仅要求有正确的几何形状，较高的尺寸精度和较低的表面粗糙度值，而且还要求有合理的结构和较高的强度、刚度及较好的耐磨性。

成型零部件（见图5-39）是决定塑件几何形状和尺寸的零件。它是模具的主要部分，主要包括凹模、凸模及镶件、成型杆和成型环等。由于塑料成型的特殊性，塑料成型零件的设计与冲模的凸、凹模设计有所不同。

图5-39 成型零部件

一、凹模和凸模的结构

凹模也称型腔，是成型塑件外表面的主要零件，其中，成型塑件上外螺纹的型腔称为螺纹型环。

凸模也称型芯，是成型塑件内表面的零件，成型其主体部分内表面的型芯称主型芯或凸模，而成型其他小孔的型芯称为小型芯或成型杆，成型塑件上内螺纹的型芯称螺纹型芯。

凸、凹模按结构不同主要可分为整体式和组合式两种结构形式。

1. 整体式凹模、凸模结构

整体式凹模和凸模是指直接在整块模板上分别加工出凹、凸形状的结构形式。整体式凹模、凸模结构如图5-40所示，图5-40a所示为整体式凹模；图5-40b所示为整体式凸模。

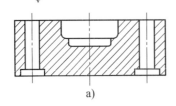 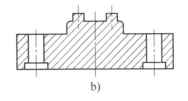

a)　　　　　　　　　　　　　b)

图5-40 整体式凹模、凸模结构形式

它们是在整块金属模板上加工而成的。其特点是牢固、不易变形，不会使塑件产生拼接线痕迹。但是加工困难，热处理不方便，整体式凸模还有消耗模具钢多、浪费材料等缺点。所以整体式凹模、凸模结构常用于形状简单的单个型腔、小型模具或工艺试验模具。

2. 组合式凹模、凸模结构

组合式凹模、凸模结构是指由两个或两个以上的零件组合而成的凹模或凸模。按组合方式不同，可分为整体嵌入式、局部镶嵌式和四壁拼合式等形式。

（1）整体嵌入式　整体嵌入式凹模和凸模结构如图 5-41 所示。小型塑件采用多型腔模具成型时，各单个型腔和型芯采用单独加工（切削加工、冷挤压、电加工等）的方法制成，然后采用 H7/m6 过渡配合压入模板中。这种结构加工效率高，装拆方便，容易保证形状和尺寸精度。图 5-41a～c 所示为整体嵌入式凹模；图 5-41d～f 所示为整体嵌入式凸模。

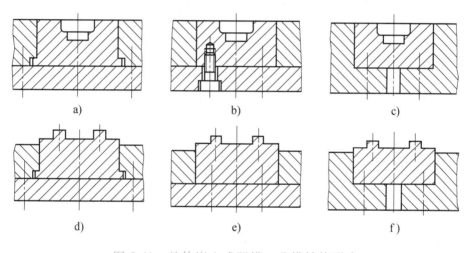

图 5-41　整体嵌入式凹模、凸模结构形式

1）图 5-41a 和图 5-41d 为通孔台肩式，凹模和凸模从下面嵌入模板，再用垫板螺钉紧固。

2）图 5-41b 和图 5-41e 为通孔无台肩式，凹模和凸模嵌入模板内用螺钉与垫板固定。

3）图 5-41c 和图 5-41f 为不通孔式，凹模和凸模嵌入固定板后直接用螺钉固定，在固定板后部设计有装拆凹模或凸模用的工艺通孔，这种结构可省去垫板。如果镶件是回转体，而成型部分是非回转体，则需要用销或键止转定位。图 5-42 所示为整体嵌入式凹模、凸模结构形式三维图。

（2）局部镶嵌式　为了加工方便或由于型腔的某一部分容易损坏，需要经常更换，应采用局部镶嵌的方法，如图 5-43 所示。

图 5-43a 所示的凹模内有局部凸起，可将此凸起部分单独加工，再把加工好的镶块镶在圆形凹模内。

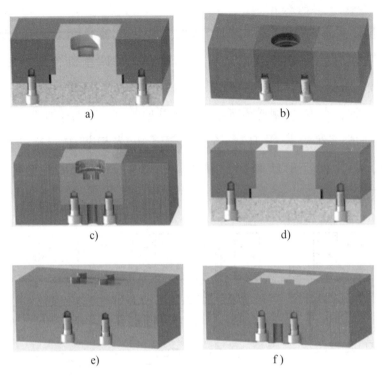

图 5-42　整体嵌入式凹模、凸模结构形式三维图

图 5-43b 所示为在凹模底部局部镶嵌的形式。

图 5-43c 所示为凹模底部整体镶嵌的形式。以上镶嵌采用 H7/m6 的过渡配合。

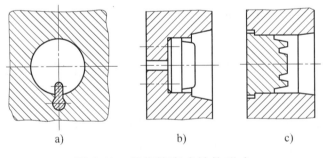

图 5-43　局部镶嵌式结构形式

（3）四壁拼合式　大型和形状复杂的凹模，可以把它的四壁和底板分别加工，经研磨后压入模套中，称为四壁拼合，四壁拼合式如图 5-44 所示。为了保证装配的准确性，侧壁之间采用锁扣连接，连接处外壁留有 0.3～0.4mm 的间隙，以使内侧接缝紧密，减少塑料的挤入。

采用组合式镶拼，简化了复杂成型零件的加工工艺，减少了热处理变形，拼合处有间隙利于排气，便于模具的维修，节省了贵重的模具钢。为了保证组合后型腔尺寸的精度和装配的牢固，减少塑件上的镶拼痕迹，对于镶块的尺寸、几何公差要求较高，组合结构必须牢固，镶块的切削加工工艺性要好。因此，选择合理的组合镶拼结构是非常重要的。

3. 小型芯的结构设计

小型芯用来成型塑件上的小孔或槽。小型芯单独制造后，再嵌入模板或大型芯中。图 5-45 所示为小型芯常用的几种固定方法。

图 5-45a 是用台肩固定的形式，后面用垫板压紧。

图 5-45b 中固定板太厚，可在固定板上减少配合长度，同时细小型芯后端适当扩大制成台阶的形式。

图 5-45c 是型芯细小固定在固定板较厚的形式，型芯镶入后，在后端用圆柱垫垫平。

图 5-45d 是用于固定板厚而无垫板的场合，在型芯的后端用螺塞紧固。

图 5-45e 是型芯镶入后用螺母固定的形式。

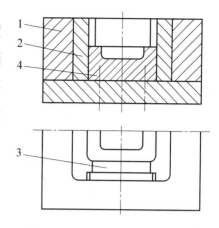

图 5-44　四壁拼合式结构形式

1—模套　2、3—侧镶拼块　4—底镶拼块

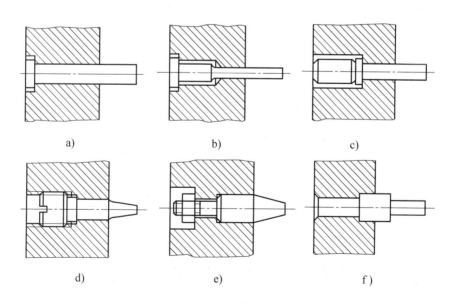

a)　　　　　　b)　　　　　　c)

d)　　　　　　e)　　　　　　f)

图 5-45　小型芯的固定方法

图 5-45f 是型芯镶入后在另一端采用铆接固定的形式，但是，在注射模成型零件设计中，这种铆接形式应该尽量避免。

对于异形型芯，为了制造方便，常将型芯设计成两段，型芯的连接固定段制成圆形，并用台肩和模板连接，如图 5-46a 所示；也可以用螺母紧固，如图 5-46b 所示。

多个互相靠近的小型芯，用台肩固定时，如果台肩发生重叠干涉，可将台肩相碰的一面磨去，将型芯固定板的台阶孔加工成大圆台阶孔或长腰圆形台阶孔，然后将型芯镶入，如图 5-47 所示。

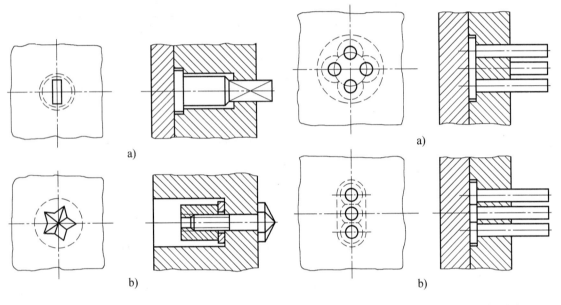

图 5-46　异形型芯的固定　　　　　　图 5-47　多个互相靠近型芯的固定

二、螺纹型环和螺纹型芯结构

螺纹型环和螺纹型芯是分别用来成型塑件上外螺纹和内螺纹的活动镶件。成型后，螺纹型环和螺纹型芯的脱卸方法有两种：一种是模内自动脱卸，另一种是模外手动脱卸。

1. 螺纹型环的结构

螺纹型环常见的结构如图 5-48 所示。图 5-48a 是整体式的螺纹型环，型环与模板的配合用 H8/f8，配合段长 5~10mm。为了安装方便，配合段以外制出 3°~5° 的斜度，型环下端可铣削成方形，以便用扳手从塑件上拧下。

图 5-48b 是组合式型环，型环由两个半瓣拼合而成，两个半瓣之间用定位销定位。成型后用尖劈状卸模器楔入型环两边的楔形槽撬口内，使螺纹型环分开。

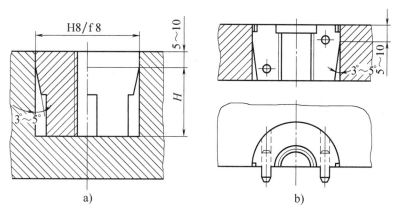

图 5-48　螺纹型环的结构

组合式型环卸螺纹快而省力。但是在成型的塑料件外螺纹上留下难以修整的拼合痕迹，因此这种结构只适用于精度要求不高的粗牙螺纹的成型。

2. 螺纹型芯的结构

螺纹型芯按用途分为直接成型塑件上螺纹孔和固定螺母嵌件两种。两种螺纹型芯在结构上没有原则上的区别。用来成型塑件上螺纹孔的螺纹型芯在设计时必须考虑塑料收缩率；而固定螺母的螺纹型芯不必考虑收缩率，按普通螺纹制造即可。螺纹型芯安装在模具上，成型时要可靠定位，不能因合模振动或料流冲击而移动；且开模时能与塑件一道取出，便于装卸；螺纹型芯与模板内安装孔的配合用 H8/f8。

螺纹型芯在模具上安装的形式如图 5-49 所示，图 5-49a～c 是成型内螺纹的螺纹型芯。图 5-49d～f 是安装螺纹嵌件的螺纹型芯。

图 5-49a 是利用锥面定位和支承的形式。

图 5-49b 是利用大圆柱面定位和台阶支承的形式。

图 5-49c 是用圆柱面定位和垫板支承的形式。

图 5-49d 是利用嵌件与模具的接触面起支承作用，以防止型芯受压下沉。

图 5-49e 是将嵌件下端以锥面镶入模板中，以增加嵌件的稳定性，并防止塑料挤入嵌件的螺孔中。

图 5-49f 是将小直径螺纹嵌件直接插入固定在模具上的光杆上，因螺纹牙沟槽很细小，塑料仅能挤入一小段，并不妨碍使用，这样可省去模外脱卸螺纹的操作。螺纹型芯的非成型端应制成方形或将相对两边铣成两个平面，以便在模外用工具将其旋下。

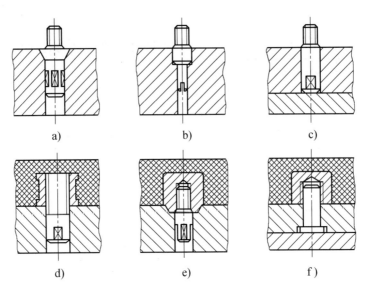

图 5-49 螺纹型芯的安装形式

三、成型零部件的工作尺寸计算

成型零件的工作尺寸是指凹模和型芯直接构成塑件的尺寸，例如型腔和型芯的径向尺寸、深度和高度尺寸、孔间距离尺寸、孔或凸台至某成型表面的尺寸、螺纹成型零件的径向尺寸和螺距尺寸等。

1. 影响成型零件工作尺寸的因素

影响塑件尺寸精度的因素很多，概括地说，有塑料原材料、塑件结构和成型工艺、模具结构、模具制造和装配、模具使用中的磨损等因素。塑料原材料方面的因素主要是指收缩率的影响。

（1）塑件的收缩率波动　塑件成型后的收缩变化与塑料的品种、塑件的形状、尺寸、壁厚、成型工艺条件、模具的结构等因素有关。按照一般的要求，塑料收缩率波动所引起的误差应小于塑件公差的 1/3。

（2）模具成型零件的制造公差　模具成型零件的制造精度是影响塑件尺寸精度的重要因素之一。模具成型零件的制造精度越低，塑件尺寸精度也越低，尤其是对于尺寸小的塑件精度，影响更大。一般成型零件工作尺寸制造公差值取塑件公差值的 1/4~1/3 或取 IT7~IT8 作为制造公差。

（3）模具成型零件的磨损　模具在使用过程中，塑料熔体流动的冲刷、成型过程中可能产生的腐蚀性气体的锈蚀、脱模时塑件与模具的摩擦以及由上述原因造成的成型零件表面粗糙度值增大而重新打磨抛光等原因，均造成了成型零件尺寸的变化。这种变化称为成型零件的磨损。其中脱模摩擦磨损是主要的因素。磨损的结果使型腔尺寸变大，型芯尺寸变小。

（4）模具安装配合误差　模具成型零件装配误差以及在成型过程中成型零件配合间隙的变化，都会引起塑件尺寸的变化。例如，成型压力使模具分型面有胀开的趋势，由于分型面上的残渣或模板加工平面度的影响，使动定模分型面上有一定的间隙，这些对塑件高度方向尺寸有影响；活动型芯与模板配合间隙过大，将影响塑件上孔的位置精度。

综上所述，塑件在成型过程中产生的尺寸误差应该是上述各种误差的总和，即

$$\delta = \delta_z + \delta_s + \delta_c + \delta_j + \delta_a \qquad (5-1)$$

式中　δ——塑件的成型误差；

　　　δ_z——模具成型零件制造公差；

　　　δ_s——塑料收缩率波动引起的塑件尺寸误差；

　　　δ_c——模具成型零件的磨损引起的误差；

　　　δ_j——模具成型零件配合间隙变化误差；

　　　δ_a——模具装配引起的误差。

由此可见，塑件尺寸误差为累积误差，由于影响因素多，因此塑件的尺寸精度往往较低。设计塑件时，其尺寸精度的选择不仅要考虑塑件的使用和装配要求，而且考虑塑件在成型过程中可能产生的误差，使塑件规定的公差值 Δ 大于或等于以上各项因素引起的累积误差 δ，即

$$\Delta \geqslant \delta \qquad (5-2)$$

在一般情况下，收缩率的波动、模具制造公差和成型零件的磨损是影响塑件尺寸精度的主要原因。因此，生产大型塑件时，收缩率波动是影响塑件尺寸公差的主要因素，若单靠提高模具制造公差等级来提高塑件精度是困难和不经济的，应稳定成型工艺条件和选择收缩率波动较小的塑料；生产小型塑件时，模具制造公差和成型零件的磨损是影响塑件尺寸精度的主要因素，故应提高模具制造公差等级和减少磨损。

2. 型腔和型芯径向尺寸的计算

塑料的平均收缩率 $\bar{S}$ 的计算方法：从相关手册中查到常用塑料的最大收缩率 S_{max} 和最小收缩率 S_{min}，该塑料的平均收缩率 $\bar{S}$ 为

$$\overline{S} = \frac{S_{max} + S_{min}}{2} \times 100\% \qquad (5\text{-}3)$$

涉及的无论是塑件尺寸还是成型模具尺寸的标注，都是按规定的标注方法。凡孔都是按基孔制，公差下限为零，公差等于上极限偏差；凡轴都是按基轴制，公差上限为零，公差等于下极限偏差；中心距公称尺寸为双向等值偏差，如图 5-50 所示。

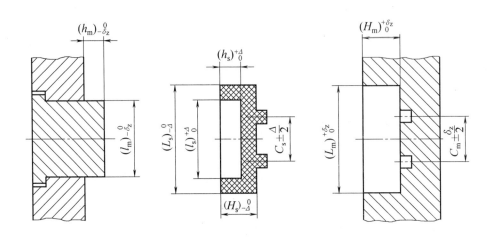

图 5-50 模具零件工作尺寸与塑件尺寸的关系

（1）型腔径向尺寸的计算 塑件外形的公称尺寸 L_s 是最大尺寸，其公差 Δ 为负偏差，模具型腔的公称尺寸 L_m 是最小尺寸，公差为正偏差，计算公式为

$$(L_m)^{+\delta_z}_{0} = \left[(1+\overline{S})L_s - 0.75\Delta \right]^{+\delta_z}_{0} \qquad (5\text{-}4)$$

式中 L_m——模具型腔径向公称尺寸；

$\quad L_s$——塑件外表面的径向公称尺寸；

$\quad \overline{S}$——塑料平均收缩率；

$\quad \delta_z$——模具制造公差；

$\quad \Delta$——塑件外表面径向公称尺寸的公差。

当塑件制件尺寸较小，精度级别较高时，δ_z 可取 $\Delta/3$。

（2）型芯径向尺寸的计算 塑件孔的径向公称尺寸 l_s 是最小尺寸，其公差 Δ 为正偏差，型芯的公称尺寸 l_m 是最大尺寸，制造公差为负偏差，型芯的公称尺寸 l_m 是最大尺寸，δ_z 可取 $\Delta/3$，计算公式为

$$(l_m)^{0}_{-\delta_z} = \left[(1+\overline{S})l_s + 0.75\Delta \right]^{0}_{-\delta_z} \qquad (5\text{-}5)$$

式中　l_m——模具型芯径向公称尺寸；

　　　l_s——塑件内表面的径向公称尺寸；

　　　Δ——塑件内表面径向公称尺寸的公差。

（3）型腔深度和型芯高度尺寸的计算　计算型腔深度和型芯高度尺寸时，由于型腔的底面或型芯的端面磨损很小，所以可以不考虑磨损量，由此推导出型腔深度公式，即

$$(H_m)_0^{+\delta_z} = \left[(1+\overline{S})H_s - 2/3\Delta\right]_0^{+\delta_z} \tag{5-6}$$

式中　H_m——模具型腔深度公称尺寸，δ_z 可取 $\Delta/3$；

　　　H_s——塑件凸起部分高度公称尺寸。

型芯高度公式：

$$(h_m)_{-\delta_z}^0 = \left[(1+\overline{S})h_s + 2/3\Delta\right]_{-\delta_z}^0 \tag{5-7}$$

式中　h_m——模具型芯高度公称尺寸，δ_z 可取 $\Delta/3$；

　　　h_s——塑件孔或凹槽深度尺寸。

（4）中心距尺寸的计算　塑件上凸台之间、凹槽之间或凸台与凹槽之间的中心线的距离称为中心距。由于中心距的公差都是双向等值公差，同时磨损的结果不会使中心距尺寸发生变化，在计算时不必考虑磨损量。因此塑件上的中心距公称尺寸 C_s 和模具上的中心距的公称尺寸 C_m 均为平均尺寸。于是

$$C_m = (1+\overline{S})C_s$$

标注制造公差后得

$$(C_m) \pm \delta_z/2 = (1+\overline{S})C_s \pm \delta_z/2 \tag{5-8}$$

式中　C_m——模具中心距公称尺寸；

　　　C_s——塑件中心距公称尺寸。

3. 计算实例

例 5-1　根据图 5-51 所示塑件的形状与尺寸，分别计算出型腔和型芯的有关尺寸（塑料平均收缩率取 0.005，δ_z 取 $\Delta/3$）。

（1）型腔径向尺寸的计算

1）已知塑件外表面的径向公称尺寸 $L_s = 46$mm，塑件外表面径向公称尺寸的公差 $\Delta = 0.28$mm，通过计算，型腔径向尺寸塑料平均收缩率 $\overline{S} = 0.005$，模具制造公差 δ_z 取 $\Delta/3$。带入公式计算即可求出模具型腔径向公称尺寸 L_1。

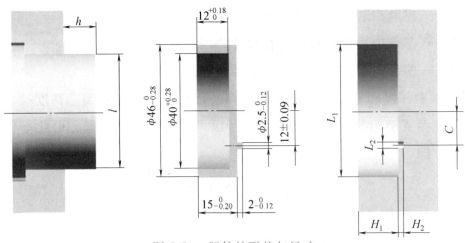

图 5-51 塑件的形状与尺寸

$$L_1 = \left[(1+\overline{S}) L_s - 0.75\Delta \right]_0^{+\delta_z}$$

$$= \left[(1+0.005) \times 46 - 0.75 \times 0.28 \right]_0^{+\frac{1}{3} \times 0.28} \text{mm}$$

$$= 46.02_0^{+0.093} \text{mm}$$

2）已知塑件凸台外表面的径向公称尺寸为 2.5mm，塑件外表面径向公称尺寸的公差 $\Delta = 0.12$mm，通过计算，带入公式可计算模具型腔径向公称尺寸 L_2。

$$L_2 = \left[(1+\overline{S}) L_s - 0.75\Delta \right]_0^{+\delta_z}$$

$$= \left[(1+0.005) \times 2.5 - 0.75 \times 0.12 \right]_0^{+\frac{1}{3} \times 0.12} \text{mm}$$

$$= 2.42_0^{+0.040} \text{mm}$$

（2）型芯径向尺寸的计算　已知塑件内表面的径向公称尺寸为 40mm，塑件内表面径向公称尺寸的公差 $\Delta = 0.28$mm，带入公式可计算模具型芯径向尺寸 l。

$$l = \left[(1+\overline{S}) l_s + 0.75\Delta \right]_{-\delta_z}^0$$

$$= \left[(1+0.005) \times 40 + 0.75 \times 0.28 \right]_{-\frac{1}{3} \times 0.28}^0 \text{mm}$$

$$= 40.41_{-0.093}^0 \text{mm}$$

（3）型芯高度尺寸的计算　已知塑件凹槽深度公称尺寸为 12mm，公差 $\Delta = 0.18$mm，带入公式可计算模具型芯高度尺寸 h。

$$h = \left[(1+\overline{S}) h_s + 2/3\Delta \right]_{-\delta_z}^0$$

$$= \left[(1+0.005) \times 12 + \frac{2}{3} \times 0.18 \right]_{-\frac{1}{3} \times 0.18}^0 \text{mm}$$

$$= 12.18_{-0.060}^0 \text{mm}$$

（4）型腔深度尺寸计算

1）已知塑件高度公称尺寸为 15mm，公差 $\Delta = 0.20$mm，带入公式可计算模具型腔深度尺寸 H_1。

$$H_1 = \left[(1+\bar{S}) H_s - 2/3\Delta \right]_0^{+\delta_z}$$

$$= \left[(1+0.005) \times 15 - \frac{2}{3} \times 0.20 \right]_0^{+\frac{1}{3} \times 0.20} \text{mm}$$

$$= 14.94_0^{+0.067} \text{mm}$$

2）已知塑件凸起部分高度公称尺寸为 2mm，公差 $\Delta = 0.12$mm，带入公式可计算凸起部分模具型腔深度尺寸 H_2。

$$H_2 = \left[(1+\bar{S}) H_s - 2/3\Delta \right]_0^{+\delta_z}$$

$$= \left[(1+0.005) \times 2 - \frac{2}{3} \times 0.12 \right]_0^{+\frac{1}{3} \times 0.12} \text{mm}$$

$$= 1.93_0^{+0.040} \text{mm}$$

（5）中心距尺寸的计算 已知塑件中心距公称尺寸为 12mm，公差 $\Delta = 0.18$mm 带入公式可计算模具中心距公称尺寸 C。

$$C = (1+\bar{S}) C_s \pm \frac{1}{6}\Delta$$

$$= (1+0.005) \times 12 \pm \frac{1}{6} \times 0.18 \text{mm}$$

$$= 12.06 \pm 0.03 \text{mm}$$

任务四　认识结构零部件

注射模由成型零部件和结构零部件组成。注射模的支承零部件和合模导向机构合称为结构零部件。支承零部件主要由固定板（动、定模板）、支承板、垫板和动、定模座板等组成。

一、支承零部件

模具的支承零部件主要指用来安装固定或支承成型零件及其他结构零件的零部件。典型的支承零部件如图 5-52 所示。

1. 动、定模座板

与注射机的动、定固定模板相连接的模具底板称为动、定模座板，如图 5-52

中的零件 1、9 分别为定模座板和动模座板。设计或选用标准动、定模座板时，必须要保证它们的轮廓形状和尺寸与注射机上的动、定固定模板相匹配。另外，在动、定模座板上开设的安装结构（如螺栓孔、压板台阶等）也必须与注射机动、定固定模板上安装螺孔的大小和位置相适应。

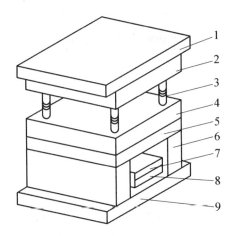

图 5-52 典型的支承零部件

1—定模座板 2—定模板 3—导柱及导套
4—动模板 5—动模支承板 6—垫块
7—推杆固定板 8—推板 9—动模座板

动、定模座板在注射成型过程中起着传递锁模力并承受成型力的作用，为保证动、定模座板具有足够的刚强度，动、定模座板也应具有一定的厚度。一般对于小型模具，其厚度最好不小于 15mm，而一些大型模具的动定模座板，厚度可以达 75mm 以上。动、定模座板的材料多用碳素结构钢或合金结构钢，经调质硬度达 28~32HRC（230~270HBW）。对于生产批量小或锁模力和成型力不大的注射模，其动定模座板有时也可采用铸铁材料。

2. 固定板和支承板

固定板主要指动模板（俗称 B 板）和定模板（俗称 A 板），如图 5-52 中零件 2、4 所示，在模具中起安装和固定成型零件、合模导向机构以及推出脱模机构等零部件的作用。为了保证被固定零件的稳定性，固定板应具有一定的厚度和足够的刚度、强度，一般采用碳素结构钢（如 45 钢、55 钢）制成。当对工作条件要求较严格或对模具寿命要求较长时，可采用合金结构钢制造。

支承板是盖在固定板上面或垫在固定板下面的平板，它的作用是防止固定板固定的零部件脱出固定板，并承受固定部件传递的压力，因此它要具有较高的平行度和刚度、强度要求。支承板一般采用 45 钢制成，经热处理调质至 28~32HRC（230~270HBW），或采用 50、40Cr、40MnB、40MnVB、45Mn2 等调质至 28~32HRC（230~270HBW），或采用结构钢 Q235~Q275。在固定方式不同或在只需固定板的情况下，支承板可省去。

支承板与固定板之间通常采用螺钉来连接，当两者需要定位时，可加插定位销，如图 5-53 所示。

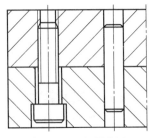

图 5-53 支承板与固定板的连接

3. 垫块和支承柱

（1）垫块（支承块）　它的作用主要是在动模支承板与动模座板之间形成推出机构所需的动作空间。另外，也起到调节模具总厚度，以适应注射机的模具安装厚度要求的作用。常见的垫块结构形式如图 5-54 所示。图 5-54a 所示为平行垫块，使用比较普遍，适用于中、大型模具；图 5-54b 所示为角架式垫块，省去了动模座板，常用于中、小型模具。垫块一般用中碳钢制造，也可以用 Q235 钢制造，或用 HT200、球墨铸铁等。图 5-55 所示为平行垫块三维图。图 5-56 所示为角架式垫块三维图。

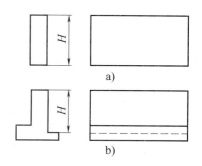

图 5-54　垫块的结构形式

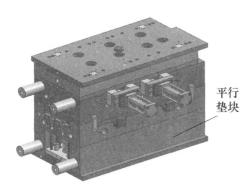

图 5-55　平行垫块三维图

图 5-56　角架式垫块三维图

垫块的高度应符合注射机的安装要求和模具的结构要求，它的计算式为

$$H = h_1 + h_2 + h_3 + S + (3 \sim 6)\,\text{mm} \tag{5-9}$$

式中　H——垫块的高度；

h_1——推板的厚度；

h_2——推杆固定板的厚度；

h_3——推板限位钉的高度（若无限位钉，则取零）；

S——脱出塑件所需的顶出行程。

若推杆固定板与动模支承板之间加入弹簧作复位或起平稳、缓冲作用，则式（5-9）中还应加上弹簧并紧后的高度。

在模具组装时，应注意所有垫块高度须一致，否则会负荷不均匀而造成相关模板的损坏。垫块与动模支承板和动模座板之间一般用螺钉连接，要求高时可用销钉定位，如图 5-57 所示。

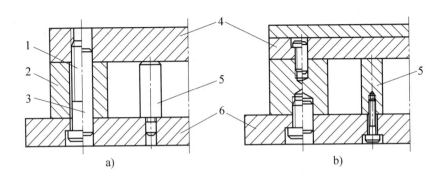

图 5-57　垫块的连接及支承柱的安装形式

1—螺钉　2—垫块　3—圆柱销　4—动模支承板　5—支承柱（支承块）　6—动模座板

（2）支承柱　对于大型模具或垫块间跨距较大的情况，为了保证动模支承板的刚度和强度，动模板厚度必将大大增加，这样既浪费了材料，又增加了模具重量。这时，通常在动模支承板下面加设圆柱形的支柱（空心或实心），以减小垫板的厚度，有时支承柱还能对推出机构起到导向的作用。支承柱的连接形式如图5-57所示。其个数通常可为2、4、6、8等，分布尽量均匀，并根据动模支承板的受力状况及可用空间而定。

二、合模导向机构设计

在模具进行装配或成型时，合模导向机构主要用来保证动模和定模两大部分或模内其他零件之间准确对合，以确保塑件的形状和尺寸精度，并避免模内各零部件发生碰撞和干涉。合模导向机构主要有导柱导向和锥面定位两种形式。

1. 导向机构的作用

（1）定位作用　模具装配或闭合过程中，避免模具动、定模的错位，模具闭合后保证型腔形状和尺寸的精度。

（2）导向作用　动、定模合模时，首先导向零件相互接触，引导动、定模正确闭合，避免成型零件先接触而可能造成成型零件的损坏。

（3）承受一定的侧向压力　塑料熔体在注入型腔过程中可能产生单向侧向压力，或注射机精度的限制，会使导柱在工作中不可避免受到一定的侧向压力。当侧向压力很大时，不能仅靠导柱来承担，还需加设锥面定位装置。

2. 导柱导向机构

导柱导向机构是比较常用的一种形式，其主要零件是导柱和导套。

导柱导向机构用于保证动、定模之间的开合模导向和脱模机构的运动导向。导柱导向最常见的是在模具型腔周围设置 2~4 对互相配合的导柱和导套，导柱设在动模或定模边均可，但一般设置在主型芯周围，在不妨碍脱模取件的条件下，导柱通常设置在型芯高出分型面较多的一侧，如图 5-58 所示。

（1）导柱的结构形式　导柱的典型结构如图 5-59 所示。图 5-59a 所示为带头导柱的形式（可参见 GB/T 4169.4—2006），导柱沿长度方向分为固定部分和导向部分，两部分直径的名义尺寸相同，只是公差不同。带头导柱也称直导柱，其结构简单，加工方便，用于简单模具的小批量生产时，一般不需要导套，导柱直接与模板上的导向孔配合；用于大批量生产时，可在模板中加设导套。

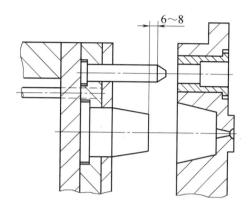

图 5-58　导柱导向机构

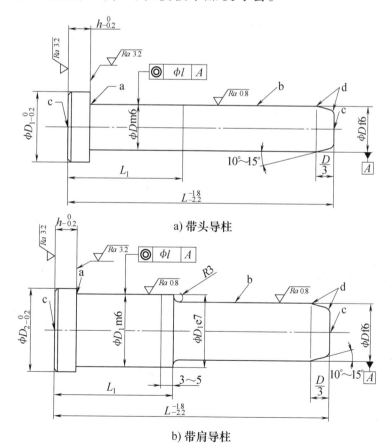

a) 带头导柱

b) 带肩导柱

图 5-59　导柱的典型结构

图 5-59b 为带肩导柱的形式（可参见 GB/T 4169.5—2006），其固定部分与导向部分的直径的名义尺寸和公差都不同，也称为台阶式导柱。用于精度要求高、生产批量大的模具，导柱与导套相配合，导套的外径与导柱的固定轴肩直径相等，即导柱的固定孔径与导套的固定孔一样大小，这样两孔可同时加工，以保证同轴度要求。其中 II 型导柱用于固定板较薄且有垫板的情况下，一般不太常用。导柱的导滑部分可根据需要加工出油槽，以便润滑和集尘，提高使用寿命。图 5-60 为导柱实物图。

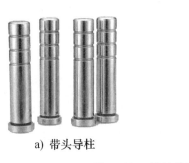 

a) 带头导柱   b) 带肩导柱

图 5-60 导柱实物图

（2）导柱的技术要求

1）国家标准中导柱头部为锥形，锥形长度为导柱直径的 1/3，也有头部采用半球形的先导部分，以使导柱能顺利地进入导向孔。导柱导向部分直径已标准化，见 GB/T 4169.4—2006。导柱的长度必须比凸模端面高出 6~8mm，以免导柱未导准方向而型芯先进入型腔与其可能相碰而损坏。

2）导柱的表面应具有较好的耐磨性，而芯部坚韧，不易折断。因此，多采用低碳钢（20 钢）经渗碳淬火处理制成，或采用碳素工具钢（T8、T10）经淬火处理制成，硬度为 56~60HRC。导柱固定部分的表面粗糙度值一般为 $Ra0.8\mu m$，导柱配合部分的表面粗糙度值一般为 $Ra0.8~Ra0.4\mu m$。

3）导柱固定部分与模板之间一般采用过渡配合 H7/m6，导向部分与导套采用间隙配合 H7/f6。根据注射模具体结构形状和尺寸，导柱一般可设置 4 个，小型模具可以设置 2 个，圆形模具可设置 3 个。导柱应合理均布在模具分型面的四周，导柱中心至模具边缘应有足够的距离，以保证模具强度。为确保模具装配或合模时方位的正确性，导柱的布置可采用等径导柱不对称或不等径导柱对称分布的形式，如图 5-61 所示。

4）根据模具的具体结构需要，导柱可以设置在动模一侧，也可以设置在定

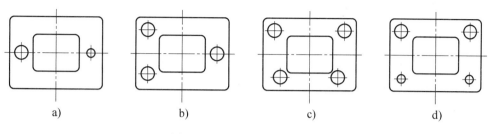

图 5-61 导柱的布置形式

模一侧。标准模架一般将导柱设置在动模一侧；如果模具采用推件板脱模，则导柱须设置在动模一侧；如果模具采用三板式结构（如点浇口模具），而且采用推件板脱模，则动定模两侧均需设置导柱。

（3）导套的结构形式 导套的典型结构如图 5-62 所示。图 5-62a 所示为直导套的形式（可参见 GB/T 4169.2—2006），其结构简单，加工方便，用于简单模具或导套后面没有垫板的场合。

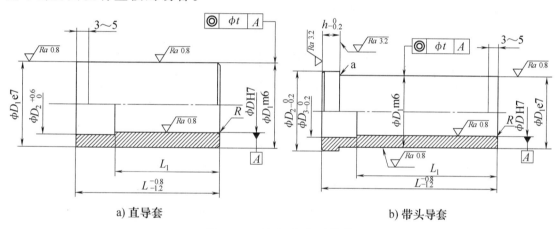

图 5-62 导套的典型结构

图 5-62b 为带头导套的形式（可参见 GB/T 4169.3—2006），结构比较复杂，用于精度要求高的场合，导套的固定孔便于与导柱的固定孔同时加工。图 5-63 所示为导套实物图。

a) 直导套   b) 带头导套   c) C型带头导套

图 5-63 导套实物图

对于小批量生产、精度要求不高的模具，为了更换方便，可以简化结构，采用导向孔直接开设在模板上的形式。

（4）导套的技术要求

1）为使导柱顺利进入导套，在导套的前端应倒圆角。导（套）向孔最好做成通孔，否则会由于孔中的气体无法逸出而产生反压，造成导柱导入的困难。当结构需要必须做成不通孔时，可在不通孔的侧面增加通气孔，如图5-64所示。

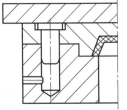

图 5-64　通气孔位置

2）导套一般可采用淬火钢或青铜等耐磨材料制造，其硬度应比导柱低，以改善摩擦，防止导柱或导套拉毛。导套固定部分的表面粗糙度值一般为 $Ra0.8\mu m$。

3）直导套固定部分采用 H7/n6 或较松的过盈配合，为了保证导套的稳固性，可采用螺钉止动结构，如图5-65所示。

4）带头导套采用 H7/m6 或 H7/k6 的过渡配合。

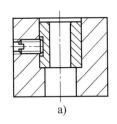 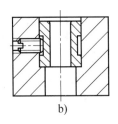 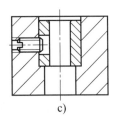

a)　　　　　　　　　b)　　　　　　　　　c)

图 5-65　导套的固定形式

（5）导柱与导套的配合形式　导柱与导套的配合形式可根据模具结构及生产要求而不同，常见的配合形式如图5-66所示。

图5-66a所示为直导柱直接与模板上的导向孔相配合的形式，容易磨损。

图5-66b所示为直导柱和带头导套相配合的形式；图5-66c所示为直导柱和直导套相配合的形式，上述这两种配合方式由于导柱和导套安装孔径不一致，不便于同时配合加工，在一定程度上不能很好地保证两者的同轴度。

图5-66d所示为有肩导柱和直导套相配合的形式；图5-66e所示为有肩导柱和带头导套相配合的形式，这两种配合方式，导柱和导套安装孔径的同轴度能很好地保证。

图5-66f所示为结构比较复杂的有肩导柱和带头导套相配合的形式。

导柱与导套的配合精度通常采用 H7/f6 或 H8/f7。

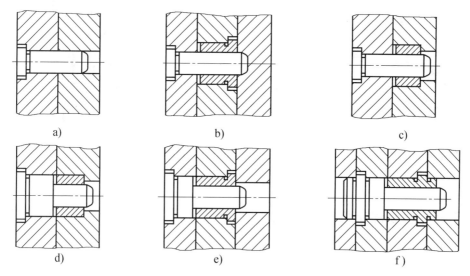

a)　　　　　　　　b)　　　　　　　　c)

d)　　　　　　　　e)　　　　　　　　f)

图 5-66　导柱与导套的配合形式

3. 锥面定位机构

锥面定位机构用于成型精度要求高的大型、深腔塑件，特别对于薄壁、侧壁形状不对称的塑件，用于动、定模之间的精密对中定位。

在成型大型深腔薄壁和高精度或偏心的塑件时，动、定模之间应有较高的合模定位精度，由于导柱与导向孔之间是间隙配合，无法保证应有的定位精度。另外在注射成型时，往往会产生很大的侧向压力，如果仍然仅由导柱来承担，容易造成导柱的弯曲变形，甚至使导柱卡死或损坏，因此应增设锥面定位机构。

图 5-67 所示的锥面定位，该配合有两种形式：一是两锥面之间有间隙，将淬火的零件装于模具上，使之和锥面配合，以制止偏移；二是两锥面配合，这时两锥面应都需要淬火处理，角度为 5°~20°，高度为 15mm 以上。图 5-68 所示为锥面定位机构实物图。

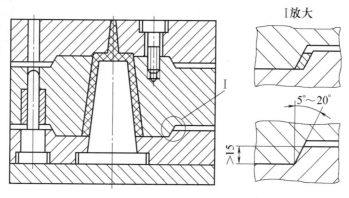

I 放大

5°~20°

>15

图 5-67　锥面定位机构

a) 锥度侧精定位块组件(侧面安装型)　b) 精定位销(分型面安装型)　c) 锥度精定位块(吻合标记配合型)

图 5-68　锥面定位机构实物图

对于矩形型腔的锥面定位，通常在其四周利用几条凸起的斜边来定位，如图 5-69 所示。

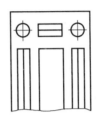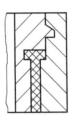

图 5-69　矩形型腔锥面定位

模架是注射模的骨架和基体，通过它将模具的各个部分有机地联系成一个整体，如图 5-70 所示。

标准塑料模架是根据各种压力机的性能规格、适用范围及塑料模具外形系列尺寸，将塑料模具进行标准化、系列化和通用化设计后的一种形式。使用标准塑料模架可以极大缩短模具设计和制造周期，在进行模具设计时，设计者只需设计模具的成型部分，而其他零件则可以从标准塑料模架制造厂家提供的产品目录中选择合适的标准塑料模架及配件。标准模架一

图 5-70　模架

般由定模座板、定模板、动模板、动模支承板、垫块、动模座板、推杆固定板、推板、导柱、导套及复位杆等组成。

我国在 2006 年以前塑料注射模架的国家标准有两个，即 GB/T 12556.1—1990《塑料注射模中小型模架》和 GB/T 12555.1—1990《塑料注射模大型模架》。前者按结构特征分为基本型（4 种）和派生型（9 种），适用的模板尺寸为 B（宽）×L（长）≤560mm×900mm；后者也分为基本型（2 种）和派生型（4 种），适用的模板尺寸为 B（宽）×L（长）为（630mm×630mm）~（1250mm×2000mm）。

2006 年 12 月 8 日我国发布了新的塑料注射模架国家标准 GB/T 12555—2006《塑料注射模模架》，代替了 GB/T 12556.1—1990《塑料注射模中小型模架》和 GB/T 12555.1—1990《塑料注射模大型模架》。该标准将 GB/T 12556.1—1990 和 GB/T 12555.1—1990 合并为一个标准，并做了较大的修改。新标准将基本型结构分为直浇口型和点浇口型，同时模架结构按特征分为 36 种结构。将直浇口基本型分为 A、B、C、D 四种，点浇口基本型分为 DA、DB、DC、DD 四种。

一、模架组合形式

1. 直浇口模架基本型

（1）A 型　定模二模板，动模二模板，如图 5-71a 所示。

（2）B 型　定模二模板，动模二模板，加装推件板，如图 5-71b 所示。

（3）C 型　定模二模板，动模一模板，如图 5-71c 所示。

（4）D 型　定模二模板，动模一模板，加装推件板，如图 5-71d 所示。

2. 点浇口模架基本型

点浇口模架基本型是在直浇口模架上加装推件板和拉杆导柱，分为 DA、DB、DC、DD 四种，如图 5-72 所示。

二、国内外模架标准

在全球较为出名的有三大模架标准，英制以美国的"DME"为代表，欧洲以"HASCO"为代表，亚洲以日本的"FUTABA"为代表。

美国 DME 标准是世界模具行业的三大标准之一，提供的产品有热流道系统注塑系列、智能式温度控制器和模具温度控制系统、美国标准模架（注射及压铸）、MUD 快速更换模架系统、精密顶针及司筒、标准模具零件、制模设备和工具等超过五万种的模具标准配件。FUTABA 标准长期作为亚洲塑料模架的行业标准，被塑料模具行业广泛采用的该标准模架共九个系列。HASCO 标准是世界三大模具配件生产标准之一，具有互配性强、设计简洁、容易安装、可换性

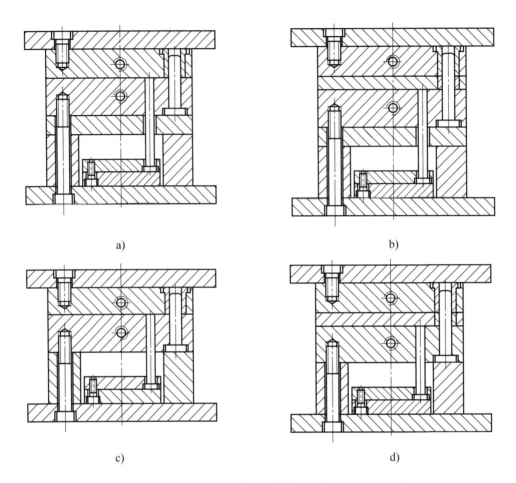

图 5-71　直浇口模架基本型

好、操作可靠、性能稳定、兼容各国家工业标准等优点。DME 标准模架共分七个系列，分别为 A、AR、B、X5、X6、AX、T，其中 A、AR、B 三个系列属于单分型面模架，X5、X6、AX 三个系列属于双分型面模架，T 系列属于三分型面模架。

　　而国内塑料模架的发展起步较晚，到了 20 世纪 80 年代末、90 年代初模架生产才得到了高速发展，也形成了以珠江和长江三角洲地区为主的模架产业化生产两大基地。

　　模架的精度直接决定着模具的精度和质量，一般模架生产要保证的工艺条件有模架四周的垂直度、板件的平行度、板件平面度与侧面的垂直度、导柱导套与模板配合的松紧程度、相对运动板件间的开合自如程度，另外还有整套模架的外观，如表面粗糙度、倒角等。

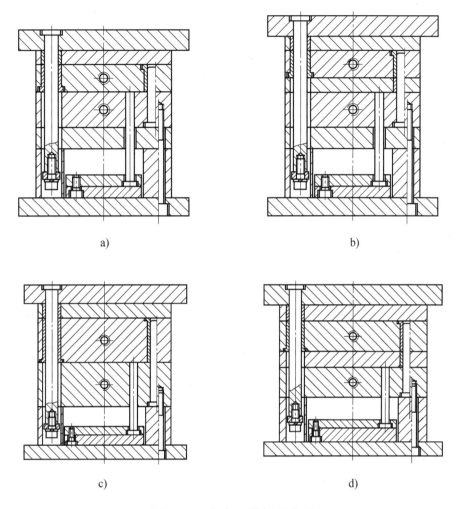

a)

b)

c)

d)

图 5-72　点浇口模架基本型

　　标准模架的实施和采用，是实现模具 CAD/CAM 的基础，从而可大大缩短生产周期，降低模具制造成本，提高模具性能和质量。为了适应模具工业的迅速发展，模架的标准化程度和要求也必将不断深入和提高。

任务六　掌握推出机构

　　注射模在注射机上合模注射结束后，都必须将模具打开，然后把成型后的塑件及浇注系统的凝料从模具中脱出，完成推出脱模的机构称为推出机构、脱模机构或顶出机构。推出机构的动作通常是由安装在注射机上的顶杆或液压缸来完成的。

一、推出机构的结构组成与分类

1. 推出机构的结构组成

推出机构一般由推出、复位和导向三大元件组成。现以图5-73所示的常用推出机构来说明推出机构的组成与作用。

凡与塑件直接接触并将塑件从模具型腔中或型芯上推出脱下的元件，称为推出元件，如图5-73中推杆8、拉料杆3等。它们固定在推杆固定板7上，为了推出时推杆有效工作，在推杆固定板7后需设置推板6，两者之间用螺钉连接。常用的推出元件有推杆、推管、推件板、成型推杆等。

推出机构进行推出动作后，在下次注射前必须复位，复位元件就是为了使推出机构能回复到塑件被推出时的位置（即合模注射时的位置）而设置的。图5-73中的复位元件是复位杆2。除了常用的复位杆外，有些模具还采用弹簧复位等来作复位元件。

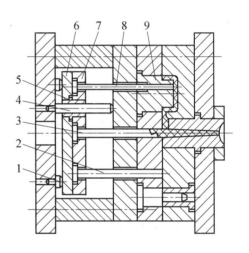

图5-73　推出机构

1—支承钉　2—复位杆　3—拉料杆
4—推板　导柱　5—推板导套　6—推板
7—推杆固定板　8—推杆　9—型芯

导向元件是对推出机构进行导向，使其在推出和复位工作过程中平稳运动，无卡死现象，同时对推板和推杆固定板等零件起支承作用。尤其是大、中型模具的推板与推杆固定板重量很大，若忽略了导向元件的设置，它们的重量就会作用在推杆与复位杆上，导致推杆与复位杆弯曲变形，甚至导致推出机构的工作无法顺利进行。图5-73中导向元件为推板导柱4和推板导套5。

有的模具还设有支承钉（也称垃圾钉），如图5-73中支承钉1，小型模具需4只，大、中型模具需6~8只甚至更多。支承钉使推板与动模座板间形成间隙，易保证平面度，并有利于废料、杂物的去除，此外还可以减少动模座板的机加工工作量和通过支承钉厚度的调节来调整推杆工作端的装配位置等。

2. 推出机构的分类

推出机构的分类可以有多种形式，可按基本传动形式分类，也可按推出元件的类别和推出机构的结构特征进行分类。

1）按基本传动形式分类，推出机构可分为机动推出、液压推出和手动推出三类。

机动推出是利用开模动作，由注射机上的顶杆推动模具上的推出机构，将塑件从动模部分推出。液压推出是指在注射机上设置有专用的液压缸，开模时，留有塑件的动模随注射机的移动模板移至开模的极限位置，然后由专用液压缸的顶杆（活塞杆）推动推出机构将塑件从动模部分推出。手动推出机构是指模具开模后，由人工操作的推出机构推出塑件的推出机构，它可分为模内手工推出和模外手工推出两种。模内手工推出机构常用于塑件滞留在定模一侧的情况。

2）按推出元件的类别分类，推出机构可分为推杆推出、推管推出和推件板推出等。

3）按模具的结构特征分类，推出机构可分为简单推出机构和复杂推出机构。推杆、推管和推件板推出的机构均属于简单推出机构；定模推出机构、二次推出机构、浇注系统推出机构、带螺纹的推出机构、多次分型推出机构等属于复杂推出机构。

3. 推出力的计算

塑件注射成型后在模内冷却定形，由于体积收缩，对型芯产生包紧力，塑件从模具中推出时，就必须先克服因包紧力而产生的摩擦力。对底部无孔的筒、壳类塑件，脱模推出时还要克服大气压力。塑件刚开始脱模时，所需的脱模力最大，其后，推出力的作用仅仅为了克服推出机构移动的摩擦力。

图 5-74 所示为塑件在脱模时型芯的受力分析。

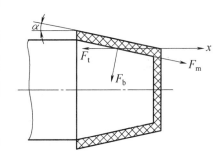

图 5-74　型芯受力分析

$$F_t = Ap(\mu\cos\alpha - \sin\alpha) \tag{5-10}$$

式中　F_t——推出力（脱模力）；

　　α——脱模斜度；

　　μ——塑件对钢的摩擦因数，通常为 0.1~0.3。

　　A——塑件包络型芯的面积；

　　p——塑件对型芯单位面积上的包紧力，一般情况下，模外冷却的塑件，p 取 $(2.4~3.9)\times10^7$ Pa；模内冷却的塑件，p 取 $(0.8~1.2)\times10^7$ Pa。

由于图 5-74 所示为底部无孔的塑件，脱模推出时还要考虑克服大气压力，即

$$F_t = Ap(\mu\cos\alpha - \sin\alpha) + F_0 \tag{5-11}$$

式中　F_0——底部无孔的塑件脱模推出时要克服的大气压力，其大小为大气压力与被包络塑件端部面积的乘积。

二、简单推出机构

简单推出机构又称一次推出机构，它是指开模后在动模一侧用一次推出动作完成塑件的推出。最简单、使用最为广泛的是推杆推出机构、推管推出机构和推件板推出机构。活动镶件推出机构和凹模推出机构也比较简单，但使用较少。

1. 推杆推出机构

推杆（见图 5-75）推出时运动阻力小，推出动作灵活可靠，推杆损坏后也便于更换，因此，推杆推出机构是推出机构中最简单、动作最可靠、最常见的结构形式。

推杆推出机构的工作原理如

图 5-75　推杆结构

图 5-73 所示，注射成型后，动模部分向后移动，塑件包紧在型芯 9 上一起随动模移动。如果是机动顶出，在动模部分后移的过程中，当推板 6 和注射机的刚性顶杆接触时，推出机构就静止不动，动模继续后移，推杆与动模之间就产生了一个相对移动，推杆将塑件从动模的型芯推出脱模；如果是液压顶出，则动模部分开模行程结束后，注射机的顶出液压缸开始工作，液压缸的活塞杆顶动推出机构的推板，推杆将塑件从动模部分推出脱模。

（1）推杆的形状　常用推杆的形状如图 5-76 所示。

图 5-76a 所示为直通式推杆，尾部采用台肩固定，通常在 $d > 3$mm 时采用。直通式推杆是最常用的形式。

图 5-76b 所示为阶梯式推杆，由于工作部分比较细，故在其后部加粗，以提高刚性，一般直径小于 3mm 时采用。

图 5-76c 所示为顶盘式推杆，也称锥面推杆，它加工比较困难，装配时与其他推杆不同，从动模型腔插入，端部用螺钉固定在推杆固定板上，它的推出面积

比较大，适合于深筒形塑件的推出。

　　在这种推出机构中，推杆的工作端面直接作用在塑件的表面上，会使塑件留下推杆的痕迹，有时会影响其表面质量。

　　除了广泛使用的圆形截面推杆（见图 5-77a）外，推杆截面还有其他几种截面形状。图 5-77b 所示为矩形（包括方形）截面，四角尽量制出小的圆角，以避免锐角。这种截面的推杆常常设置在塑件的端面处；图 5-77c 所示为腰圆形推杆，它强度高，可代替矩形推杆，以防止四角处的应力集中；图 5-77d 所示为半圆形推杆，推

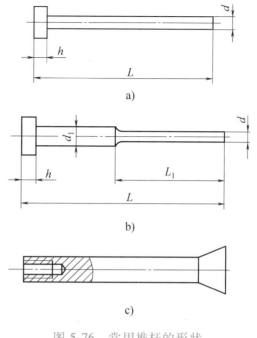

图 5-76　常用推杆的形状

出力与推杆中心略有偏心，通常用于推杆位置有局限的场合。

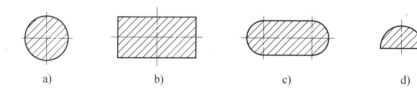

图 5-77　推杆工作端面的形状

　　（2）推杆的固定与配合　推杆的固定形式如图 5-78 所示。图 5-78a 所示的形式最常用，在推杆固定板上制出台阶孔，然后将推杆装入其中。这种形式强度高，不易变形，但在推杆很多的情况下，台阶孔深度的一致性很难保证。

　　为此，有时就采用图 5-78b 所示的形式，用厚度磨削一致的垫圈或垫块安放在推板与推杆固定板之间。

　　图 5-78c 所示为推杆后端用螺塞固定的形式，适合于推杆数量不多，而又省去推板的场合。

　　图 5-78d 所示为较粗推杆（如顶盘式推杆）镶入固定板后采用螺钉固定的形式。

　　推杆的配合如图 5-78a 所示。一般直径为 d 的推杆，在推杆固定板上的孔应

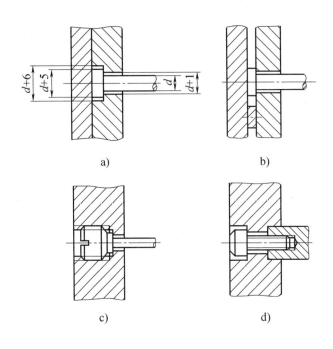

图 5-78 推杆的固定形式

为 $d+1$ mm；推杆台阶部分的直径常为 $d+5$ mm；推杆固定板上的台阶孔为 $d+6$ mm。

推杆工作部分与模板或型芯上推杆孔的配合常采用 H7/f6 ~ H8/f7 的间隙配合。推杆与推杆孔的配合长度视推杆直径的大小而定，当 $d<5$ mm 时，配合长度可取 12 ~ 15 mm；当 $d>5$ mm 时，配合长度可取 $(2~3)d$。推杆工作端配合部分的表面粗糙度值一般取值 $Ra0.8\mu m$。

（3）推杆的材料与热处理要求　推杆的材料推荐采用 4Cr5MoSiV1 和 3Cr2W8V。硬度为 50 ~ 55HRC，其中固定端 30mm 长度范围内硬度为 35 ~ 45HRC。淬火后表面进行渗氮处理，渗氮层深度为 0.08 ~ 0.15mm，心部硬度为 40 ~ 44HRC，表面硬度大于 900HV。

（4）推杆位置的选择

1）推杆的位置应选择在脱模阻力最大的地方。如图 5-79a 所示的模具，因塑件对型芯的包紧力在四周最大，可在塑件内侧附近设置推杆。有些塑件在型芯或型腔内有较深且脱模斜度较小的凸起，因收缩应力的原因会产生较大的脱模阻力，在该处就必须设置推杆，如图 5-79b 所示。

2）推杆的位置应保证塑件推出时受力均匀。当塑件各处的脱模阻力相同时，推杆需均匀布置，以便推出时运动平稳和塑件不变形。

3）选择推杆位置时应注意塑件的强度和刚度。推杆位置尽可能地选择在塑件的厚壁和凸缘等处，尤其是薄壁塑件，否则很容易使塑件变形甚至损坏，如图 5-79c 所示。

4）选择推杆位置时还应考虑推杆本身的刚度。当细长推杆受到较大脱模力时，推杆就会失稳变形，如图 5-79d 所示。这时就必须增大推杆的直径或增加推杆的数量。

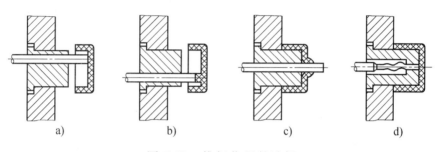

a)　　　　　　b)　　　　　　c)　　　　　　d)

图 5-79　推杆位置的选择

5）推杆的工作端面在合模注射时是型腔底面的一部分，推杆的端面如果低于或高于该处型腔底面，在塑件上就会出现凸台或凹痕，影响塑件的使用或美观。因此，通常推杆装入模具后，其端面应与相应处型腔底面平齐或高出型腔 0.05 ~ 0.1mm。

2. 推管推出机构

推管（见图 5-80）是一种空心的推杆，它适于环形、筒形塑件或塑件上带有孔的凸台部分的推出。由于推管整个周边接触塑件，故推出塑件的力量均匀，塑件不易变形，也不会留下明显的推出痕迹。

（1）推管推出机构的基本形式图 5-81a 所示为推管固定在推杆固定板上，而中间型芯固定在动模座板上的形

图 5-80　推管结构

式，这种结构定位准确，推管强度高，型芯维修和更换方便，但缺点是型芯太长。

图 5-81b 所示为用键将型芯固定在支承板上的形式，这种形式适于型芯较大的场合。但由于推管要让开键，所以必须在其上面开槽，因此推管的强度会受到一定影响。

图 5-81c 所示为型芯固定在动模支承板上，推管在动模板移动的形式，这种形式的推管较短，刚性好，制造方便，装配容易，但动模板需要较大的厚度，适于推出距离较短的场合。另外，在动模板内的推板和推管固定板上一定要设置复位杆，否则推管推出后，合模时无法复位。

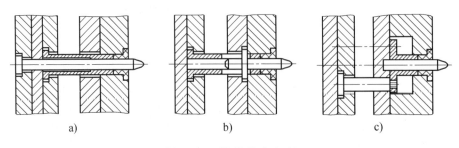

图 5-81　推管推出机构

（2）推管的固定与配合　推管推出机构中，推管的精度要求较高，间隙控制较严。

1）推管固定部分的配合。推管的固定与推杆的固定类似，推管外侧与推管固定板之间采用单边 0.5mm 的大间隙配合。

2）推管工作部分的配合。推管工作部分的配合是指推管与型芯之间的配合和推管与成型模板的配合。推管的内径与型芯的配合，当直径较小时选用 H8/f7 的配合，当直径较大时选用 H7/f7 的配合。推管外径与模板上孔的配合，当直径较小时采用 H8/f8 的配合，当直径较大时选用 H8/f7 的配合。

3）为了保证推管在推出时不擦伤型芯及相应的成型表面，推管的外径应比塑料件外壁尺寸单面间隙小 0.5mm 左右；推管的内径应比塑料件的内径每边大 0.2～0.5mm，如图 5-82 所示。推管与成型模板的配合长度为推杆直径 D 的 1.5～2 倍，与型芯的配合长度应比推出行程 L 大 3～5mm。推管的厚度也有一定要求，一般取 1.5～5mm，否则难以保证其刚性。

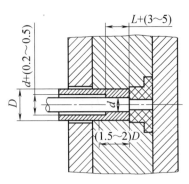

图 5-82　推管的尺寸要求

3. 推件板推出机构

推件板推出机构由一块与凸模按一定配合精度相配合的模板和推杆（也可起复位杆作用）组成，随着推出机构开始工作，推杆推动推件板，推件板从塑件的端面将其从型芯上推出。如果内腔是一个比较有规则的薄壁塑件，例如圆形或矩形，此时，就可以采用推件板推出机构。

图 5-83 所示为推件板推出机构。图 5-83a 所示为用整块模板作为推件板的形式，推杆推在推件板上，推件板将塑件从型芯上推出，推出后推件板底面与动模板分开一段距离，清理较为方便，且有利于排气，应用较广。这种形式的塑料注射模，在动模部分一定要设置导柱，用于对推件板的支承与导向。

为了防止推件板从动模导柱和型芯上脱下，推杆可以用螺纹与推件板连接，如图 5-83b 所示。

图 5-83c 所示为推件板镶入动模板内的形式，推杆端部用螺纹与推件板相连接，并且与动模板作导向配合。推出机构工作时，推件板除了与型芯相配合外，还依靠推杆进行支承与导向。这种推出机构结构紧凑，推件板在推出过程中也不会掉下，适合于动模板比较厚的场合。

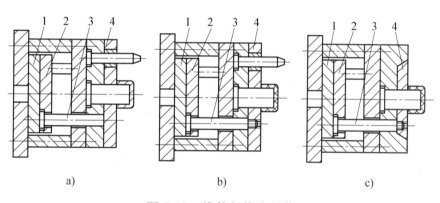

图 5-83　推件板推出机构

1—推板　2—推杆固定板　3—推杆　4—推件板

推件板和型芯的配合精度与推管和型芯相同，即 H7/f7 ～ H8/f7 的配合。推件板的常用材料为 45 钢等，热处理硬度要求 28 ～ 32HRC。

对于大、中型深型腔有底塑件，推件板推出时很容易形成真空，造成脱模困难或塑件撕裂，为此，应增设进气装置。图 5-84 所示的结构是靠大气压力的推出机构，推出时使中间的进气阀进气，塑料就能顺利地从凸模上推出。

4. 活动镶件及凹模推出机构

活动镶件就是活动的成型零件。某些塑件因结

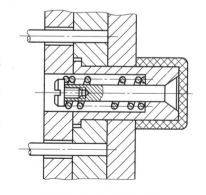

图 5-84　推件板推出

机构的进气装置

构原因不宜采用前述推出机构，则可利用活动镶件将塑件推出。图 5-85a 所示为利用螺纹型环（即活动镶块）推出零件，工作时，推杆将螺纹型环连同塑件一起推出模外，然后手工或用专用工具转动螺纹型环把塑件取出。

图 5-85b 所示为活动镶块与推杆用螺纹连接的形式，推出一定距离后，镶件和塑件不会自动掉下，故需要用手将塑件从活动镶块上取下。

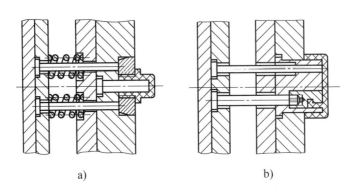

a)   b)

图 5-85　活动镶件推出机构

图 5-86 所示为凹模板将塑件从型芯上推出的结构形式，称为凹模推出机构。推出后，要用手或专用工具将塑件从凹模板中取出。

5. 多元推出机构

有些塑件在模具设计时，往往不能采用上述单一的简单推出机构，否则塑件就会变形或损坏，因此，就要采用两

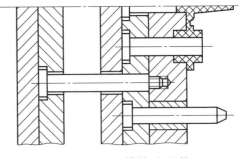

图 5-86　凹模推出机构

种或两种以上的推出形式，这种推出机构称为多元推出机构。图 5-87a 所示为推杆与推管联合推出机构；图 5-87b 所示为推件板与推管联合推出机构。

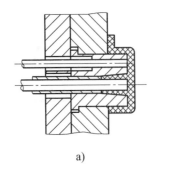
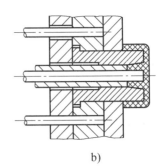

a)   b)

图 5-87　多元推出机构

三、推出机构的导向与复位

1. 推出机构的导向

推出机构在注射模工作时，每开合模一次，就往复运动一次，除了推杆和复位杆与模板的间隙配合处外，其余部分均处于浮动状态。推杆固定板与推杆的重量不应作用在推杆上，而应该由导向零件来支承，尤其是大、中型注射模。另外，为了推出机构往复运动的灵活和平稳，就必须设计推出机构的导向装置。

推出机构导向装置通常由推板导柱和推板导套所组成，简单的小模具也可以由推板导柱直接与推杆固定板上的孔组成。

常用的导向形式如图 5-88 所示。

图 5-88a 所示为推板导柱固定在动模座板上的形式，推板导柱也可以固定在支承板上。

图 5-88b 中推板导柱的一端固定在支承板上，另一端固定在动模座板上，适于大型注射模。

图 5-88c 所示为推板导柱固定在支承板上，且直接与推杆固定板上的孔导向的形式。

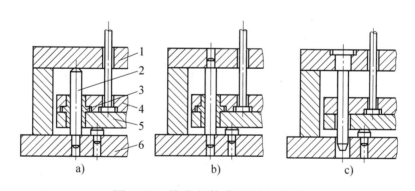

图 5-88　推出机构常用导向形式

1—支承板推板　2—推板导柱　3—推板导套　4—推杆固定板　5—推板　6—动模座板

前两种形式的导柱除了起导向作用外，还支承着动模支承板，大大提高了支承板的刚度，从而改善了支承板的受力状况。当模具较大时，或者型腔在分型面上的投影面积较大时，最好采用前两种形式。

第三种形式的推板导柱不起支承作用，适于批量较小的小型模具。图 5-89 所示为推出机构的导向装置三维图。

2. 推出机构的复位

使推出机构复位最简单、最常用的方法是在推杆固定板上同时安装复位杆，如图5-73中的件2所示。复位杆的截面为圆形，每副模具一般设置4根复位杆，其位置应对称设置在推杆固定板的四周，以便推出机构在合模时能平稳复位。

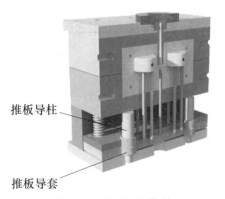

推板导柱

推板导套

图5-89　推出机构的导向装置三维图

复位杆在装配后其端面应与动模分型面齐平，推出机构推出后，复位杆便高出分型面一定距离（即推出行程）。合模时，复位杆先于推杆与定模分型面接触，在动模向定模逐渐合拢过程中，推出机构被复位杆顶住，从而与动模产生相对移动，直至分型面合拢时，推出机构就回复到原来的位置，这种结构中合模和复位是同时完成的。

在推件板推出的机构中，推杆端面与推件板接触，可起到复位作用，故在推件板推出机构中不必另行设置复位杆。

当推出元件推出后的位置影响嵌件和活动镶件的安放时，或推杆与活动侧型芯在合模插入时两者发生干涉的情况下，必须使推出机构先复位（或称预复位），通常采用弹簧装置进行先复位。弹簧复位是利用压缩弹簧的回复力使推出机构复位，其复位先于合模动作完成。

如图5-90所示，弹簧设置在推杆固定板与动模板之间。弹簧应对称安装在推杆固定板的四周，一般为4个，常常安装在复位杆上。在斜导柱固定在定模，侧型芯滑块安装在动模的侧向抽芯机构

复位弹簧

图5-90　复位弹簧

中，当侧型芯投影面下设置推杆而发生所谓的"干涉"现象时，常常采用弹簧进行推出机构的先复位。

四、二次推出机构

在一般的情况下，塑件的推出都是由一个推出动作来完成的，因此，这种推

出机构被称为一次推出机构，也称一级推出机构。简单推出机构就属于一次推出机构。

绝大部分的塑件采用一次推出就已经能满足脱模的要求，但是，有些对模具成型零件包紧力比较大的塑件，采用一次推出时会产生变形，因此，对于这类塑件，为了保证塑件质量，模具设计时需考虑采用两个推出动作，以分散脱模力。第一次的推出使塑件从某些成型零件上脱出，经第二次推出，塑件才完成从全部成型零件上的脱出，这种由两个推出动作完成塑件脱模的机构称为二次推出机构。二次推出机构分为单推板二次推出机构和双推板二次推出机构。本书主要介绍单推板二次推出机构。

单推板二次推出机构是指在推出机构中只设置了一组推板和推杆固定板，而另一次推出则靠一些特殊机构的运动来实现。

（1）摆块拉板式二次推出机构　摆块拉杆板式二次推出机构的动作是由固定在动模的摆块和固定在定模的拉板来实现的，如图5-91所示。图5-91a所示为注射结束的合模状态；开模后，固定在定模一侧的拉板10拉住安装在动模一侧的摆块7，使摆块7撑起动模型腔板9，塑件从型芯3上脱出，完成第一次推出，如图5-91b所示；动模继续后移，最后推出机构动作，推杆6将塑件从动模型腔中推出，完成第二次推出，如图5-91c所示。图5-91中弹簧8的设置是使摆块与动模型腔板始终接触。这种类型二次推出机构适用于第一次推出距离较短的场合。

（2）U形限制架式二次推出机构　图5-92所示为U形限制架式二次推出机构，U形限制架4固定在动模座板的两侧，摆杆3（左右摆杆）一端用转动销6固定在推板上，圆柱销1固定在动模型腔板11上，图5-92a为合模状态，摆杆3夹在U形限制架4内，其上端顶在圆柱销1上；开模时，注射机顶杆

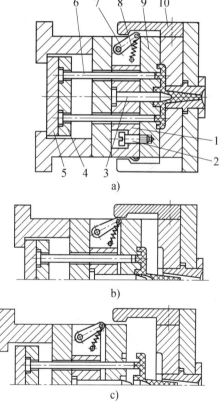

图5-91　摆块拉板式二次推出机构

1—型芯固定板　2—定距螺钉　3—型芯
4—推杆固定板　5—推板　6—推杆　7—摆块　8—弹簧　9—动模型腔板　10—拉板

5 推动推板 7，推出开始时由于 U 形限制架 4 的限制，摆杆 3 只能向前直向运动，推动圆柱销 1 使动模型腔板 11 和推杆 8 同时推出，塑件脱离型芯 9，完成第一次推出，如图 5-92b 所示；当摆杆脱离 U 形限制架 4，限位螺钉 10 阻止动模型腔板 11 继续向前移动，同时圆柱销 1 将两个摆杆 3 分开，弹簧 2 拉住摆杆 3 紧靠在圆柱销 1 上，注射机顶杆 5 继续推出，推杆 8 推动塑件从动模型腔板 11 内脱出，完成第二次推出，如图 5-92c 所示。

（3）斜楔滑块式二次推出机构 图 5-93 所示为斜楔滑块式二次推出机构，利用斜楔 6 驱动滑块 4 来完成第二次推出。图 5-93a 为开模后推出机构尚未工作的状态；当动模后移一定距离后，注射机顶杆开始工作，推杆 8 和中心推杆 10 同时

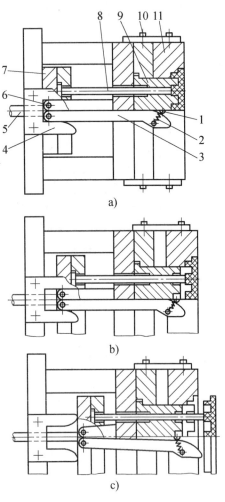

图 5-92 U 形限制架式二次推出机构

1—圆柱销 2—弹簧 3—摆杆 4—U 形限制架
5—注射机顶杆 6—转动销 7—推板 8—推杆
9—型芯 10—限位螺钉 11—动模型腔板

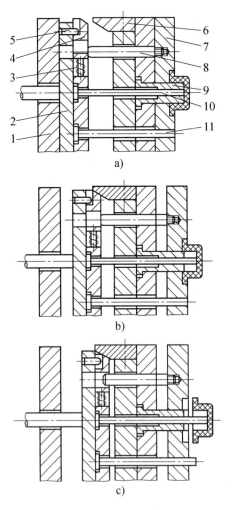

图 5-93 斜楔滑块式二次推出机构

1—动模座板 2—推板 3—弹簧 4—滑块 5—销
钉 6—斜楔 7—动模型腔板 8—推杆 9—型
芯 10—中心推杆 11—复位杆

推出，塑件从型芯上脱下，但仍留在动模型腔板 7 内，与此同时，斜楔 6 与滑块 4 接触，使滑块 4 向模具中心滑动，如图 5-93b 所示，第一次推出结束；滑块 4 继续滑动，推杆 8 后端落入滑块 4 的孔中，使在接下来的分模过程中，推杆 8 不再具有推出作用，而中心推杆 10 仍在推着塑件，从而使塑件从动模型腔板内脱出，完成第二次推出，如图 5-93c 所示。

五、定、动模双向顺序推出机构

在实际生产过程中，有些塑件因其特殊的形状特点，开模后既有可能留在动模一侧，也有可能留在定模一侧，甚至也有可能塑件对定模的包紧力明显大于对动模的包紧力而会留在定模。为了让塑件顺利脱模，除了可以采用在定模部分设置推出机构外，还可以采用定、动模双向顺序推出机构，即在定模部分增加一个分型面，在开模时确保该分型面首先定距打开，让塑件先从定模型芯上脱模，然后在主分型面分型时，塑件能可靠地留在动模部分，最后由动模推出机构将塑件推出脱模。

顺序推出机构又称顺序分型机构或定距分型机构。有些模具由于塑件和模具结构的需要，如为了保证塑件首先与定模分离，为了点浇口浇注系统凝料与塑件的自动分离等，必须按一定顺序进行多次分型。在多数情况下，双分型面中的脱模推出机构本身也是顺序推出机构，但顺序推出机构不一定都是定、动模双向顺序推出机构。

1. 弹簧式双向顺序推出机构

图 5-94 所示为弹簧式双向顺序推出机构，开模时，弹簧 5 始终压住定模推件板 3，迫使从定模 A 分型面处首先分型，从而使塑件从型芯 4 上脱出而留在动模板 2 内，直至限位螺钉 7 端部与定模板 8 接触，定模分型结束；动模继续后退，动定模在 B 分型面分型，直至推出机构工作，推管 1 将塑件从动模板 2 的型腔内推出。

2. 滑块式双向顺序推出机构

图 5-95 所示为滑块式双向顺序推出机构。开模时，由于拉钩 2 钩住滑块 3，因此，垫板 8 与定模座板 7 在 A 分型面先分型，塑件从定模型芯上脱出，随后压块 1 压动滑块 3 内移而脱开拉钩 2，由于限位拉板 6 的定距作用，A

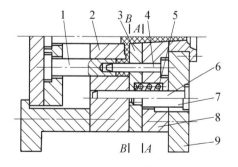

图 5-94 弹簧式双向顺序推出机构
1—推管 2—动模板 3—定模推件板
4—型芯 5—弹簧 6—定模导柱 7—限
位螺钉 8—定模板 9—定模座板

分型面分型结束；继续开模，动定模在 B 分型面分型，塑件包在动模型芯上留在动模，最后推出机构工作，推杆将塑件从动模型芯上推出。

3. 摆钩式双向顺序推出机构

图 5-96 所示为摆钩式双向顺序推出机构。开模时，动模板 3 随着动模移动，由于摆钩 8 的作用使 A 分型面分型，从而使塑件从定模型芯 4 上脱出，然后限位螺钉 7 限位，定模部分 A 分型面分型结束，与此同时，由于压板 6 的作用，摆钩 8 脱钩；继续开模，动、定模在 B 分型面分型，最后动模部分的推出机构工作，推管 2 将塑件从动模型芯 1 上推出。

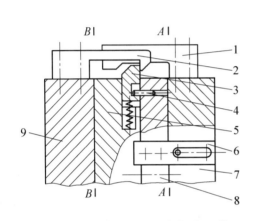

图 5-95 滑块式双向顺序推出机构

1—压块 2—拉钩 3—滑块 4—限
位销 5—定模板 6—限位拉板 7—定
模座板 8—垫板 9—动模板

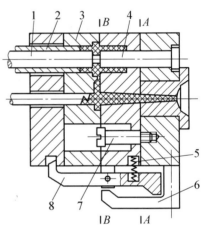

图 5-96 摆钩式双向顺序推出机构

1—动模型芯 2—推管 3—动模板
4—定模型芯 5—弹簧 6—压板
7—限位螺钉 8—摆钩

六、带螺纹塑件的脱模

带有螺纹的塑件，其脱模的方式有如下几种。

1. 活动型芯或活动型环脱模方式

这种方式中，螺纹型芯或螺纹型环设计成活动镶件，每次开模，先将螺纹型芯或螺纹型环按一定配合和定位放入模具型腔内，注射成型分模后，将螺纹型芯或型环随塑件一起推出模外，然后由人工用专用工具将螺纹型芯或型环旋下。这种脱模方式的特点是结构简单，但生产率低，劳动强度大，只适用于小批量生产。

2. 拼合型芯或型环脱模方式

这种脱螺纹的方式，实际上是采用斜滑块或斜导杆的侧向分型或抽芯，塑件的外螺纹脱模，采用斜滑块外侧分型；塑件的内螺纹脱模，采用斜滑块内侧抽芯。图 5-97a 所示为拼合型环斜滑块外侧分型脱螺纹机构；图 5-97b 所示为拼合型芯斜滑块内侧抽芯脱螺纹机构。这两种形式的脱螺纹机构结构简单、可靠，但在塑件螺纹上存在着分型线。

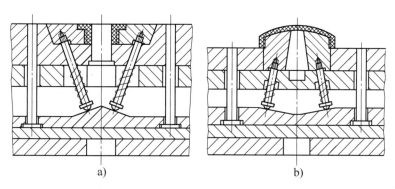

图 5-97　利用拼合型环或型芯脱螺纹

3. 模内旋转的脱模方式

常用的模内旋转脱模方式主要有手动脱螺纹和机动脱螺纹两种。

（1）手动脱螺纹　图 5-98 所示为最简单的手动模内脱螺纹的例子，塑件成型后，在开模前先用专用工具将螺纹旋出，再分模和推出塑件。设计时应注意侧向螺纹型芯两端部螺纹的螺距与旋向要相同。

（2）机动脱螺纹　图 5-99 所示为齿条齿轮脱螺纹机构。开模时，安装于定模板上的传动齿条 1 带动齿轮 2，通过轴 3 及齿轮 4、5、6、7 的传动，使螺纹型芯 8 按旋出方向旋转，同时拉料杆 9（头部有螺纹）

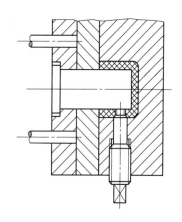

图 5-98　模内手动
脱侧向螺纹

也随齿轮 6 转动，从而使塑件与浇注系统凝料同时脱出，塑件依靠浇口止转。设计时应注意螺纹型芯及拉料杆上螺纹的旋向应相反，而螺距应相同。

七、多型腔点浇口凝料的推出机构

点浇口的浇注系统凝料，在脱模时能与塑件自动分离，也能从模具中自动推出，一模多腔点浇口进料注射模，其点浇口并不在主流道的对面，而是在各自的型腔端部。

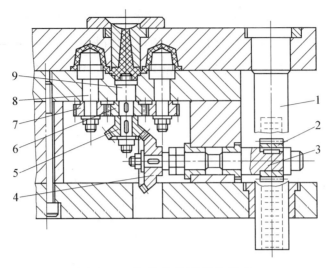

图 5-99 齿条齿轮脱螺纹机构

1—传动齿条 2—齿轮 3—轴 4、5、6、7—齿轮 8—螺纹型芯 9—拉料杆

1. 利用挡板拉断点浇口凝料

图 5-100 所示为利用挡板拉断点浇口浇注系统凝料的结构，图 5-100a 是合模状态。开模时，挡板 3 与定模座板 4 首先分型，主流道凝料在定模板上反锥度穴的作用下被拉出浇口套 5，浇口凝料连在塑件上留于定模板 2 内。当定距拉杆 1 的中间台阶面接触挡板 3 以后，定模板 2 与挡板 3 分型，挡板将点浇口凝料从定模板中带出，如图 5-100b 所示，随后点浇口凝料靠自重自动落下。

2. 利用拉料杆拉断点浇口凝料

图 5-101 所示为利用设置在点浇口处的拉料杆拉断点浇口凝料的结构，开模时，模具首先在动模板 8、定模板 3 处的主分型面分型，点浇口处塑料由于收缩作用包在拉料杆 5 上，在主分型面分型时被拉断，浇注系统凝料留在定模中，然后动模部分左移，定模板 3 沿拉杆 2 移动，在拉板 1 的作用下，分流道推板 7 与定模板 3 分型，浇注系统凝料脱离

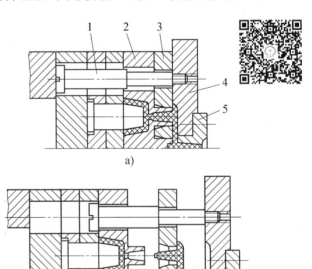

图 5-100 挡板拉断点浇口浇注系统凝料的结构

1—定距拉杆 2—定模板 3—挡板
4—定模座板 5—浇口套

定模板，动模部分继续左移，由于拉杆 2 和限位螺钉 4 台阶的限位作用，分流道推板 7 与定模座板 6 分型，浇注系统凝料分别从浇口套及点浇口拉料杆 5 上脱出。

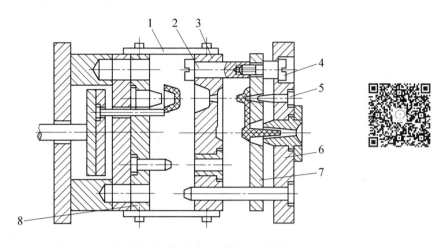

图 5-101　拉料杆拉断点浇口凝料的结构

1—拉板　2—拉杆　3—定模板　4—限位螺钉　5—拉料杆　6—定模座板　7—分流道推板　8—动模板

3. 利用分流道侧凹拉断点浇口凝料

图 5-102 所示为利用分流道末端的侧凹将点浇口浇注系统凝料推出的结构。图 5-102a 是合模状态。开模时，定模板 3 与定模座板 4 之间首先分型，与此同

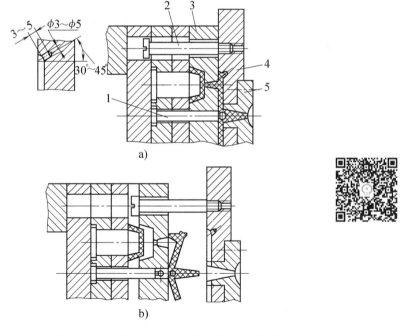

图 5-102　分流道侧凹拉断点浇口凝料推出的结构

1—拉料杆　2—定距拉杆　3—定模板　4—定模座板　5—浇口套

时，主流道凝料被拉料杆 1 拉出浇口套 5，而分流道端部的小斜柱卡住分流道凝料而迫使点浇口拉断并带出定模板 3。当定距拉杆 2 起限位作用时，主分型面分型，塑件被带往动模，而浇注系统凝料脱离拉料杆 1 而自动落下，如图 5-102b 所示。

任务七　掌握侧向抽芯与分型机构

当塑件与开合模方向不同的内侧或外侧具有孔、凹穴或凸台时，如图 5-103 所示，塑件就不能直接由推杆等推出机构推出脱模，此时，模具上成型该处的零件必须制成可侧向移动的活动型芯，以便在塑件脱模推出之前，先将侧向成型零件抽出，再把塑件从模内推出，否则就无法脱模。

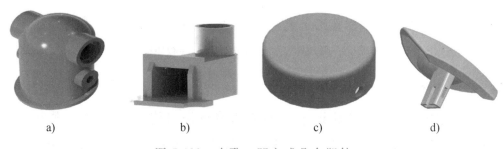

a)　　　　　　b)　　　　　　c)　　　　　　d)

图 5-103　有孔、凹穴或凸台塑件

带动侧向成型零件作侧向分型抽芯和复位的整个机构称为侧向分型与抽芯机构。对于成型侧向凸台的情况，常常称为侧向分型；对于成型侧孔或侧凹的情况，往往称为侧向抽芯。但在一般的设计中，侧向分型与侧向抽芯常常混为一谈，不加区分，统称为侧向分型抽芯。

一、侧向分型与抽芯机构的分类

按照侧向抽芯动力来源的不同，注射模的侧向分型与抽芯机构可分为机动侧向分型与抽芯机构、液压侧向分型与抽芯机构、气动侧向分型与抽芯机构和手动侧向分型与抽芯机构等几大类。

1. 机动侧向分型与抽芯机构

开模时，以注射机的开模力作为动力，通过有关传动零件（如斜导柱、弯销等）将力作用于侧向成型零件，使其侧向分型或将其侧向抽芯，合模时又靠它使侧向成型零件复位的机构，称为机动侧向分型与抽芯机构。

机动侧向分型与抽芯机构按照结构形式不同又可分为斜导柱侧向分型与抽芯

机构、弯销侧向分型与抽芯机构、斜滑块侧向分型与抽芯机构和齿轮齿条侧向分型与抽芯机构等。机动侧向分型与抽芯机构虽然使模具结构复杂，但其抽芯力大，生产率高，容易实现自动化操作，且不需另外添置设备，因此，在生产中得到了广泛的应用。

2. 液压侧向分型与抽芯机构

液压侧向分型与抽芯机构是指以液压油作为分型与抽芯动力，在模具上配制专门的抽芯液压缸（也称抽芯器），通过活塞的往复运动来完成侧向抽芯与复位。这种抽芯方式传动平稳，抽芯力较大，抽芯距也较长，抽芯的时间顺序可以自由地根据需要设置。其缺点是增加了操作工序，而且需要配置专门的液压抽芯器及控制系统。现代注射机随机均带有抽芯的液压管路和控制系统，所以采用液压侧向分型与抽芯机构也十分方便。

3. 气动侧向分型与抽芯机构

气动侧向分型与抽芯机构主要利用气压传动机构，实现侧向分型与抽芯运动。图 5-104 所示以压缩空气作为动力，通过气缸中活塞的往复运动来实现侧向抽芯和复位，开模之前先抽出侧向型芯，开模后由推杆将塑件推出。

4. 手动侧向分型与抽芯机构

手动侧向分型与抽芯机构是指利用人工在开模前（模内）或脱模后（模外）使用专门制造的手工工具抽出侧向活动型芯的机构。这类机构操作不方便，工人劳动强度大，生产率低，而且

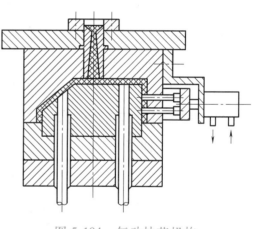

图 5-104　气动抽芯机构

受人力限制，难以获得较大的抽芯力。但模具结构简单、成本低，常用于产品的试制、小批量生产或无法采用其他侧向抽芯机构的场合。由于丝杠螺母传动副能获得比较大的抽芯力，因此，这种侧向抽芯方式在手动侧向抽芯中应用较多。

二、抽芯力与抽芯距

1. 抽芯力

在注射生产中，每一模注射结束，塑件冷却固化，产生收缩，对侧向活动型芯的成型部分产生包紧力。侧向抽芯机构在开始抽芯的瞬间，需要克服由塑件收

缩产生的包紧力所引起的抽芯阻力和抽芯机构运动时产生的摩擦阻力，两者的合力即为起始抽芯力。由于存在脱模斜度，一旦侧向型芯开始移动，接下去的继续抽芯，直至把侧向型芯抽至或侧向型腔分离至不妨碍塑件脱出的位置，所需的抽拔力称为相继抽芯力。两者相比，起始抽芯力比相继抽芯力大，因此，研究抽芯力的大小主要是研究初始抽芯力的大小，而由于侧向型芯滑块的重量通常都比较小，所以计算抽芯力时，可以忽略不计。

侧向抽芯力与脱模力计算方法相同，可按式（5-10）计算，即 $F_{抽} = Ap(\mu\cos\alpha - \sin\alpha)$。同时对于不带通孔的壳体塑件，还需克服表面大气压造成的阻力，即按式（5-11）计算，$F_{抽} = Ap(\mu\cos\alpha - \sin\alpha) + F_0$。

2. 抽芯距的确定

在设计侧向分型与抽芯机构时，除了计算侧向抽芯力以外，还必须考虑侧向抽芯距（也称抽拔距）的问题。侧向抽芯距一般比塑件上侧凹、侧孔的深度或侧向凸台的高度大 $2\sim3\text{mm}$，如图5-105所示。用公式表示为

$$S = H + 2\sim3\text{mm} \tag{5-12}$$

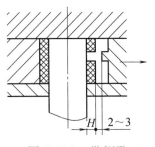

图 5-105　带侧孔
塑件抽芯距

式中　S——侧向抽芯距；

　　　H——塑件上侧凹、侧孔的深度或侧向凸台的高度。

当塑件的结构比较特殊时，如塑件外形为圆形并用对开式滑块侧抽芯时（见图5-106），则其抽芯距为

$$S = \sqrt{R^2 - r^2} + 2\sim3\text{mm} \tag{5-13}$$

式中　R——外形最大圆的半径（mm）；

　　　r——阻碍塑件脱模的外形最小圆半径（mm）。

三、斜导柱侧抽芯机构的组成与工作原理

1. 斜导柱侧抽芯机构组成

图5-107所示为斜导柱机动侧向分型与抽芯机构，下面说明侧向抽芯机构的组成与作用。

（1）侧向成型元件　侧向成型元件是成型塑件侧向凹凸（包括侧孔）形状的零件，包括侧向型芯和侧向成型块等零件，如图5-107中侧型芯3。

（2）运动元件　运动元件是指安装并带动侧向成型块或侧向型芯在模具导滑

槽内运动的零件，如图 5-107 中侧滑块 9。

（3）传动元件　传动元件是指开模时带动运动元件作侧向分型或抽芯，合模时又使之复位的零件，如图 5-107 中斜导柱 8。

（4）锁紧元件　为了防止注射时运动元件受到侧向压力而产生位移所设置的零件称为锁紧元件，如图 5-107 中楔紧块 10。

（5）限位元件　为了使运动元件在侧向分型或侧向抽芯结束后停留在所要求的位置上，以保证合模时传动元件能顺利使其复位，必须设置运动元件在侧向分型或侧向抽芯结束时的限位元件，如图 5-107 中弹簧拉杆挡块机构。

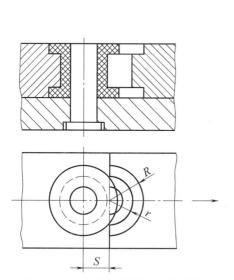

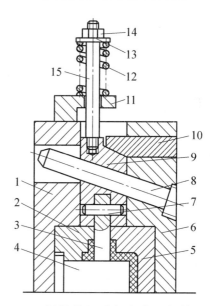

图 5-106　对开式滑块的抽芯距　　　图 5-107　斜导柱机动侧向分型与抽芯机构

1—动模板　2—动模镶块　3—侧型芯　4—凸模　5—定模镶块
6—定模板　7—圆柱销　8—斜导柱　9—侧滑块　10—楔紧块
11—挡块　12—弹簧　13—垫圈　14—螺母　15—拉杆

2. 斜导柱侧抽芯机构工作原理

图 5-108a 所示为注射结束的合模状态，侧滑块 5 和侧向成型块 12 分别由楔紧块 6、13 锁紧。开模时，动模部分向后移动，塑件包在凸模上随着动模一起移动，在斜导柱 7 的作用下，侧滑块 5 带动侧型芯 8 在推件板上的导滑槽内向上作侧向抽芯。在斜导柱 11 的作用下，侧向成型块 12 在推件板上的导滑槽内向下作侧向分型。侧向分型与抽芯结束，斜导柱脱离侧滑块，侧滑块 5 在弹簧 3 的作用下拉紧在限位挡块 2 上，侧向成型块 12 由于自身的重力紧靠在挡块 14 上，以便再次合模时斜导柱能准确地插入侧滑块的斜导孔中，迫使其复位，如图 5-108b 所示。

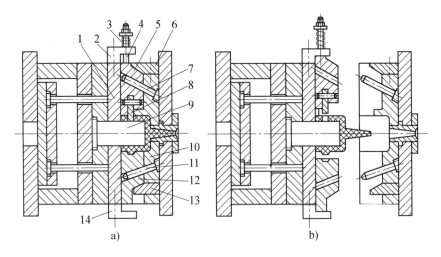

图 5-108　斜导柱侧向分型与抽芯机构

1—推件板　2、14—挡块　3—弹簧　4—拉杆　5—侧滑块　6、13—楔紧块

7、11—斜导柱　8—侧型芯　9—凸模　10—定模板　12—侧向成型块

四、斜导柱侧抽芯机构元件结构

1. 斜导柱

（1）斜导柱的基本形式　斜导柱的基本形式如图 5-109 所示。L_1 为固定于模板内的部分，与模板内的安装孔采取 H7/m6 的过渡配合，L_2 为完成抽芯所需工作部分长度，α 为斜导柱的倾斜角，L_3 为斜导柱端部具有斜角 θ 部分的长度，为合模时斜导柱能顺利插入侧滑块斜导孔内而设计，θ 角度常取比 α 大

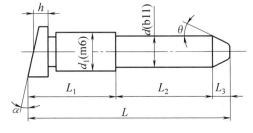

图 5-109　斜导柱的基本形式

$2° \sim 3°$，以避免斜导柱有效工作长度部分脱离滑块斜孔之后，其锥体仍然继续驱动滑块。侧滑块与斜导柱工作部常采用 H11/b11 配合或留有 $0.5 \sim 1$ mm 的间隙。

（2）斜导柱倾斜角　在斜导柱侧向分型与抽芯机构中，斜导柱与开合模方向的夹角称为斜导柱的倾斜角 α，它是决定斜导柱抽芯机构中工作效果的重要参数，α 的大小对斜导柱的有效工作长度、抽芯距、受力状况等具有直接的重要影响。

斜导柱的倾斜角 α 取 $22°33'$ 比较理想，一般在设计时取 $\alpha \leqslant 25°$，最常用的取值范围为 $12° \leqslant \alpha \leqslant 22°$。

斜导柱的倾斜角可分三种情况，如图 5-110 所示。图 5-110a 所示为侧型芯滑块抽芯方向与开合模方向垂直的状况，也是最常采用的一种方式。

图 5-110b 所示为侧型芯滑块抽芯方向向动模一侧倾斜 β 角度的状况，影响抽芯效果的斜导柱的有效倾斜角为 $\alpha_1 = \alpha + \beta$，斜导柱的倾斜角 α 应在 $\alpha + \beta \leqslant 25°$ 内选取，比不倾斜时取得要小些。

图 5-110c 所示为侧型芯滑块抽芯方向向定模一侧倾斜 β 角度的状况，影响抽芯效果的斜导柱的有效倾斜角为 $\alpha_2 = \alpha - \beta$，斜导柱的倾斜角 α 值应在 $\alpha - \beta \leqslant 25°$ 内选取，比不倾斜时可取得大些。

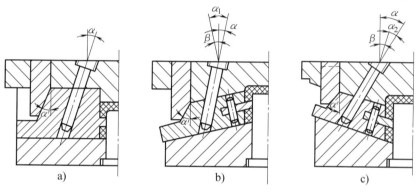

图 5-110　斜导柱倾斜角的三种情况

（3）斜导柱长度　如图 5-111 所示，斜导柱的总长为

$$L_z = L_1 + L_2 + L_3 + L_4 + L_5$$

$$= \frac{d_2}{2}\tan\alpha + \frac{h}{\cos\alpha} + \frac{d}{2}\tan\alpha + \frac{S}{\sin\alpha} + (5 \sim 10)\,\text{mm} \qquad (5\text{-}14)$$

式中　L_z——斜导柱总长度；

　　　d_2——斜导柱固定部分大端直径；

　　　h——斜导柱固定板厚度；

　　　d——斜导柱工作部分的直径；

　　　S——侧向抽芯距。

在侧型芯滑块抽芯方向与开模方向垂直时，可以推导出斜导柱的工作长度 L_4 与抽芯距 S 及倾斜角 α 有关，即

$$L_4 = \frac{S}{\sin\alpha} \qquad (5\text{-}15)$$

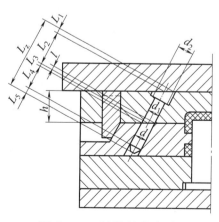

斜导柱倾斜角 α 的选择，不仅与抽芯距和斜导柱的长度有关，而且决定着斜导柱的受力

图 5-111　斜导柱的长度

情况。从研究可知，在抽芯阻力一定的情况下，倾斜角 α 增大时，斜导柱受到的弯曲力增大，但为完成抽芯所需的开模行程减小，斜导柱有效工作长度也减小。

在确定斜导柱倾斜角时，通常抽芯距长时，α 可取大些，抽芯距短时，α 可适当取小些；抽芯力大时，α 可取小些，抽芯力小时，α 可取大些。从斜导柱的受力情况考虑，希望 α 值取小一些；从减小斜导柱长度考虑，又希望 α 值取大一些。因此，斜导柱倾斜角 α 值的确定应综合考虑。

（4）斜导柱直径　斜导柱直径的计算公式为

$$d = \sqrt[3]{\frac{10 F_c H_w}{[\sigma_w]\cos^2\alpha}} \tag{5-16}$$

式中　H_w——侧型芯滑块受到脱模力的作用线与斜导柱中心线交点到斜导柱固定板的距离，它的大小视模具设计而定，并不等于滑块高度的一半；

$[\sigma_w]$——斜导柱所用材料的许用弯曲应力（可查有关手册）；

F_c——抽拔阻力（即脱模力）。

斜导柱直径也可通过查表来确定，具体可参阅有关模具设计资料。

（5）斜导柱材料　斜导柱的材料多用 T8、T10 以及 20 钢渗碳。为增加斜导柱的强度和耐磨性，应对其表面进行淬火处理，淬火硬度达到 55HRC 以上。

2. 侧滑块

侧滑块是斜导柱侧向分型与抽芯机构中一个重要的零部件，一般的情况下，它与侧向型芯（或侧向成型块）组合成侧滑块型芯，称为组合式。在侧型芯简单且容易加工的情况下，也有将侧滑块和侧型芯制成一体的形式，称为整体式。在侧向分型与抽芯过程中，塑件的尺寸精度和侧滑块移动的可靠性都要靠其运动的精度来保证。

使用最广泛的是 T 形滑块，如图 5-112 所示。在图 5-112a 中，T 形导滑面设计在滑块的底部，用于较薄的滑块，侧型芯的中心与 T 形导滑面较近，抽芯时滑块稳定性较好；在图 5-112b 中，T 形导滑面设计在滑块的中

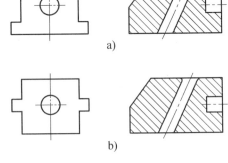

图 5-112　T 形滑块

间，适用于较厚的滑块，使侧型芯的中心尽量靠近 T 形导滑面，以提高抽芯时滑块的稳定性。

在组合式侧滑块型芯结构中，图 5-113 所示为常见的几种侧型芯与侧滑块的连接形式。

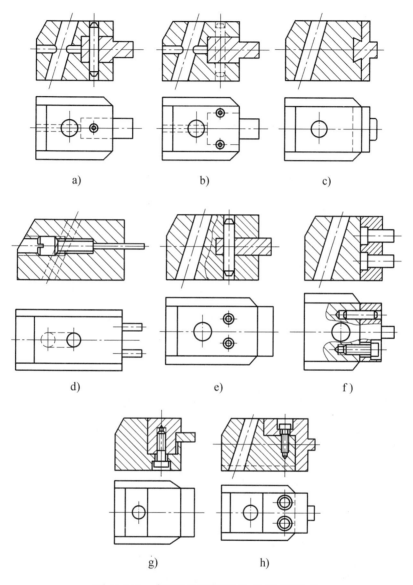

图 5-113 侧型芯与侧滑块的连接形式

图 5-113a 是把侧型芯嵌入滑块，然后采用销钉连接。

侧型芯一般比较小，为了提高其强度，可以将侧型芯嵌入滑块部分的尺寸加大，并用 2 个骑缝销钉固定，如图 5-113b 所示。

当侧型芯比较大时，可以采用图 5-113c 所示的燕尾槽式连接，或采用图 5-113h 所示的螺钉固定。

对圆截面小的侧型芯，也可以用螺钉顶紧，如图 5-113d 所示。

图 5-113e 所示为采用通槽固定，适于薄片形状的侧型芯。

当有多个侧型芯时，可加压板固定，如图 5-113f、g 所示，把侧型芯固定在压板上，然后用螺钉或销钉把压板固定在滑块上。

3. 导滑槽结构及滑块的导滑长度

（1）导滑槽结构　斜导柱侧向抽芯机构工作时，侧滑块是在导滑槽内按一定的精度和沿一定的方向往复移动的零件。根据侧型芯的大小、形状和要求不同，以及各工厂的使用习惯不同，导滑槽的形式也不相同。最常用的是 T 形槽和燕尾槽。图 5-114 所示为导滑槽与侧滑块的导滑结构形式。

图 5-114a 所示为整体式导滑槽，结构紧凑，用 T 形铣刀铣削加工，加工精度要求较高。

图 5-114b、c 所示为整体的盖板式，不过前者导滑槽开在盖板上，后者导滑槽开在底板上；盖板也可以设计成局部的形式（见图 5-114d），甚至设计成侧型芯两侧的单独压块（见图 5-114e），这种结构解决了加工困难的问题。

在图 5-114f 的形式中，侧滑块的高度方向仍由 T 形槽导滑，而其宽度方向由中间所镶入的镶块导滑。

图 5-114g 所示为整体燕尾槽导滑的形式，导滑精度较高，但加工更困难。为了燕尾槽加工方便，也有的将其中一侧的燕尾槽由局部的镶件代替。

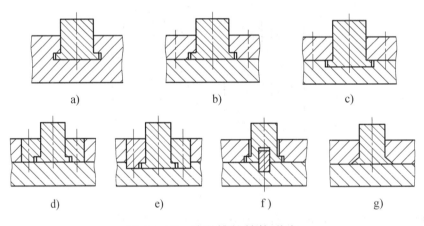

图 5-114　导滑槽的结构形式

由于注射成型时，要求滑块在导滑槽内来回移动，因此，对组成导滑槽零件的硬度和耐磨性是有一定要求的。整体式的导滑槽通常在定模板或动模板上直接加工出来，而动、定模板常用材料为 45 钢，为了便于加工，常常调质至 28 ~ 32HRC，再铣削成型。盖板的材料常用 T8、T10 或 45 钢，热处理硬度要求大于

50HRC（45 钢大于 40HRC）。

导滑槽与侧滑块之间的配合：导滑部分的配合一般采用 H8/f8。如果在配合面上成型时与熔融材料接触，为了防止配合处漏料，应适当提高配合精度，可采用 H8/f7 或 H8/g7 的配合，其余各处均可留 0.5mm 左右的间隙。配合部分的表面粗糙度值要求小于 $Ra0.8\mu m$。

（2）侧滑块的导滑长度　如图 5-115 所示，为了让侧滑块在导滑槽内移动灵活，不被卡死，导滑槽和侧滑块要求保持一定的配合长度。侧滑块完成抽拔动作后，其滑动部分仍应全部或部分留在导滑槽内。一般情况下，保留在导滑槽内的侧滑块长度不应小于导滑总配合长度的 2/3。倘若模具的尺寸较小，为了保证有一定的导滑长度，可以把导滑槽局部加长，即设计制造一导滑槽块，用螺钉和销钉固定在具有导滑槽的模板的外侧，如图 5-116 所示。

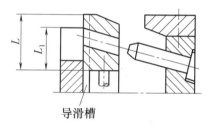

图 5-115　侧滑块的导滑长度

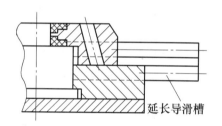

图 5-116　局部延长导滑长度

另外，还要求滑块配合导滑部分的长度大于宽度的 1.5 倍以上，倘若因塑件形状的特殊和模具结构的限制，侧滑块的宽度反而比其长度长，那么，增加该滑块上侧斜导柱的数量则是解决上述问题的最好办法。

4. 楔紧块

注射成型时，型腔内的熔融塑料以很高的成型压力作用在侧型芯上，从而使侧滑块后退产生位移，侧滑块的后移将力作用到斜导柱上，导致斜导柱产生弯曲变形；另一方面，由于斜导柱与侧滑块上的斜导孔采用较大的间隙配合，侧滑块的后移也会影响塑件的尺寸精度，所以，合模注射时，必须要设置锁紧装置锁紧侧滑块。

常用的锁紧装置为楔紧块，如图 5-117 所示。

图 5-117a 所示为楔紧块用销钉定位，用螺钉固定于模板外侧面上的形式，制造装配简单，但刚性较差，仅用于侧向压力较小的场合。

图 5-117b 所示为楔紧块固定于模板内的形式，提高了楔紧强度和刚度，用于

侧向压力较大的场合。

图 5-117c、d 所示为双重楔紧的形式，前者用辅助楔紧块将主楔紧块楔紧，后者采用楔紧锥与楔紧块双重楔紧。

图 5-117e 所示为整体式楔紧的形式，在模板上制出楔紧块，其特点是楔紧块刚度好，侧滑块受强大的楔紧力不易移动，用于侧向压力特别大的场合，但材料消耗较大，加工精度要求较高，并因模板不经热处理，故表面硬度较低。

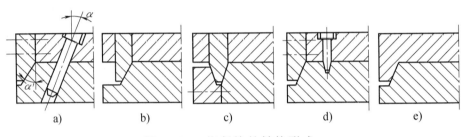

图 5-117　楔紧块的结构形式

楔紧块的斜角也称楔紧角 α'（见图 5-117a），应大于斜导柱的倾斜角 α，否则开模时，楔紧块会影响侧抽芯动作的进行。当侧滑块抽芯方向垂直于合模方向时，$\alpha' = \alpha + 2° \sim 3°$。这样，开模时，楔紧块很快离开滑块的压紧面，避免楔紧块与滑块间产生摩擦。合模时，在接近合模终点时，楔紧块才接触侧滑块并最终压紧侧滑块，使斜导柱与侧滑块上的斜导孔壁脱离接触，以避免注射时斜导柱受力弯曲变形。

5. 侧滑块定位装置

侧滑块定位装置的作用：侧滑块与斜导柱分别在模具动、定模两侧的侧抽芯机构，开模抽芯后，侧滑块必须停留在刚脱离斜导柱的位置上，以便合模时斜导柱准确插入侧滑块上的斜导孔中，因此，必须设计侧滑块的定位装置，以保证侧滑块脱离斜导柱后，能可靠地停留在正确的位置上。

常用的侧滑块定位装置如图 5-118 所示。

图 5-118a 所示为常用的结构形式，特别适合于滑块向上抽芯的情况。滑块向上抽出脱离斜导柱后，依靠弹簧的弹力，滑块紧贴于定位挡块的下方。设计时，弹簧的弹力要超过侧滑块的重力，定位距离 L 应比抽芯距 S 大 1mm 左右。

图 5-118b 所示为弹簧置于滑块内侧的结构，适于侧向抽芯距离较短的场合。

图 5-118c 所示的形式适合于侧滑块向下运动的情况，抽芯结束后，侧滑块靠自重下落到定位挡块上定位，与图 5-118a 相比较，省了螺钉、拉杆、弹簧等零

件，结构简单。

图 5-118d 所示为弹簧顶销机构，利用弹簧和活动定位销来定位，其结构简单，适合于水平方向侧抽芯的场合。

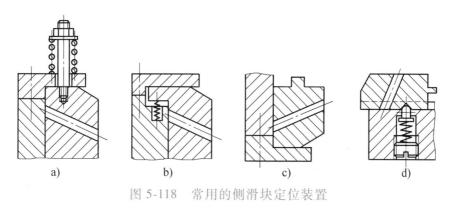

a)　　　　　b)　　　　　c)　　　　　d)

图 5-118　常用的侧滑块定位装置

五、斜导柱侧向分型与抽芯机构的结构形式

斜导柱和侧滑块在模具上的不同安装位置，通常分为四种不同结构形式。

1. 斜导柱固定在定模、侧滑块安装在动模

斜导柱固定在定模、侧滑块安装在动模的结构是斜导柱侧向分型与抽芯机构的模具中应用最广泛的形式，它既适于单分型面注射模（图 5-107 和图 5-108 就是这种形式），也适于双分型面注射模。模具设计者在设计具有侧抽芯塑件的模具时，应当首先考虑采用这种形式。

（1）干涉现象　该侧向分型与抽芯机构必须注意侧滑块与推杆在合模复位过程中不能发生干涉现象。所谓干涉现象，是指在合模过程中侧滑块的复位先于推杆的复位而导致活动侧型芯与推杆相碰撞，造成活动侧型芯或推杆损坏。

侧向滑块型芯与推杆发生干涉的可能性出现在两者在垂直于开合模方向平面（分型面）上的投影发生重合的情况下，如图 5-119 所示。图 5-119a 所示为合模状态，在侧型芯的投影下面设置有推杆；图 5-119b 所示为合模过程中斜导柱刚插入侧滑块的斜导孔中使其向右边复位的状态，而此时模具的复位杆还未使推杆复位，这会发生侧型芯与推杆相碰撞的干涉现象。

图 5-120 所示为分析发生干涉临界条件的示意图。图 5-120a 所示为开模侧抽芯后推杆推出塑件的状态；图 5-120b 所示为合模复位时，复位杆使推杆复位、斜导柱使侧型芯复位而侧型芯与推杆不发生干涉的临界状态；图 5-120c 所示为合模复位完毕的状态，侧型芯与推杆在分型面投影范围内重合了 S_c。从图中可知，在

塑料成型工艺与模具结构 第3版

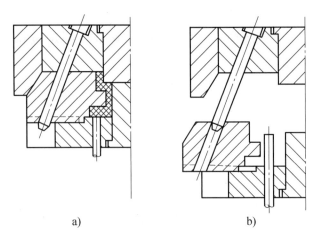

a)   b)

图 5-119 干涉现象

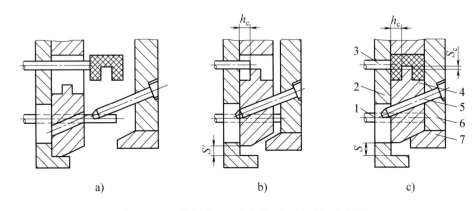

a)   b)   c)

图 5-120 分析发生干涉临界条件的示意图

1—复位杆 2—动模板 3—推杆 4—侧型芯滑块 5—斜导柱 6—定模座板 7—楔紧块

不发生干涉的临界状态下，侧型芯已经复位了 S'，还需复位的长度为 $S-S'=S_c$，而推杆需复位的长度为 h_c，如果完全复位，应有 $h_c=S_c\cot\alpha$。

因此，不发生干涉的条件为

$$h_c\tan\alpha>S_c \tag{5-17}$$

式中 h_c——在完全合模状态下推杆端面离侧型芯的最近距离；

S_c——在垂直于开模方向的平面上，侧型芯与推杆在分型面投影范围内的重合长度。

在一般情况下，只要使 $h_c\tan\alpha-S_c>0.5\mathrm{mm}$ 即可避免干涉。在模具结构允许时，避免侧型芯在分型面的投影范围内设置推杆。如果受到模具结构的限制而在侧型芯下一定要设置推杆，推杆推出一定距离后仍低于侧型芯的最低面，也将不会发生干涉。如果实际的情况无法满足上述条件，则必须设计推杆的先复位机构

158

（也称预复位机构）。

（2）先复位机构

1）弹簧式先复位机构　弹簧式先复位机构是利用弹簧的弹力使推出机构在合模之前进行复位的一种先复位机构，弹簧被压缩地安装在推杆固定板与动模支承板之间，如图 5-121 所示。图 5-121a 是弹簧安装在复位杆上，这是中、小型注射模最常用的形式；在图 5-121b 中，弹簧安装在另外设置的立柱上，这是大型注射模最常用的形式；如果模具的几组推杆（一般两组 4 根）分布比较对称，而且距离较远，这时，也有将弹簧直接安装在推杆上的，如图 5-121c 所示。

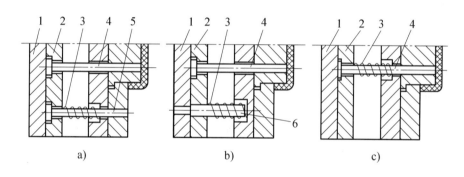

图 5-121　弹簧式先复位机构

1—推板　2—推杆固定板　3—弹簧　4—推杆　5—复位杆　6—立柱

开模时，塑件包在凸模上一起随动模后退，当推出机构开始工作时，注射机上的顶杆顶动推板，使弹簧进一步压缩，直至推杆推出塑件。一旦开始合模，注射机顶杆与模具上的推板脱离接触时，在弹簧回复力的作用下使推杆迅速复位，在斜导柱尚未驱动侧型芯滑块复位之前，推杆便复位结束，因此避免了与侧型芯的干涉。

弹簧式先复位机构结构简单、安装方便。但弹簧的力量较小，而且容易疲劳失效，可靠性差一些，一般只适合于回复力要求不大的场合，并需要定期检查和更换弹簧。

2）楔杆—滑块式先复位机构　楔杆—滑块式先复位机构如图 5-122 所示。楔杆固定在定模内，滑块安装在推管固定板 6 的导滑槽内。在合模状态，楔杆 1 与三角滑块 4 的斜面仍然接触，如图 5-122a 所示。图 5-122b 所示为楔杆接触三角滑块的初始状态，开始合模时楔杆 1 与三角滑块 4 的接触先于斜导柱 2 与侧型芯滑块 3 的接触，在楔杆 1 作用下，三角滑块 4 在推管固定板 6 上的导滑槽内向下移动的同时迫使推管固定板 6 向左移动，使推管 5 的复位先于侧型芯滑块 3 的复位，

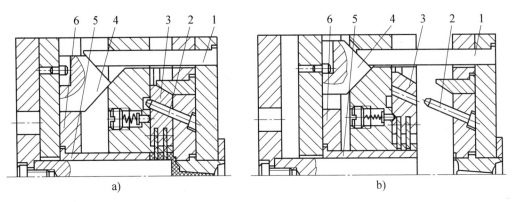

图 5-122　楔杆—滑块式先复位机构

1—楔杆　2—斜导柱　3—侧型芯滑块　4—三角滑块　5—推管　6—推管固定板

从而避免两者发生干涉。

3）楔杆—摆杆式先复位机构　楔杆—摆杆式先复位机构如图 5-123 所示，它与楔杆—滑块式先复位机构相似，所不同的是摆杆代替了三角滑块。摆杆 4 一端用转轴固定在支承板 3 上，另一端装有滚轮。图 5-123a 所示为合模状态。图 5-123b 所示为合模过程中楔杆尚未接触摆杆的状态，为了防止滚轮与推板 6 的磨损，在推板 6 上常常镶有淬过火的垫板。合模时，楔杆 1 推动摆杆 4 上的滚轮，迫使摆杆绕着转轴沿逆时针方向旋转，同时它又推动推杆固定板 5 向左移动，使推杆的复位先于侧型芯滑块的复位。

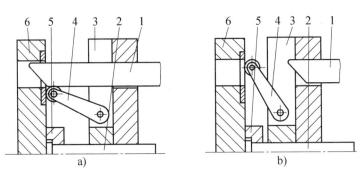

图 5-123　楔杆—摆杆式先复位机构

1—楔杆　2—推杆　3—支承板　4—摆杆　5—推杆固定板　6—推板

2. 斜导柱固定在动模、侧滑块安装在定模

斜导柱固定在动模、侧滑块安装在定模的模具结构特点是侧抽芯与脱模不能同时进行，要么是先侧抽芯后脱模，要么是先脱模后侧抽芯。

图 5-124 所示为先侧抽芯后脱模的一个典型例子，也称凸模浮动式斜导柱定模侧抽芯。凸模 3 以 H8/f8 的配合安装在动模板 2 内，并且其底端与动模支承板

有 h 的距离。开模时，由于塑件对凸模 3 具有足够的包紧力，致使凸模在开模 h 距离内动模后退的过程中保持静止不动，即凸模浮动了 h 距离，使侧型芯滑块 7 在斜导柱 6 作用下进行侧向抽芯，侧向抽芯结束，继续开模，塑件和凸模一起随动模后退，推出机构工作时，推件板 4 将塑件从凸模上推出。凸模浮动式斜导柱侧抽芯的机构在合模时要考虑凸模 3 复位。

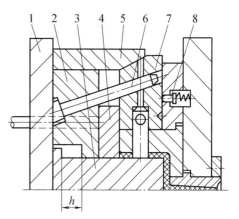

图 5-124　凸模浮动式斜导柱定模侧抽芯

1—支承板　2—动模板　3—凸模
4—推件板　5—楔紧块　6—斜导柱
7—侧型芯滑块　8—限位销

3. 斜导柱与侧滑块同时安装在定模

在斜导柱与侧滑块同时安装在定模的结构中，一般情况下斜导柱固定在定模座板上，侧滑块安装在定模板上的导滑槽内，为了实现斜导柱与侧滑块两者之间的相对运动，就必须在定模座板与定模板之间增加一个分型面，因此，就需要采用定距顺序分型机构。其特点是开模时主分型面暂不分型，而让定模部分增加的分型面先定距分型，让斜导柱驱动侧滑块进行侧抽芯，抽芯结束，主分型面再分型。由于斜导柱与侧型芯同时设置在定模部分，设计时斜导柱可适当加长，侧抽芯时让侧滑块始终不脱离斜导柱，所以不需要设置侧滑块的定位装置。

图 5-125 所示为摆钩式定距顺序分型的斜导柱抽芯机构，合模时，在弹簧 7 的作用下，由转轴 6 固定于定模板 10 上的摆钩 8 钩住固定在动模板 11 上的挡块 12。开模时，由于摆钩 8 钩住挡块 12，模具首先从 A 分型面先分型，同时在斜导柱 2 的作用下，侧型芯滑块 1 开始侧向抽芯，侧抽芯结束后，固定在定模座板上的压块 9 的斜面压迫摆钩 8 做逆时针方向摆动而脱离挡块，在定距螺钉 5

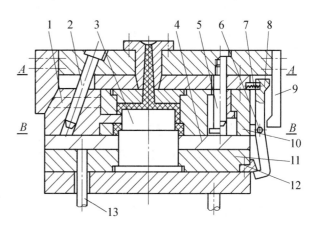

图 5-125　摆钩式定距顺序分型的斜导柱抽芯机构

1—侧型芯滑块　2—斜导柱　3—凸模　4—推件板　5—定距螺钉　6—转轴　7—弹簧　8—摆钩　9—压块　10—定模板　11—动模板　12—挡块　13—推杆

的限制下 A 分型面分型结束。动模继续后退，B 分型面分型，塑件随凸模 3 保持在动模一侧，然后推件板 4 在推杆 13 的作用下使塑件脱模。

4. 斜导柱与侧滑块同时安装在动模

斜导柱与侧滑块同时安装在动模的结构，一般可以通过推件板推出机构来实现斜导柱与侧型芯滑块的相对运动。这种结构的模具，由于斜导柱与侧滑块同在动模的一侧，设计时同样可适当加长斜导柱，使在侧抽芯的整个过程中斜滑块不脱离斜导柱，因此也就不需设置侧滑块定位装置。另外，这种利用推件板推出机构实现斜导柱与侧滑块相对运动的侧抽芯机构，主要适合于抽拔距和抽芯力均不太大的场合。

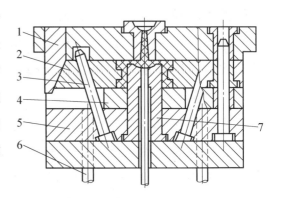

图 5-126　斜导柱与侧滑块同在动模的结构
1—楔紧块　2—侧型芯滑块　3—斜导柱　4—推件板　5—动模板　6—推杆　7—凸模

在图 5-126 所示的斜导柱侧抽芯机构中，斜导柱 3 固定在动模板 5 上，侧型芯滑块 2 安装在推件板 4 的导滑槽内，合模时靠设置在定模座板上的楔紧块 1 锁紧。开模时，侧型芯滑块 2 和斜导柱 3 一起随动模部分后退，当推出机构工作时，推杆 6 推动推件板 4 使塑件脱模的同时，侧型芯滑块 2 在斜导柱 3 的作用下，在推件板 4 的导滑槽内向两侧滑动而侧向抽芯。

六、斜滑块侧向分型与抽芯机构

当塑件的侧凹较浅，所需抽芯距不大，但侧凹的成型面积较大，因而需要较大的抽芯力时，或者由于模具结构的限制而不适宜采用其他侧抽芯形式时，则可采用斜滑块侧向分型与抽芯机构。

斜滑块侧向分型与抽芯机构的特点是利用模具推出机构的推出力驱动斜滑块做斜向运动，在塑件被推出脱模的同时由斜滑块完成侧向分型与抽芯的动作。

斜滑块侧向分型与抽芯机构要比斜导柱侧向分型与抽芯机构简单得多，一般可以分为斜滑块和斜导杆导滑两大类，而每一类均可分为外侧分型抽芯和内侧分型抽芯两种形式。

1. 斜滑块导滑的侧向分型与抽芯机构

图 5-127 所示为斜滑块导滑的外侧分型与抽芯的结构形式。该塑件为绕线轮

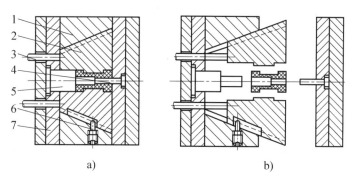

图 5-127　斜滑块导滑的外侧分型与抽芯的结构形式

1—动模板　2—斜滑块　3—推杆　4—定模型芯　5—动模型芯　6—限位螺钉　7—动模型芯固定板

型产品，外侧有较浅但面积大的侧凹，斜滑块设计成两块对开式的凹模镶块，即型腔由两个斜滑块组成。成型塑件内部大孔（包紧力大）的型芯设置在动模部分。

开模后，塑件包紧在动模型芯 5 上和斜滑块 2 一起向后移动，脱模时，在推杆 3 的作用下，斜滑块 2 相对向前运动的同时在动模板的斜向导滑槽内向两侧分型，在斜滑块的限制下，塑件在斜滑块侧向分型的同时从动模型芯上脱出。限位螺钉 6 是防止斜滑块在推出时从动模板中滑出而设置的。合模时，斜滑块 2 的复位是靠定模板压斜滑块的右端面进行的。

图 5-128 所示为斜滑块导滑的内侧抽芯的结构形式。斜滑块 1 的内侧成型塑件外侧的凹凸形状，镶块 4 的上侧呈燕尾并可在型芯 2 的燕尾槽中滑动，另一侧嵌入斜滑块中。推出时，斜滑块 1 在推杆 5 的作用下推出塑件的同时向上、下方向移动，完成内侧抽芯的动作，限位销 3 对斜滑块的推出起限位作用。

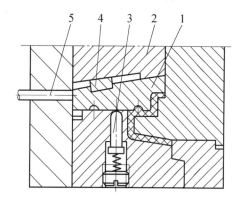

图 5-128　斜滑块导滑的内侧抽芯的结构形式

1—斜滑块　2—型芯　3—限位销　4—镶块　5—推杆

2. 斜导杆导滑的侧向分型与抽芯机构

斜导杆导滑的侧向分型与抽芯机构也称为斜推杆式侧抽芯机构，它是由斜导杆与侧型芯制成整体式或组合式后与动模板上的斜导向孔（常常是矩形截面）进行导滑推出的一种特殊的斜滑块抽芯机构。斜导杆侧向抽芯机构也可分成外侧抽芯与内侧抽芯两大类。

图 5-129 所示为斜导杆外侧抽芯的结构形式，斜导杆 3 的成型端由侧型芯 6 与之组合而成，在推出端装有滚轮 2，以滚动摩擦代替滑动摩擦，用来减少推出过程中的摩擦力，推出过程中的侧抽芯靠斜导杆 3 与动模板 5 之间的斜孔导向，合模时，定模板压斜导杆成型端使其复位。

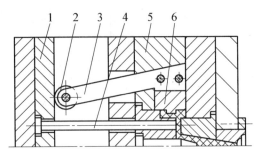

图 5-129 斜导杆外侧抽芯的结构形式

1—推杆固定板 2—滚轮 3—斜导杆
4—推杆 5—动模板 6—侧型芯

图 5-130 所示为斜导杆内侧抽芯的结构形式，斜导杆与滑块做成一体，其头部用来成型塑件内侧的凸起，主型芯 5 上开有斜孔，在推出过程中，推板 4 推动斜导杆 2 沿斜孔运动，使塑件一面抽芯，一面脱模。图 5-131 所示为斜导杆内侧抽芯结构形式（一）的三维图。

图 5-132 所示为斜导杆内侧抽芯的另一种结构，采用连杆形式使斜导杆复位。图 5-133 所示为斜导杆内侧抽芯结构形式（二）的三维图。

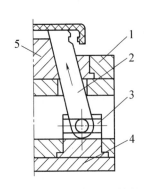

图 5-130 斜导杆内侧抽芯的结构形式（一）

1—动模板 2—斜导杆 3—滑轮或
滑座 4—推板 5—主型芯

图 5-131 斜导杆内侧抽芯结
构形式（一）的三维图

七、弯销侧向分型与抽芯机构

在斜导柱侧向分型与抽芯机构中，如果将截面是矩形的弯销代替斜导柱，这就成了弯销侧向分型与抽芯机构。

弯销侧向分型与抽芯机构的工作原理与斜导柱侧向分型与抽芯机构相似，

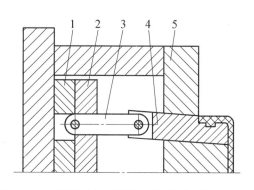

图 5-132　斜导杆内侧抽芯的结构形式（二）

1—推板　2—推杆固定板　3—连杆

4—斜导杆　5—动模板

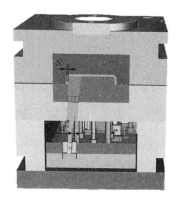

图 5-133　斜导杆内侧抽芯

结构形式（二）的三维图

图 5-134 所示为弯销侧向抽芯的典型结构。弯销 4 和楔紧块 3 固定于定模板 2 内，侧型芯滑块 5 安装在动模板 6 的导滑槽内，弯销与侧型芯滑块上孔的间隙 δ 通常取 0.5mm 左右。开模时，动模部分后退，在弯销作用下侧型芯滑块作侧向抽芯，抽芯结束，侧型芯滑块由弹簧拉杆挡块装置定位，最后塑件由推管推出。

弯销侧向抽芯机构有几个比较明显的特点，一个特点是由于弯销的截面是矩形，可采用比斜导柱大的倾斜角 α，一般情况下，弯销的倾斜角 α 可在小于 30° 内合理选取。所以在开模距相同的情况下可获得较大的抽芯距。

另一个特点是弯销侧向抽芯机构可以设计成变角度侧向抽芯，如图 5-135 所示。被抽的侧型芯 3 较长，且塑件对包紧力也较大，因此采用了变角度弯销抽芯。

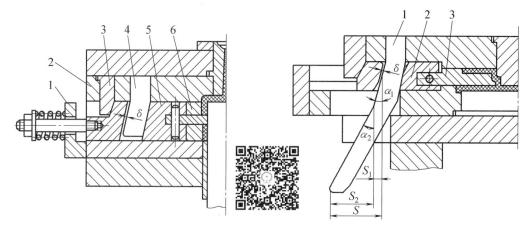

图 5-134　弯销侧向抽芯的典型结构

1—挡块　2—定模板　3—楔紧块　4—弯销

5—侧型芯滑块　6—动模板

图 5-135　变角度弯销侧向抽芯

1—弯销　2—侧滑块　3—侧型芯

开模过程中，弯销 1 首先由较小的倾斜角 α_1 起作用，以便具有较大的起始抽芯力，带动侧滑块 2 移动 S_1 后，再由倾斜角 α_2 起作用，以抽拔较长的抽芯距离 S_2，从而完成整个侧抽芯动作，侧抽芯总的距离为 $S = S_1 + S_2$。

通常弯销安装在模具外侧，弯销安装在模外的方式的优点是在安装配合时，人们能够看得清楚，便于安装时操作。图 5-136 所示为弯销安装在模外的形式，塑件的下面外侧由侧型芯滑块 9 成型，滑块抽芯结束时的定位由固定在

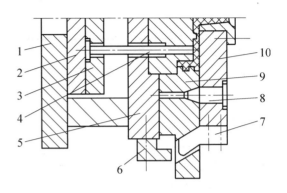

图 5-136　弯销安装在模外的形式

1—动模座板　2—推板　3—推杆固定板　4—推杆

5—动模板　6—挡块　7—弯销　8—止动销

9—侧型芯滑块　10—定模座板

动模板 5 上的挡块 6 完成，固定在定模座板 10 上的止动销 8 在合模状态对侧型芯滑块起锁紧作用。

八、斜导槽侧向分型与抽芯机构

斜导槽侧向分型与抽芯机构是由固定于模外的斜导槽与固定于侧型芯滑块上的圆柱销连接所形成的，如图 5-137 所示。斜导槽用四个螺钉和两个销钉安装固

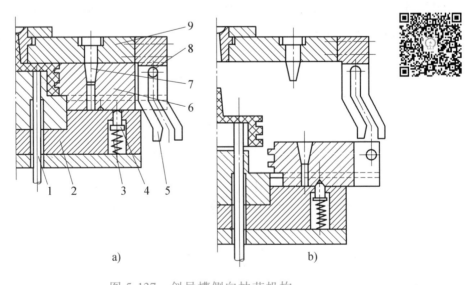

图 5-137　斜导槽侧向抽芯机构

1—推杆　2—动模板　3—弹簧　4—顶销　5—斜导槽板　6—侧型芯滑块

7—锁紧销　8—圆柱销　9—定模板（定模座板）

定在定模板 9 的外侧，侧型芯滑块 6 在动模板导滑槽内的移动是受固定其上面的圆柱销 8 在斜导槽内的运动轨迹限制的。开模后，由于圆柱销先在斜导槽板与开模方向成 0°角的方向移动，此时只分型不抽芯；当起锁紧作用的锁紧销 7 脱离侧型芯滑块 6 后，圆柱销接着就在斜导槽内沿与开模方向成一定角度的方向移动，此时进行侧向抽芯。图 5-137a 所示为合模状态，图 5-137b 所示为抽芯后推出状态。

九、液压侧向分型与抽芯机构

液压侧向分型与抽芯机构是通过液压缸及控制系统来实现的。当塑件上的侧向有较深的孔，例如三通管子塑件，侧向的抽芯力和抽芯距很大，用斜导柱、斜滑块等侧抽芯机构无法解决时，往往优先考虑采用液压侧向分型与抽芯机构。一般的塑料注射机上通常均配有液压抽芯的油路及其控制系统。

图 5-138 所示为液压缸固定在动模部分的液压侧向分型与抽芯机构，侧型芯 1 用连接器 5 与液压缸的活塞杆相连。注射时，楔紧块 2 将侧型芯 1 锁紧，注射后分模，先侧向液压抽芯，再推出塑件。合模之前，先侧型芯液压复位，再合模。

图 5-139 所示为液压缸固定在定模部分的液压侧向分型与抽芯机构，侧型芯通过连接板用 T 形槽与液压缸的活塞杆相连，注射结束分模前，先进行液压抽芯。合模后，再使侧型芯液压复位。

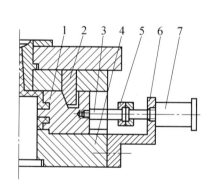

图 5-138　液压缸固定在动模部分
的液压侧向抽芯机构

1—侧型芯　2—楔紧块　3—拉杆　4—动
模板　5—连接器　6—支架　7—液压缸

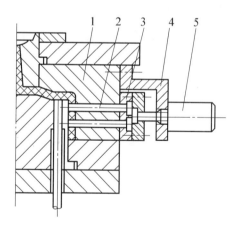

图 5-139　液压缸固定在定模部分
的液压侧向抽芯机构

1—定模板　2—侧型芯　3—侧型芯
固定板　4—支架　5—液压缸

设计液压侧向分型与抽芯机构时，要注意液压缸的选择、安装及液压抽芯与复位的时间顺序。液压缸的选择要按计算的侧向抽芯大小及抽芯距长短来确定。

液压缸通常通过支架固定在模具的外侧，也有采用支柱或液压缸前端外侧直接用螺纹旋入模板的安装形式，具体的安装方式视具体情况而定。安装时还应注意侧型芯的锁紧形式。

侧型芯的抽出与复位的时间顺序是按照侧型芯的安装位置、推杆推出与复位的次序、开合模对侧抽芯和复位的影响来确定的。

任务八　掌握温度调节系统

模具温度（模温）是指模具型腔和型芯的表面温度。不论是热塑性塑料还是热固性塑料的模塑成型，模具温度对塑件的质量和生产率都有很大的影响。注射模具中设置温度调节系统的目的，就是要控制模具温度，使注射成型具有良好的产品质量和较高的生产力。

一、模具温度与塑料成型温度

1. 模具温度及其调节的重要性

（1）模具温度对塑件质量的影响　模具温度及其波动对塑件的收缩率、尺寸稳定性、力学性能、变形、应力开裂和表面质量等均有影响。

1）模具温度过低，熔体流动性差，制件轮廓不清晰，甚至充不满型腔或形成熔接痕，制件表面不光泽，缺陷多，力学性能低。对于热固性塑料，模温过低造成固化程度不足，降低塑件的物理、化学和力学性能；对于热塑性塑料，注射成型时，模温过低且充模速度不高的情况下，制件内应力增大，易引起翘曲变形或应力开裂，尤其是黏度大的工程塑料。

2）模温过高，成型收缩率大，脱模和脱模后制件变形大，易造成溢料和粘模。

3）模具温度波动较大时，型芯和型腔温差大，制件收缩不均匀，导致制件翘曲变形，影响制件的形状及尺寸精度。

（2）模具温度对成型周期的影响　缩短成型周期就是提高生产率。缩短成型周期关键在于缩短冷却硬化时间，而缩短冷却时间，可通过调节塑料和模具的温差来实现。因而在保证制件质量和成型工艺顺利进行的前提下，降低模具温度有利于缩短冷却时间，提高生产率。

2. 模具温度与塑料成型温度的关系

由于树脂本身的性能特点不同，不同的塑料要求有不同的模具温度。

1）对于黏度低、流动性好的塑料，如聚乙烯、聚丙烯、聚苯乙烯、聚酰胺等，这些塑料要求模温不能太高。因为模具不断地被注入的熔融塑料加热，模温升高，单靠模具本身自然散热不能使模具保持较低的温度，因此，必须加设冷却装置，常用常温水对模具冷却。有时为了进一步缩短在模内的冷却时间，或者在夏天，也可使用冷凝处理后的冷水进行冷却。

2）对于黏度高、流动性差的塑料，如聚碳酸酯、聚砜、聚甲醛、聚苯醚和氟塑料等，为了提高充型性能，考虑到成型工艺要求有较高的模具温度，因此，必须设置加热装置，对模具进行加热。

3）对于黏流温度 T_f 或熔点 T_m 较低的塑料，一般需要用常温水或冷水对模具进行冷却，而对于高黏流温度和高熔点的塑料，可用温水进行模温控制。对于模温要求在90℃以上时，必须对模具进行加热。

4）对于流程长、壁厚较小的塑件，或者黏流温度或熔点虽不高但成型面积很大的塑件，为了保证塑料熔体在充模过程中不至于温降太大而影响充型，可设置加热装置对模具进行预热。

5）对于小型薄壁塑件，且成型工艺要求模温不太高时，可以不设置冷却装置而靠自然冷却。

部分塑料树脂的模具温度见表5-2和表5-3。

表5-2　部分热塑性树脂的成型温度与模具温度　　　（单位：℃）

树脂名称	成型温度	模具温度	树脂名称	成型温度	模具温度
LDPE	190～240	20～60	PS	170～280	20～70
HDPE	210～270	20～60	AS	220～280	40～80
PP	200～270	20～60	ABS	200～270	40～80
PA6	230～290	40～60	PMMA	170～270	20～90
PA66	280～300	40～80	硬 PVC	190～215	20～60
PA610	230～290	36～60	软 PVC	170～190	20～40
POM	180～220	90～120	PC	250～290	90～110

表 5-3 部分热固性树脂的模具温度 （单位：℃）

树 脂 名 称	模 具 温 度	树 脂 名 称	模 具 温 度
酚醛塑料	150～190	环氧塑料	177～188
脲醛塑料	150～155	有机硅塑料	165～175
三聚氰胺甲醛塑料	155～175	硅酮塑料	160～190
聚邻(对)苯二甲酸二丙烯酯	166～177		

二、常见冷却系统的结构

模具可以用水、压缩空气和冷凝水冷却，其中用水冷却最为普遍，因为水的热容大，传热系数大，成本低廉。所谓水冷，即在模具型腔周围和型芯内开设冷却水回路，使水在其中循环，带走热量，维持所需的温度。冷却回路的设计应做到回路系统内流动的介质能充分吸收成型塑件所传导的热量，使模具成型表面的温度稳定地保持在所需的温度范围内，而且要做到使冷却介质在回路系统内流动畅通，无滞留部位。

确定冷却水孔的直径时应注意，无论多大的模具，水孔的直径不能大于14mm，否则冷却水难以成为湍流状态，以至降低热交换效率。一般水孔的直径可根据塑件的平均壁厚来确定。平均壁厚为 2mm 时，水孔直径可取 8～10mm；平均壁厚为 2～4mm 时，水孔直径可取 10～12mm；平均壁厚为 4～6mm 时，水孔直径可取 10～14mm。

1. 直流式和直流循环式

直流式冷却水道如图 5-140a 所示，直流循环式冷却水道如图 5-140b 所示。这两种形式的冷却水道结构简单，加工方便，但模具冷却不均匀。不过，后者比前者冷却效果更差，它适用于成型面积较大的浅型塑件。图 5-141 所示为直流式和直流循环式冷却水道实物图。

为避免外部设置接头，可在型腔外周钻直通水道，用塞子或挡板使冷却水沿指定方向流动，如图 5-142 所示，止水栓如图 5-143 所示。冷却水孔非进出口均用螺塞堵住。该回路适合各种较浅的，特别是圆形的型腔。

对于小直径长型芯，为使型芯表面迅速冷却，应设法使冷却水在型芯内循环流动，如图 5-144 所示斜交叉式管道冷却回路结构。

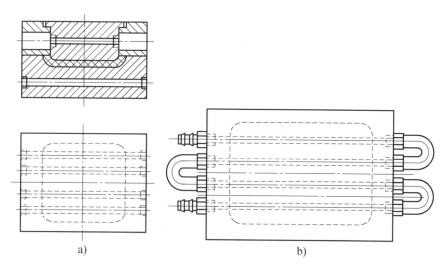

图 5-140　直流式和直流循环式冷却水道

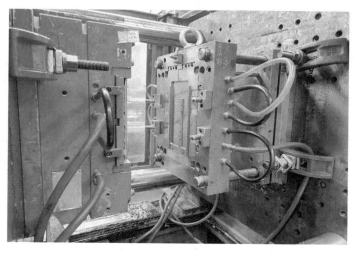

图 5-141　直流式和直流循环式冷却水道实物图

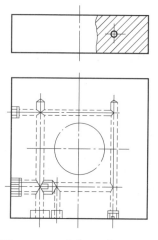

图 5-142　冷却回路的结构

图 5-143　止水栓

2. 隔板式

对于深型腔塑件模具,最困难的是凸模的冷却问题。图5-145所示为大型深型腔塑件模具,在凹模一侧,其底部可从浇口附近通入冷却水,流经沿矩形截面水槽后流出,其侧部开设圆形截面水道,围绕型腔一周之后从分型面附近的出口排出。凸模上加工出螺旋槽,并在螺旋槽内加工出一定数量的不通孔,而每个不通孔用隔板分成底部连通的两个部分,从而形成凸模中心进水、外侧出水的冷却回路。

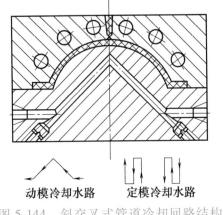

图5-144 斜交叉式管道冷却回路结构

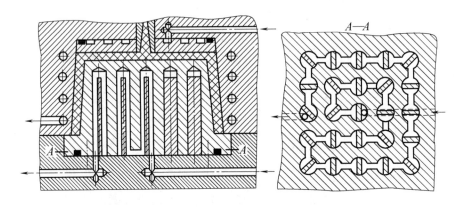

图5-145 大型深型腔塑件模具

3. 喷流式

当塑件矩形内孔长度较长,但宽度相对较窄时,可采用喷射式冷却的结构形式,即在型芯的中心制出一排不通孔,在每个孔中插入一根管子,冷却水从中心管子流入,喷射到浇口附近型芯不通孔的底部对型芯进行冷却,然后经过管子与凸模的间隙从出口处流出,如图5-146所示。

4. 间接冷却

对于型芯更加细小的模具,可采用间接冷却的方式进行冷却。图5-147a所示为冷却水喷射在铍青铜制成的细小型芯的后端,靠铍青铜良好的导热性能对其进行冷却;图5-147b所示为在细小型芯中插入一根与之配合接触很好的铍青铜杆,在其另一端加工出翅片,用它来扩大散热面积,提高水流的冷却效果。

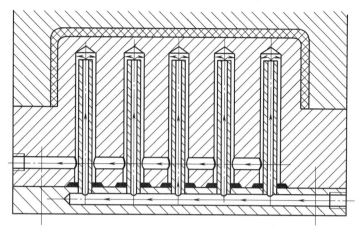

图 5-146　喷流式冷却水道

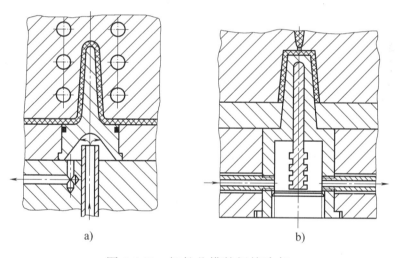

a)　　　　　　　　　　　　b)

图 5-147　细长凸模的间接冷却

三、模具的加热系统

当注射成型工艺要求模具温度在 90℃ 以上时，模具中必须设置加热装置。模具的加热方式有很多，如热水、热油、水蒸气、煤气或天然气加热和电加热等。目前普遍采用的是电加热温度调节系统，电加热有电阻加热和工频感应加热，前者应用广泛，后者应用较少。如果加热介质采用各种流体，那么其设计方法类似于冷却水道的设计。下面介绍电加热的主要方式。

1. 电热丝直接加热

将选择好的电热丝放入绝缘瓷管中后装入模板的加热孔中，通电后就可对模具进行加热。这种加热方法结构简单，成本低廉，但电热丝与空气接触后易氧化，寿命较短，同时也不太安全。

2. 电热圈加热

将电热丝绕制在云母片上，再装夹在特制的金属外壳中，电热丝与金属外壳之间用云母片绝缘，将它围在模具外侧对模具进行加热。电热圈的优点是结构简单，更换方便，缺点是耗电量大，这种加热装置主要适合于压缩模和压注模。

3. 电热棒加热

电热棒是一种标准的加热元件，它由具有一定功率的电热丝和带有耐热绝缘材料的金属密封管组

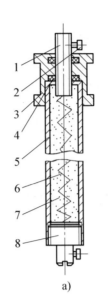
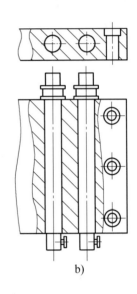

图 5-148　电热棒及其在加热板内的安装

1—接线柱　2—螺钉　3—帽　4—垫圈　5—外壳
6—电阻丝　7—石英砂　8—塞子

成，使用时根据需要的加热功率选用电热棒的型号和数量，然后将其插入模板上的加热孔内通电即可，如图 5-148 所示。电热棒加热的特点是使用和安装都很方便。

四、随形冷却系统

随形冷却系统是一种基于 3D 打印技术的新型模具冷却系统。因其加工特性，随形冷却系统可以很好地贴合产品形状，且冷却水路截面可以做成圆形以外的其他任意形状。随形冷却系统如图 5-149 所示。

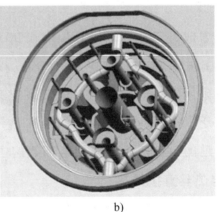

a)　　　　　　　　　　　　　　　b)

图 5-149　随形冷却系统

3D 打印制造的随形冷却系统模具，其冷却水路可随着产品形状均匀分布，降低成型周期。随着 3D 打印技术工艺的持续完善，打印精度的不断提高，随形冷却系统应用越来越广泛。

1. 随形冷却原理

注射成型时塑胶产品的冷却主要靠模具冷却系统来完成，但传统冷却系统是通过铣床等机械加工工艺来制造的，水路只能为圆柱形直孔，无法完全贴近塑件表面，冷却效率低且冷却不均匀，导致注射周期长、产品变形量大。3D 打印技术的随形冷却系统的水路可以为任意形状、任意截面，通过改变形状和截面使随形水路均匀布置，提升冷却效果。

2. 加工工艺

随形冷却系统目前主要利用选择性激光熔化（SLM）工艺与扩散焊技术进行加工。由于 SLM 工艺可做出更为复杂与圆滑的水路形状且成本更低，所以 SLM 工艺在随形冷却系统上应用更为广泛。

SLM 工艺流程：

1) 3D 文档→转换导出 STL 数据→STL 数据切层（设计阶段）。

2) 选择性激光熔化金属粉末逐层堆积打印（制造阶段）。

3) 打印完成后取出工件→后处理→交货（交付阶段）。

粉末床金属熔融 3D 打印技术可以使随形冷却模具的设计和制造摆脱交叉钻孔的限制，可以设计内部通道更靠近模具的冷却表面，并具有平滑的角落、更快的流量，增加了冷却效率。可以说，粉末床金属熔融 3D 打印技术开启了随形冷却模具的提升效率之路。

3. 应用范围

自 2017 年以来，3D 打印随形冷却模具镶件在注射模具上已广泛应用在包装、汽车、电子 3C、医疗、家电等行业，如电子 3C 行业中的游戏手柄模具、充电器外壳模具等。

任务九　塑料注射模具典型结构的介绍

下面以实例来介绍斜导柱侧向抽芯双分型面注射模具的结构。这副模具为摇臂包胶塑件注射模具，如图 5-150 所示。摇臂包胶实物图如图 5-151 中的白色塑件所示。

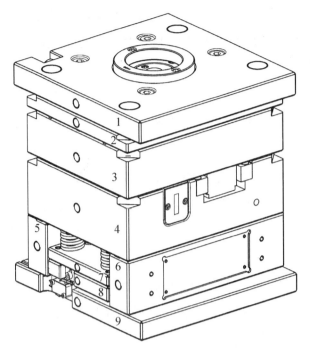

图 5-150　摇臂包胶塑件注射模具

1—定模座板　2—分流道推料板（中间板）　3—定模板

4—动模板　5、6—垫块　7—推杆固定板　8—推板　9—动模座板

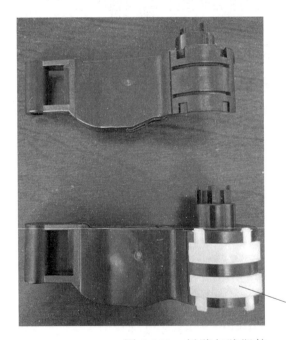

摇臂包胶塑件

图 5-151　摇臂包胶塑件

　　摇臂包胶塑件的三维模型图，如图 5-152 所示。为了避免使用双色成型，先生产出摇臂支架塑件，然后将摇臂支架放入摇臂包胶塑件模具，相当于摇臂支架

是摇臂包胶塑件模具的嵌件，用两副模具来生产摇臂支架和包胶塑件。推出机构采用推杆配合复位杆及复位弹簧推出。

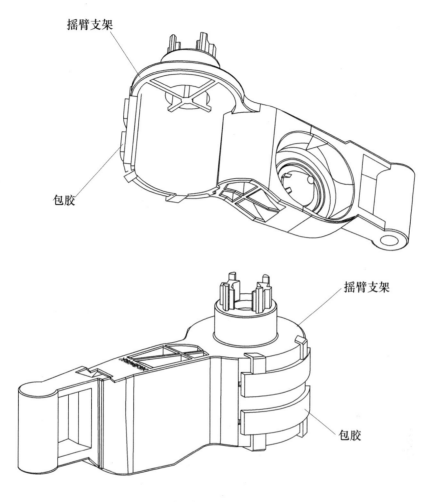

图 5-152　摇臂包胶塑件三维模型图

摇臂包胶塑件注射模的定模部分结构如图 5-153a 所示，动模部分结构如图 5-153b 所示。

其工作原理如图 5-154 所示。模具首先在 A 分型面分型，由定距拉杆端部的螺母限定定模板的下行距离，此时凝料脱落，A 分型面分型结束。动模部分继续向下移动，B 分型面分型，楔紧块离开侧滑块的压紧面，侧滑块带动侧型芯在动模板上的导滑槽内做侧向抽芯运动，斜导柱脱离侧滑块，推出机构将塑件推出。推出机构在复位杆和弹簧的作用下先行复位。合模时，斜导柱准确地插入侧滑块的斜导孔内，侧向抽芯机构进行复位。同时将第一次成型部件放入型芯中。合模结束，开启下一次注射循环。

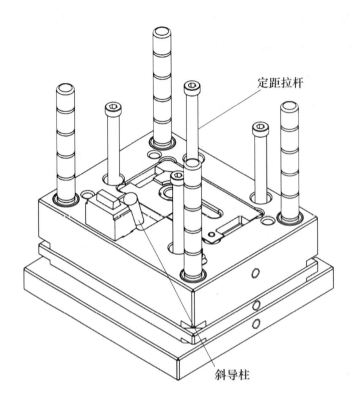

定距拉杆

斜导柱

a) 定模部分

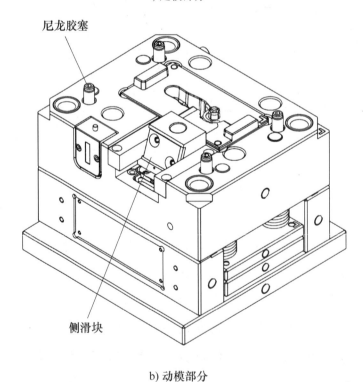

尼龙胶塞

侧滑块

b) 动模部分

图 5-153　摇臂包胶塑件注射模的定模和动模部分结构图

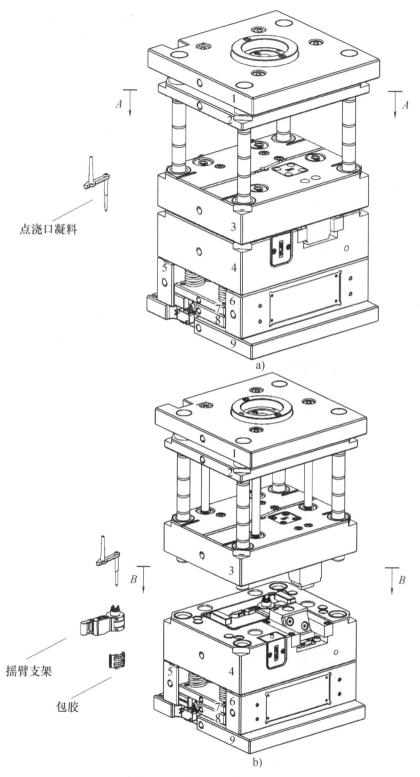

点浇口凝料

摇臂支架

包胶

图 5-154 模具工作原理图

1—定模座板 2—分流道推料板（中间板） 3—定模板

4—动模板 5、6—垫块 7—推杆固定板 8—推板 9—动模座板其主要的模具零件如图 5-155～图 5-161 所示。图 5-155 所示是动模板三维结构图，图 5-156 所示是定模板三维结构图，图 5-157 所示是定模型腔三维结构图，图 5-158 所示是动模型芯三维结构图，图 5-159 所示是推出机构三维结构图，图 5-160 所示是侧抽芯机构三维结构图，图 5-161 所示是定位圈及浇口套三维结构图。

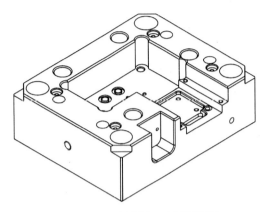

图 5-155　动模板三维结构图

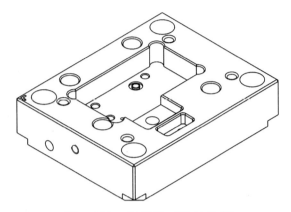

图 5-156　定模板三维结构图

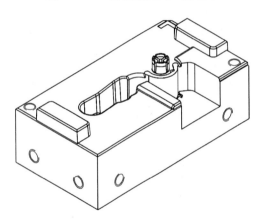

图 5-157　定模型腔三维结构图

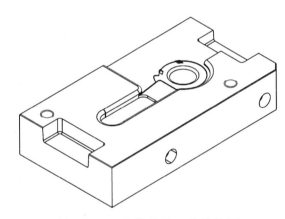

图 5-158　动模型芯三维结构图

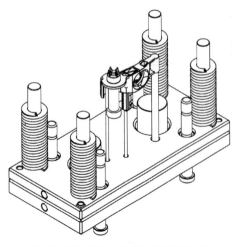

图 5-159　推出机构三维结构图

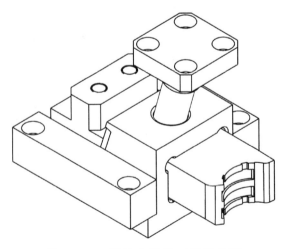

图 5-160　侧抽芯机构三维结构图

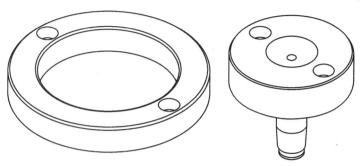

图 5-161　定位圈及浇口套三维结构图

下面从塑件产品分析、确定分型面位置、确定型腔数量和排列方式、确定模具结构形式、确定成型工艺、计算分析、注射模具浇注系统选择、成型零部件设计、侧抽芯机构设计、推出机构设计、温度调节系统设计以及模具结构总装图的绘制等方面来详细介绍单分型面注射模具的设计过程。

项目训练

这是一副固定支架塑件单分型面注射模具，如图 5-162 所示。固定支架塑件包括两部分，其三维模型图如图 5-163 所示。塑件实物图如图 5-164 所示。

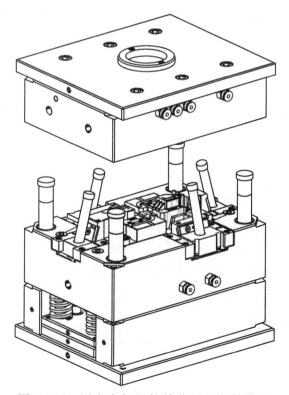

图 5-162　固定支架塑件单分型面注射模具

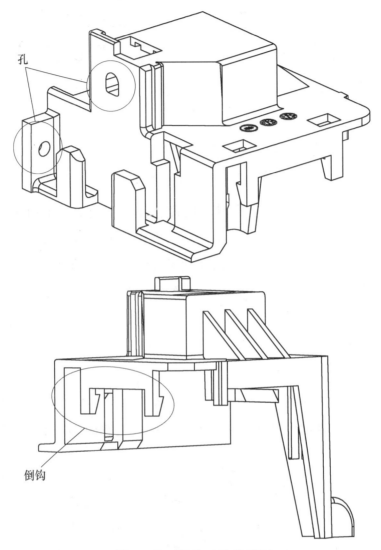

孔

倒钩

图 5-163　塑件三维模型图

图 5-164　塑件实物图

仔细分析该塑件热流道注射模具的结构特点，认真填写图 6-165 括号内的模具结构名称。

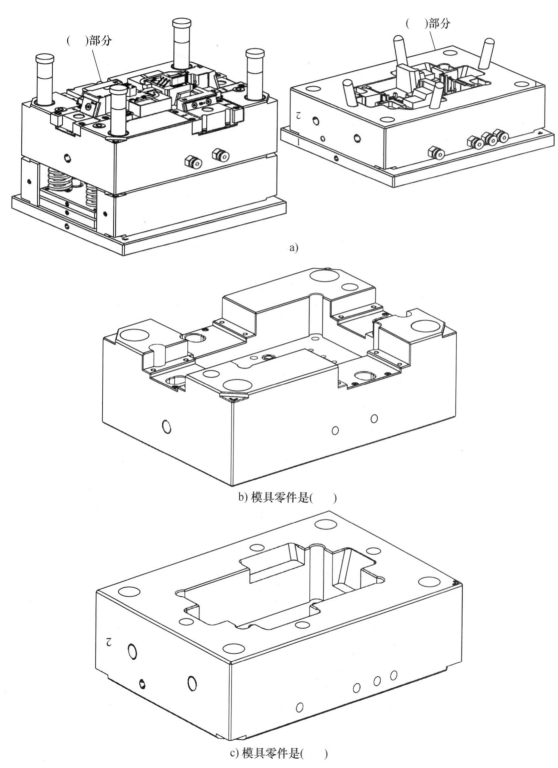

a)

b) 模具零件是( )

c) 模具零件是( )

图 5-165 塑件热流道注射模具零件结构

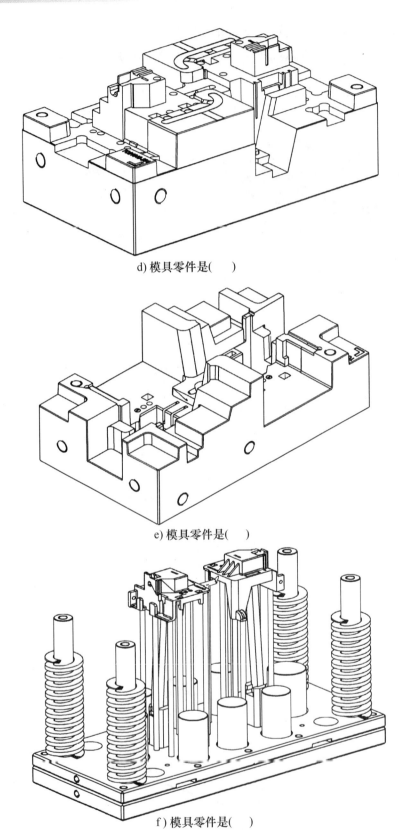

d) 模具零件是(　　)

e) 模具零件是(　　)

f) 模具零件是(　　)

图 5-165　塑件热流道注射模具零件结构（续）

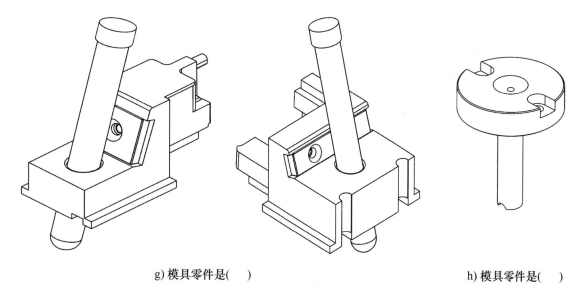

g) 模具零件是(　　)　　　　　　　　　　　　　　h) 模具零件是(　　)

图 5-165　塑件热流道注射模具零件结构（续）

学习评价

完成本项目的学习后进行学习评价，学习评价见表5-4。

表 5-4　学习评价表

任务评价	评价内容	参考分值	评价结果	评价人
素质目标评价	自主学习	5		
	交流、表达及互动	10		
	团队合作	5		
知识目标评价	掌握浇注系统的分类、结构特点	5		
	了解分型面选择的一般原则	5		
	掌握分型面形状及设计要点	10		
	掌握成型零部件结构特点及选择要求	5		
	掌握结构零部件结构特点及选择要求	5		
	了解注射模的模架国家标准及选择	5		
	掌握推出机构的分类、结构组成及特点	5		
	掌握侧向抽芯与分型机构分类、结构组成及特点	10		
	掌握温度调节系统分类、结构组成及特点	5		
	掌握塑料注射模具典型结构	5		
能力目标评价	掌握模具分型面示意图绘制及确定的能力	10		
	掌握典型塑料注射模具二、三维图的结构认知的能力	10		
总计		100		

📖 **拓展阅读**

大国重器——我国自主研发的超大型精密注塑机

近年来，我国塑料模具制造水平飞速发展，大型塑料模具的单套重量可以达到 50t 以上。而如此重量的模具需要超精密的大型注射机才能满足生产需求。以往，超大型注射机核心技术被国外企业垄断。2021 年，我国企业打破国际垄断，生产出了额定锁模力为 8500t、最大锁模力 9000t 的超大型注射机，这是目前我国自主研发生产的注射机当中最大的一台。这台超大型高精密注射机的成功研发，实现了国产超大型两板式注射机关键技术的突破，也创下了我国超大型精密注射机行业新纪录。

这台注射机长约 27m，整体高度超过 6m，接近两层楼的高度。它占地 251m^2，比 3 个羽毛球场还要大、单块模板铸造重量超过 140t。该注射机采用了当今世界领先的注射压缩控制技术、精密微开控制技术、双射台同步塑化及注射技术、低压注射成型工艺、智能锁模平行度控制技术。

思考与练习

一、填空题

1. 侧浇口又称为_____浇口。

2. 与注射机的动、定固定模板相连接的模具底板称为_____。

3. 单分型面注射模是注射模中最简单、最常见的一种结构形式，也称_____注射模。

4. 模具冷却装置的设计与使用的冷却介质、冷却方法有关。模具可以用水、压缩空气和冷凝水冷却，但用_____冷却最为普遍。

5. 在侧向分型与抽芯机构设计时，侧向抽芯距一般比塑件上侧凹、侧孔的深度或侧向凸台的高度大_____。

6. 导柱导向机构是比较常用的一种形式，其主要零件是导柱和_____。

7. 单推板二次推出机构是指在推出机构中只设置了一组_____和推杆固定板，而另一次推出则靠一些特殊机构的运动来实现。

8. 多型腔模具的型腔在模具分型面上的排布形式有平衡式布置和_____。

9. 在注射成型时往往会产生很大的侧向压力，如果仍然仅由导柱来承担，容易造成导柱的弯曲变形，甚至使导柱卡死或损坏，因此还应增设_____。

10. 在斜导柱侧向分型与抽芯机构中，斜导柱的倾斜角 α 的大小对斜导柱的_____、抽芯距、受力状况等具有直接的重要影响。

二、单项选择题

1. 图 5-166 所示浇口的类型是（　　）。

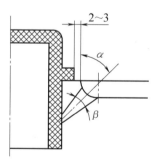

图 5-166　浇口

A. 直接浇口　　　　B. 潜伏浇口　　　　C. 爪型浇口　　　　D. 侧浇口

2. 对于大中型深型腔有底塑件，推件板推出时很容易形成真空，造成脱模困难或塑件撕裂，为此，应增设（　　）来解决。

A. 先复位装置　　B. 排气装置　　　　C. 进气装置　　　　D. 导向装置

3. 开模时，以注射机的开模力作为动力，通过有关传动零件（如斜导柱、弯销等）将力作用于侧向成型零件，使其侧向分型或将其侧向抽芯，合模时又靠它使侧向成型零件复位的机构，称为（　　）。

A. 液压侧向分型与抽芯机构   B. 手动侧向分型与抽芯机构

C. 气动侧向分型与抽芯机构   D. 机动侧向分型与抽芯机构

4. 注射成型时，型腔内的熔融塑料以很高的成型压力作用在侧型芯上，从而使侧滑块后退产生位移，侧滑块的后移将力作用到斜导柱上，导致斜导柱产生弯曲变形，因此必须要设置（   ）。

A. 定位装置   B. 液压装置   C. 锁紧装置   D. 导滑装置

5. 对于大型模具或垫块间跨距较大的情况，要保证动模支承板的刚强度，动模板厚度必将大大增加，这样既浪费了材料，又增加了模具重量。因此，通常在动模支承板下面加设（   ）。

A. 动模板   B. 定模板   C. 支承柱   D. 垫块

6. 构成模具型腔的所有零部件称为（   ）。

A. 成型零部件   B. 合模导向零部件

C. 推出零部件   D. 侧向抽芯零部件

7. 2007 年 4 月 1 日实施的国家标准《塑料注射模模架》将基本结构分为（   ）。

A. 直浇口型和大浇口型   B. 侧浇口型和大浇口型

C. 环形浇口型和点浇口型   D. 直浇口型和点浇口型

8. 合模导向机构主要用来保证动模和定模两大部分或模内其他零件之间准确对合，合模导向机构的结构形式主要有（   ）。

A. 导柱导向和平面定位   B. 导柱导向和锥面定位

C. 楔紧块导向和平面定位   D. 楔紧块导向和锥面定位

9. 侧向抽芯距一般比塑件上侧凹、侧孔的深度或侧向凸台的高度大（   ）。

A. 0.5~1mm   B. 2~3mm   C. 5~6mm   D. 9~10mm

10. 对于导向机构的作用，下面的描述中错误的是（   ）。

A. 导向   B. 定位

C. 固定   D. 承受一定侧向压力

三、简答题

1. 普通浇注系统由哪几部分构成？

2. 如何选取浇口套与定模座板、定模板、定位圈的配合精度？

3. 分流道截面形式有哪些？最常用的是哪几种形式？

4. 按形状不同，浇口分为哪几类？

5. 分别绘出侧浇口三种进料形式。

6. 分型面有哪些基本形式？

7. 何谓凹模（型腔）和凸模（型芯）？

8. 采用组合式型腔的优点有哪些？

9. 常用小型芯的固定方法有哪几种形式？分别使用在什么场合？

10. 指出支承零部件的组成和作用。

11. 国外模架有哪三大标准？

12. 实施模具标准化有什么好处？

13. 推出机构由哪三大结构组成？

14. 按模具的结构特征分类，推出机构可分为哪些？

15. 采用推杆推出机构时，推杆位置如何选择？

16. 绘出任意一种推件板脱模的结构。

17. 凹模脱模机构与推件板脱模机构在结构上有何不同？

18. 为什么要采用二次推出机构？

19. 为什么要采用定、动模双向顺序推出机构？

20. 阐述多型腔点浇口凝料自动推出的工作原理。

21. 侧向抽芯机构分为几类？

22. 侧向抽芯机构的主要组成元件有哪些？作用是什么？

23. 楔紧块的作用是什么？楔紧块的楔紧角如何选取？

24. 侧型芯滑块与导滑槽导滑的结构有哪几种？

25. 什么是侧抽芯时的干涉现象？如何避免侧抽芯时发生的干涉现象？

26. 常见的先复位机构有哪些？阐述其工作原理。

27. 弯销侧向抽芯机构的特点是什么？

28. 液压侧芯机构设计时应注意哪些问题？

29. 常见冷却系统的结构形式有哪几种？

30. 什么情况模具需要设置冷却系统？什么情况需要设置加热系统？

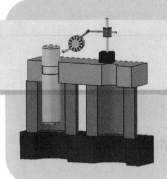

项目六

注射成型新技术的应用

学习目标

1) 了解热流道模具的基本结构特点。

2) 了解精密注射成型模具结构特点。

3) 了解气体辅助注射成型的原理与特点。

4) 了解中空吹塑成型的概念、分类及中空吹塑模具结构特点。

5) 了解共注射成型概念以及双色注射成型和双层注射成型特点。

6) 了解注射成型 CAE 技术特点及应用，注射成型流动模拟技术对于塑料产品开发、模具设计及产品加工所发挥的作用。

随着塑料产品的应用日益广泛和塑料成型工艺的飞速发展，人们对塑料制品的要求也越来越高。近几年来，科研人员及塑料成型工程师在如何扩大注射成型的应用范围、缩短成型周期、减少成型缺陷、提高塑件成型质量、降低生产成本等方面进行了深入的探讨、研究与实践，取得了可喜的成绩，模具的新技术和注射成型的新工艺层出不穷。本章主要介绍目前应用越来越广泛的热流道注射成型、气体辅助注射成型、精密注射成型、共注射成型以及模具 CAE 技术等。

任务一 认识热流道注射成型

热流道浇注系统也称无流道浇注系统，它是注射模浇注系统的重要发展方向。热流道成型是指从注射机喷嘴送往浇口的塑料始终保持熔融状态，在每次开模时不需要固化作为废料取出，滞留在浇注系统中的熔料可在再一次注射时被注入型腔的一种塑料成型工艺。

热流道浇注系统与普通浇注系统的区别在于整个生产过程中，浇注系统内的塑料始终处于熔融状态，压力损失小，可以对多点浇口、多型腔模具及大型塑件实现低压注射；没有浇注系统凝料，实现无废料加工，省去了去除浇口的工序，节约人力、物力。热流道注射模如图 6-1 所示。

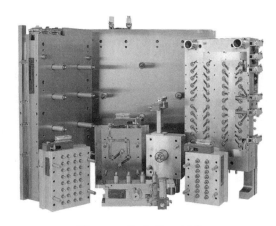

图 6-1　热流道注射模

采用热流道浇注系统成型塑件时，需要塑件原材料的性能有较强的适应性。这要求塑料具有如下特点。

（1）热稳定性好　塑料的熔融温度范围大，黏度变化小，对温度变化不敏感，在较低的温度下具有较好的流动性，在较高温度下也不易热分解。

（2）对压力敏感　不加注射压力时塑料熔体不流动，但施加较低的注射压力就流动。

（3）固化温度和热变形温度较高　塑件在比较高的温度下即可快速固化，缩短成型周期。

（4）比热容小　既能快速冷凝，又能快速熔融。

（5）导热性能好　能把树脂所带的热量快速传给模具，加速固化。

热流道是指在流道内或流道的附近设置加热器，利用加热的方法使注射机喷嘴到浇口之间的浇注系统处于高温状态，让浇注系统内的塑料在成型生产过程中一直处于熔融状态，保证注射成型的正常进行。热流道注射模不像绝热流道那样在使用前或使用后必须清除分流道中的凝料，在注射机开机前只要把浇注系统加热到规定的温度，分流道中的

图 6-2　热喷嘴

凝料就会熔融，注射工作就可开始。热流道系统一般由热喷嘴（图 6-2）、分流板（图 6-3）、温控箱（图 6-4）和附件等几部分组成。

热流道浇注系统的形式很多，但一般可分为单型腔热流道和多型腔热流道等几种。

图 6-3　分流板

图 6-4　温控箱

1. 单型腔热流道

延伸式喷嘴是一种最简单的型腔热流道，它是将普通注射机喷嘴加长后与模具上浇口部位直接接触的一种喷嘴，喷嘴自身装有加热器，型腔采用点浇口进料。为了避免喷嘴的热量过多地向低温的型腔模板传递，使温度难以控制，必须采取有效的绝热措施，常用的方法有塑料绝热和空气绝热。

图 6-5a 所示为塑料层绝热的延伸式喷嘴。喷嘴的球面与模具留有不大的间隙，在第一次注射时该间隙就被塑料所充满，固化后起绝热作用。与井式喷嘴相比，浇口不易堵塞，应用范围较广。由于绝热间隙存料，故不宜用于热稳定性差、容易分解的塑料。图 6-5b 所示为空气绝热的延伸式喷嘴。喷嘴与模具之间、浇口套与型腔模板之间，除了必要的定位接触之外，都留出有厚约 1mm 的间隙，此间隙被空气充满，起绝热作用。由于与喷嘴接触的浇口附近型腔壁很薄，为了防止被喷嘴顶坏或变形，喷嘴与浇口套之间应设置环形支承面。

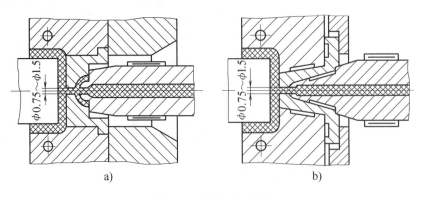

a)　　　　　　　　　　　　b)

图 6-5　延伸式喷嘴

2. 多型腔热流道

根据对分流道加热方法的不同，多型腔热流道可分为外加热式和内加热式。

（1）外加热式多型腔热流道　外加热式多型腔热流道可分为主流道型和点浇口型两种，比较常用的是点浇口型。为了防止注射生产中浇口固化，必须对浇口部分进行绝热。

图 6-6a 所示为喷嘴前端用塑料作为绝热的点浇口型热流道，喷嘴采用铍青铜制造；图 6-6b 所示为主流道型热流道，主流道型浇口在塑件上会残留有一段料把，脱模后还得把它去除。

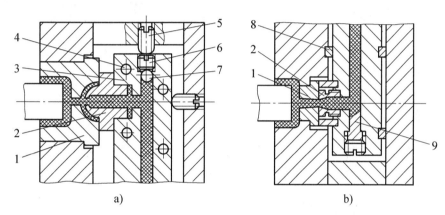

图 6-6　外加热式多型腔热流道

1—二级浇口套　2—二级喷嘴　3—热流道板　4—加热器孔
5—限位螺钉　6—螺塞　7—钢球　8—垫块　9—堵头

外加热式多型腔热流道注射模有一个特点，即模内必须设有一块用加热器加热的分流板（图 6-3），其主要任务是恒温地将熔体从主流道送入各个单独喷嘴。在熔体传送过程中，熔体的压力降尽可能减小，并不允许材料降解。分流板的形式根据型腔的数量与布置而定，可以是一字型、H 型、Y 型、十字型。

（2）内加热式多型腔热流道　内加热式多型腔热流道的特点是在喷嘴与整个流道中都设有内加热器。与外加热器相比，由于加热器安装在流道的中央部位，流道中的塑料熔体可以阻止加热器直接向分流道板或模板散热，因此其热量损失小，缺点是塑料易产生局部过热现象。图 6-7 所示为喷嘴内部安装棒状加热器的设计，加热器延伸到浇口

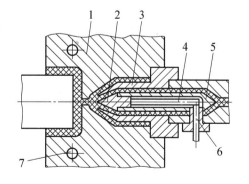

图 6-7　内加热式多型腔热流道

1—定模板　2—锥形头　3—喷嘴　4—加热器
5—鱼雷体　6—电源引线接头　7—冷却水道

的中心易冻结处，这样即使注射生产周期较长，仍能保证稳定的连续操作。

3. 阀式浇口热流道

对于注射成型熔融黏度很低的塑料，为避免浇口的流涎和拉丝现象，可采用阀式浇口热流道。阀式浇口热流道是一种国际上主要热流道供应商均提供的应用非常普遍的热流道浇注系统。这种系统是通过采用阀针，在控制装置的作用下，在预定的时刻以机械运动的方式来打开或关闭浇口。这种类型的热流道浇注系统具有很多外加热式多型腔热流道浇注系统无法具备的优点，如可人为控制浇口开关时间、浇口光滑平整、可扩大热流道技术应用领域等。

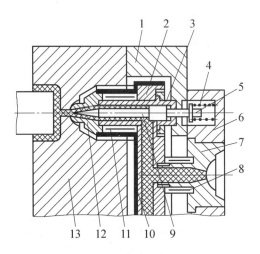

图 6-8 所示为多型腔阀式浇口热流道。在注射与保压阶段，浇口处的针阀 9 在熔体压力作用下打开，塑料熔体通过喷嘴进入型腔。保压结束后，在弹簧的作用下针阀将浇口关闭，型腔内的塑料就不能倒流，喷嘴内

图 6-8　多型腔阀式浇口热流道

1—定模座板　2—热流道板　3—喷嘴体
4—弹簧　5—活塞杆　6—定位圈　7—浇口套
8、11—加热器　9—针阀　10—绝热外壳
12—二级喷嘴　13—定模型腔板

的塑料也不会流涎。这种形式的热流道，实际上也是外加热式多型腔热流道的一种形式，同样也需要分流板，只是在喷嘴处采用了针阀控制浇口进料的形式而已。

任务二　认识气体辅助注射成型

一般的注射成型方法要求塑件的壁厚尽量均匀，否则在壁厚处容易产生缩孔和凹陷等缺陷。对于厚壁塑件，为了防止凹陷产生，需要加长保压补料时间，但是若厚壁的部位离浇口较远，即使过量保压，常常也难以奏效。同时，浇口附近由于保压压力过大，残余应力增大，容易造成塑件翘曲变形或开裂。采用气体辅助注射成型这一新工艺，可以较好地解决壁厚不均匀的塑件以及中空壳体的注射成型问题。

一、气体辅助注射成型的原理

气体辅助注射成型的原理较简单，如图 6-9 所示，成型时首先向型腔内注射经准确计量的熔体，然后经特殊的喷嘴在熔体中注入气体（一般为氮气），气体

扩散推动熔体充满型腔。充模结束后，熔体内气体的压力保持不变或者有所升高，来进行保压补料，冷却后排除塑件内的气体便可脱模。在气体辅助注射成型中，熔体的精确定量十分重要，若注入熔体过多，会造成壁厚不均匀；反之，若注入熔体过少，气体会冲破熔体，使成型无法进行。

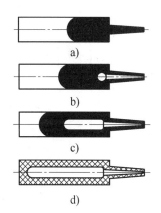

图 6-9　气体辅助注射成型原理

二、气体辅助注射成型的特点

与传统注射成型的方法相比较，气体辅助注射成型有如下特点：

1）能够成型壁厚不均匀的塑件及复杂的三维中空塑件。

2）气体从浇口至流动末端形成连续的气流通道，无压力损失，能够实现低压注射成型。由此能获得低残余应力的塑件，塑件翘曲变形小，尺寸稳定。

3）由于气流的辅助充模作用，提高了塑件的成型性能，因此采用气体辅助注射有助于成型薄壁塑件，减轻了塑件的重量。

4）由于注射成型压力较低，可在锁模力较小的注射机上成型尺寸较大的塑件。

气体辅助注射成型存在如下缺点：

1）需要增设供气装置和充气喷嘴，提高了设备的成本。

2）气体辅助注射成型对注射机的精度和控制系统有一定的要求。

3）在塑件注入气体与未注入气体的表面会产生不同的光泽。

三、气体辅助注射成型的分类及工艺过程

气体辅助注射成型只要在现有的注射机上增加一套供气装置即可实现。气体辅助注射成型的方法可分为标准成型法、熔体回流成型法和活动型芯退出法三种。

1. 标准成型法

标准成型法的特点是以定量塑料熔体填入型腔，而并不是充满型腔，所需塑料熔体的量要通过实验确定。

（1）气体从注射机喷嘴注入的标准成型法　气体从注射机喷嘴注入的标准成型法如图 6-10 所示。图 6-10a 所示为一部分熔体由注射机料筒注入模具型腔中；图 6-10b 所示为从注射机喷嘴通入气体推动塑料熔体充满型腔；图 6-10c 所示为升高气体压力，实现保压补料；图 6-10d 所示为保压后排去气体，塑件脱模。

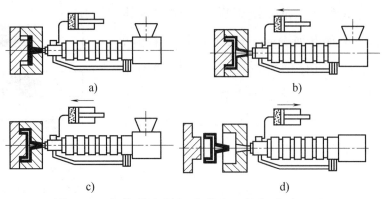

图 6-10 气体从注射机喷嘴注入的标准成型法

（2）气体从模具型腔内注入的标准成型法 气体从模具型腔内注入的标准成型法如图 6-11 所示。其工艺过程与上面介绍的气体从注射机喷嘴注入法几乎完全相同，只是气体的引入点不同。

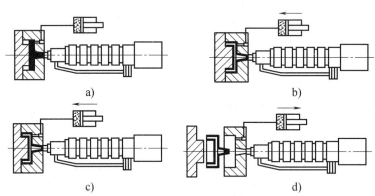

图 6-11 气体从模具型腔内注入的标准成型法

2. 熔体回流成型法

熔体回流成型法如图 6-12 所示。该方法气体辅助注射成型的特点是首先注射

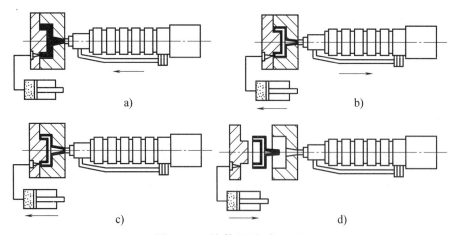

图 6-12 熔体回流成型法

的塑料熔体充满型腔。与标准成型法不同的是气体注入时，多余的熔体流回注射机的料筒。

3. 活动型芯退出法

活动型芯退出法如图 6-13 所示。图 6-13a 所示为熔体充满型腔并保压；图 6-13b 所示为注入气体，活动型芯从型腔中退出；图 6-13c 所示为升高气体的压力，实现保压补缩；图 6-13d 所示为排气，使塑件脱模。

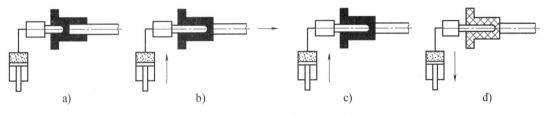

a)　　　　　　　b)　　　　　　　c)　　　　　　　d)

图 6-13　活动型芯退出法

任务三　认识中空吹塑成型

中空吹塑成型（简称吹塑）是将处于高弹态（接近于黏流态）的塑料型坯置于模具型腔内（图 6-14），借助压缩空气将其吹胀，使之紧贴于型腔壁上，经冷却定型得到中空塑件的成型方法。中空吹塑成型主要用于瓶类、桶类、罐类、箱类等的中空塑料容器，如加仑筒、化工容器、饮料瓶等（图 6-15）。

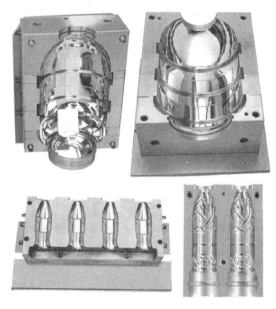

图 6-14　中空吹塑模具　　　　　　　　图 6-15　中空吹塑产品

一、中空吹塑成型的分类及成型工艺过程

中空吹塑成型的方法很多，主要有挤出吹塑、注射吹塑、多层吹塑和片材吹塑等。

1. 挤出吹塑成型

挤出吹塑是成型中空塑件的主要方法，成型工艺过程如图 6-16 所示。首先由挤出机挤出管状型坯，如图 6-16a 所示；而后趁热将管状型坯夹入吹塑模具的瓣合模中，通入一定压力的压缩空气进行吹胀，使管状型坯扩张紧贴型腔，如图 6-16b、c 所示；在压力下充分冷却定型，开模取出塑件，如图 6-16d 所示。

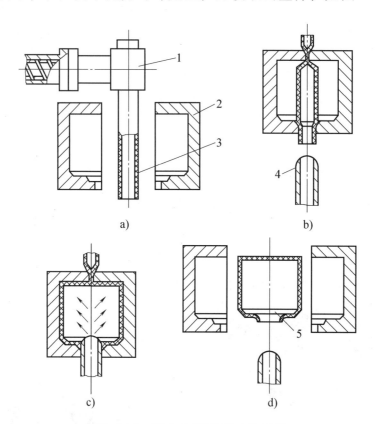

图 6-16　挤出吹塑成型工艺过程

1—挤出机头　2—吹塑模　3—管状型坯　4—压缩空气吹管　5—塑件

挤出吹塑成型方法的优点是模具结构简单，投资少，操作容易，适用于多种热塑性塑料中空制件的吹塑成型。缺点是成型的制件壁厚不均匀，需要后加工，以去除飞边和余料。

2. 注射吹塑成型

注射吹塑是一种综合注射与吹塑工艺特点的成型方法，主要用于成型各类饮料瓶以及精细包装容器。注射吹塑成型可以分为热坯注射吹塑成型和冷坯注射吹塑成型两种。

热坯注射吹塑成型工艺过程如图6-17所示。首先注射机将熔融塑料注入注射模内形成型坯2，型坯成型用的芯棒（型芯）3是壁部带微孔的空心零件，如图6-17a所示；接着趁热将型坯连同芯棒转位至吹塑模内，如图6-17b所示；然后向芯棒的内孔通入压缩空气，压缩空气经过芯棒壁微孔进入型坯内，使型坯吹胀并贴于吹塑模的型腔壁上，如图6-17c所示；再经保压、冷却定型后放出压缩空气，开模取出制件，如图6-17d所示。

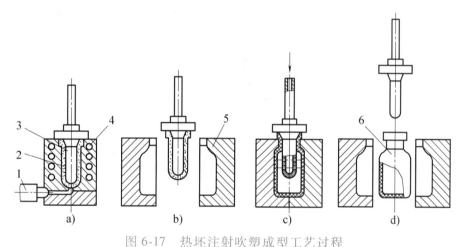

图6-17　热坯注射吹塑成型工艺过程

1—注射机喷嘴　2—型坯　3—芯棒（型芯）　4—加热器　5—吹塑模　6—塑件

冷坯注射吹塑成型工艺过程与热坯注射吹塑成型工艺过程的主要区别在于，型坯的注射和塑件的吹塑成型分别在不同设备上进行，首先注射形成型坯，再将冷却的型坯重新加热后进行吹塑成型。冷坯注射吹塑成型的好处在于：一方面，专业塑料注射厂可以集中生产大量冷坯，另一方面，吹塑厂的设备结构相对简单。但是在拉伸吹塑之前，为了补偿冷坯冷却散发的热量，需要进行二次加热，以保证型坯达到拉伸吹塑成型温度，所以浪费能源。

对于细长或深度较大的容器，有时还要采用注射拉伸吹塑成型。该方法将经注射成型的型坯加热至塑料理想的拉伸温度，经内部的拉伸芯棒或外部的夹具借机械作用力进行纵向拉伸，再经压缩空气吹胀进行横向拉伸成型。其工艺过程如图6-18所示。首先在注射成型工位注射成型一空心带底型坯，如图6-18a所示；然后打开注射模将型坯迅速移到拉伸和吹塑工位，进行拉伸和吹塑成型，如图6-18b、c所示；最后经保压、冷却后开模取出塑件，如图6-18d所示。相较于其他注射吹塑成型产品，注射拉伸吹塑成型产品的透明度、抗冲击强度、表面硬度、刚度和气体阻透性都有很大提高，其最典型的产品是线型聚酯饮料瓶。

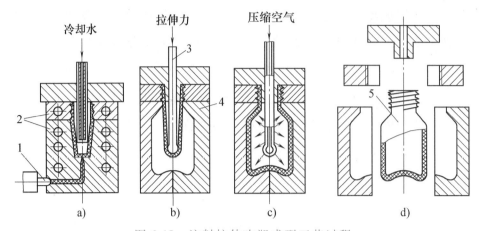

图 6-18　注射拉伸吹塑成型工艺过程

1—注射机喷嘴　2—注射模　3—拉伸芯棒　4—吹塑模　5—塑件

图 6-19 所示为圆周排列的热坯注射拉伸吹塑成型的装置，一共有四个工位。第一个工位用于注射；第二个工位用于拉伸与吹塑；第三个工位用于开模取件；第四个工位为空工位。在实际应用中，视机器结构的不同，工位既可以圆周排列，也可以直线排列。用这种成型方法省去了冷型坯的再加热，所以节省能量，同时由于型坯的制取和拉伸吹塑在同一台设备上进行，虽然设备结构比较复杂，但占地面积小，生产易于进行，自动化程度高。

注射吹塑成型方法的优点是制件壁厚均匀，无飞边，不必进行后加工。由于注射得到的型坯有底，故制件底部没有接合缝，外观质量明显优于挤出吹塑，强度高，生产率高，但成型的设备复杂、投资大，多用于小型塑料容器的大批量生产。

3. 多层吹塑

多层吹塑是指不同种类的塑料，经特定的挤出机头形成一个坯壁分层而又黏合在一起的型坯，再经多层吹塑制得

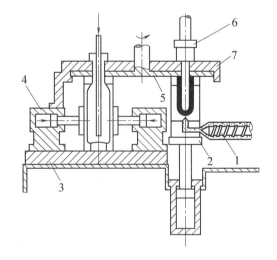

图 6-19　圆周排列的热坯注射拉伸吹塑成型的装置

1—注射机喷嘴　2—下锁模板　3—下模固定板　4—吹塑合模液压缸　5—旋转顶板　6—上锁模板（可动型芯）　7—上基板

多层中空塑件的成型方法。

发展多层吹塑的主要目的是解决单独使用一种塑料不能满足使用要求的问题。例如单独使用聚乙烯，虽然无毒，但它的气密性较差，所以其容器不能盛装带有气味的食品，而聚氯乙烯的气密性优于聚乙烯，可以采用外层为聚氯乙烯、内层为聚乙烯的容器，气密性好且无毒。

应用多层吹塑一般是为了提高气密性、着色装饰、回料应用、立体效应等，为此分别采用气体低透过率材料与高透过率材料的复合、发泡层与非发泡层的复合、着色层与本色层的复合、回料层与新料层的复合以及透明层与非透明层的复合。

多层吹塑的主要问题在于层间的熔接与接缝的强度问题，除了选择塑料的种类外，还要求有严格的工艺条件控制与挤出型坯的质量技术；由于多种塑料的复合，塑料的回收利用比较困难；机头结构复杂，设备投资大，成本高。

二、中空吹塑制件结构工艺性

进行中空塑件的结构设计时，要综合考虑塑件的使用性能、外观、可成型性与成本等因素，应注意以下方面。

（1）圆角　中空吹塑制品的转角、凹槽与加强肋要尽可能采用较大的圆弧或球面过渡，以利于成型和减小这些部位的变薄，获得壁厚较均匀的塑件。

（2）支承面　当中空制件需要由一个面为支承时，一般应将该面设计成内凹形。这样不但支承平稳，而且具有较高的耐冲击性能。在图 6-20 所示的设计中，图 6-20a 是合理的，而图 6-20b 是不合理的。

（3）脱模斜度　由于中空吹塑成型不需要凸模，且收缩大，故在一般情况下，脱模斜度即使为零也可脱模。

（4）螺纹　中空吹塑成型的螺纹截面通常为梯形或半圆形，而不采用普通

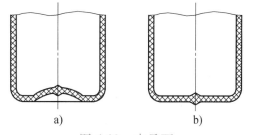

图 6-20　支承面

细牙或粗牙螺纹，这是因为后者难以成型。为了便于清理制件上的飞边，在不影响使用的前提下，螺纹可制成断续的，即在分型面附近的一段塑件上不带螺纹。例如，图 6-21b 比图 6-21a 更容易清除飞边。

（5）刚度　为提高容器刚度，一般在圆柱容器上贴商标区开设圆周槽，圆周

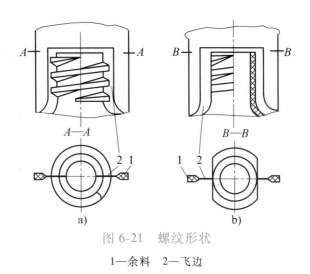

图 6-21 螺纹形状

1—余料 2—飞边

槽的深度宜小些,如图 6-22a 所示。在椭圆形容器上也可以开设锯齿形水平装饰纹,如图 6-22b 所示。这些槽和装饰纹不能靠近容器肩部或底部,以免造成应力集中或降低纵向强度。

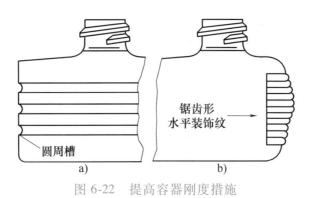

图 6-22 提高容器刚度措施

(6)纵向强度 包装容器在使用时,要承受纵向载荷作用,故容器必须具有足够的纵向强度。

三、挤出吹塑模具

挤出吹塑模具通常由两瓣合成(即对开式),对于大型吹塑模可以设冷却水通道,模口部分做成较窄的切口,以便切断型坯。由于吹塑过程中型腔压力不大,一般压缩空气的压力为 0.2~0.7MPa,故可供选择做模具的材料较多,最常用的材料有铝合金、锌合金等。由于锌合金易于铸造和机械加工,多用它来制造形状不规则的容器。对于大批量生产硬质塑件的模具,也可选用钢材制造,淬火硬度为 40~44HRC,型腔可抛光镀铬,使容器具有光泽的表面。

根据模具的结构不同，吹塑模可分为上吹口和下吹口两类。图 6-23 所示为典型的上吹口吹塑模具结构，合模后压缩空气由模具上端吹入型腔。图 6-24 所示为典型的下吹口吹塑模具结构，工作时料坯套在底部芯轴上，压缩空气自芯轴吹入。

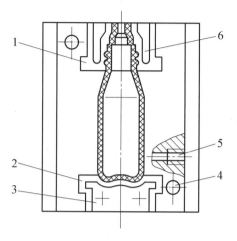

图 6-23　上吹口吹塑模具结构

1—吹口镶块　2—底部镶块　3、6—余料槽　4—导柱　5—冷却水道

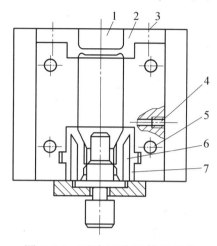

图 6-24　下吹口吹塑模具结构

1、6—余料槽　2—底部镶块　3—螺钉　4—冷却水道　5—导柱　7—瓶颈（吹口）镶块

任务四　认识精密注射成型

　　精密注射成型主要是区别于"常规注射成型"，是成型尺寸和形状精度很高、表面粗糙度值很小的塑件采用的注射工艺方法。随着高分子材料的迅速发展，塑件在仪表、电子领域中的应用日益广泛，并且不断地代替传统的金属零部件。因此，对于它们的精度要求越来越高，而这些精度要求若采用普通注射成型方法难以达到，所以精密注射成型应运而生，并且正在迅速发展和完善。

　　精密注射成型是一门涉及原材料性能、配方、成型工艺及设备等多方面的综合技术，这类产品的显著特点是不但尺寸精度要求高，而且对制品的内在质量和成品率要求也极高。成型制品的模具精度是决定该制品能否达到设计要求的尺寸公差的重要条件，而精密注射机是保证制品始终在所要求的尺寸公差范围内成型，以及保证极高成品率的关键设备。

一、精密注射成型工艺特点

　　精密注射成型的主要工艺特点是注射压力高、注射速度快和温度控制精确。

1. 注射压力高

普通注射所用的注射压力一般为 40~200MPa，而对于精密注射则要提高到 180~250MPa，在某些特殊情况下甚至要求更高一些（目前最高已达415MPa）。采取这种做法的原因有以下几点。

1）提高注射压力可以增大塑料熔体的体积压缩量，降低塑件的收缩率以及收缩率的波动数值。

2）提高注射压力可以增大流动距离比，因此有助于改善塑件的成型性能并能成型超薄壁厚塑件。

3）提高注射压力有助于充分发挥注射速度的功效，这是因为形状复杂的塑件一般都必须采用较快的注射速度，而较快的注射速度又必须靠较高的注射压力来保证。

2. 注射速度快

注射成型时，如果采用较快的注射速度，不仅能够成型形状比较复杂的塑件，还能减小塑件的尺寸公差。

3. 温度控制精确

温度对塑件成型质量影响很大，对于精密注射成型，不仅存在温度过高或过低的问题，还存在温度控制精度的问题。很显然，在精密注射成型过程中，如果温度控制得不精确，则塑料熔体的流动性以及塑件的成型性能和收缩率就会不稳定，因此也就无法保证塑件的精度。从这个角度来讲，采用精密注射成型时，不论是料筒和喷嘴，或是注射模具，都必须严加控制它们的温度范围。

二、精密注射成型工艺对注射机的要求

由于精密注射成型具有较高的精度要求，所以，它们一般都需要在专门的精密注射机上进行，精密注射成型工艺对注射机的要求如下。

1. 注射功率大

精密注射机一般都采用比较大的注射功率，这样做除了可以满足注射压力和注射速度方面的要求之外，还会对塑件质量起到一定的改善作用。

2. 控制精度高

精密注射机的控制系统一般都具有很高的控制精度，这一点是精密注射成型精度本身所要求的。精密注射成型对于注射机控制系统的要求如下：

1）注射机控制系统必须保证各种注射工艺参数具有良好的重复精度（即再

现性），以避免精密注射成型精度因工艺参数波动而发生变化。

2）注射机对其合模系统的锁模力大小必须能够精确控制，否则，过大或过小的锁模力都会对塑件精度产生不良影响。

3）精密注射机必须具有很强的塑化能力，并且还要保证注射的塑料能够得到良好的塑化效果。

4）精密注射机控制系统还必须对液压回路中的工作液温度进行精确控制，以防工作液因为温度变化而引起黏度和流量变化，并进一步导致注射工艺参数变动，从而使塑件失去应有的精度。

3. 液压系统的反应速度要快

由于精密注射经常采用高速成型，所以也要求为注射服务的液压系统必须具有很快的反应速度，以满足高速成型对液压系统的工艺要求。

4. 合模系统要有足够的刚性

由于精密注射需要的注射压力较高，因此，注射机合模系统必须具有足够的刚性，否则，精密注射成型精度将会因为合模系统的弹性变形而下降。

三、精密注射成型对注射模的要求

1. 模具应有较高的设计精度

模具精度虽然与加工和装配技术密切相关，但若在设计时没有提出恰当的技术需求，或者模具结构设计得不合理，那么无论加工和装配技术多么高，模具精度仍然不能得到可靠保证。为了保证精密注射模不因设计问题影响精度，需要注意下面几点：

（1）零部件的精度和技术要求应与精密注射成型精度相适应　欲要使模具保证塑件精度，首先要求型腔精度和分型面精度必须与塑件精度相适应。一般来讲，精密注射型腔的尺寸公差应小于塑件公差的三分之一，并需要根据塑件的实际情况具体确定。

模具中的结构零部件虽然不会直接参与注射成型，但是能影响型腔精度，并进而影响精密注射成型精度。表 6-1 所示是由日本推荐的普通注射模的结构零部件精度与技术要求。若要用于精密注射模，表中有关的公差数值应缩小一半以上。

表 6-1　普通注射模的结构零部件精度与技术要求

模具零件	部 位	要　　　求	标　准　值	
模 板	单块厚度	上、下平行度	0.02/300 以下	
	组装厚度	上、下平行度	0.01/300 以下	
	导向孔(或导套安装孔)、导柱安装孔	直径精度	JIS H7	
		动、定模上的位置同轴度	±0.02mm 以下	
		与模板平面垂直度	0.02/100 以下	
	推杆孔复位杆孔	直径精度	JIS H7	
		与模板平面垂直度	不大于 0.02mm/配合长度	
导 柱	固定部分	直径精度,磨削加工	JIS K6、K7、m6	
	滑动部分	直径精度,磨削加工	JIS f7、e7	
	垂直度	无弯曲	0.02/100 以下	
	硬度	淬火、回火	55HRC 以上	
导 套	外径	直径精度,磨削加工	JIS K6、K7、m6	
	内径	直径精度,磨削加工	JIS H7	
	内、外径关系	同轴度	0.01mm	
	硬度	淬火、回火	55HRC 以上	
推 杆复位杆	滑动部分	直径精度,磨削加工	$\phi(2.5\sim5)$mm	极限偏差 −0.01~0.03mm
			$\phi(6\sim12)$mm	极限偏差 −0.02~0.05mm
	垂直度	无弯曲	0.10/100 以下	
	硬度	淬火、回火或渗氮	55HRC 以上	
推杆、复位杆固定板	推杆安装孔	孔距尺寸与模板上的孔距相同,直径精度	孔极限偏差　±0.30mm	
	复位杆安装孔		孔极限偏差　±0.10mm	
抽芯机构	滑动配合部分	滑畅、不会卡死	JIS H7、e6	
	硬度	导滑部分双方或一方淬火	50~55HRC	

　　(2) 确保动、定模的对合精度　普通注射模主要依靠导柱导向机构保证其对合精度,但是,由于导柱与导向孔的间隙配合性质,两者之间或大或小总有一定间隙,该间隙经常影响模具在注射机上的安装精度,导致动模和定模两部分发生错位,因此很难用来注射精密塑件。

　　(3) 模具结构应有足够的结构刚度　一般来说,精密注射模必须具有足够的结构刚度,否则,它们在注射压力或锁模力作用下将会发生较大的弹性变形,从而引起模具精度发生变化,并因此影响塑件精度。

（4）模具中活动零部件的运动应当准确　在精密注射模中，如果活动零部件（如侧型芯滑块）运动不准确，即每次运动之后不能准确地返回到原来的位置，那么无论模具零件的加工精度有多高，模具本身的结构精度以及塑件的精度都会因此而出现很大波动。

2. 浇注系统与控温系统的要求

设计精密注射模时，如果模具结构或温度控制系统设计不当，容易使塑件出现收缩率不均匀的现象，这种现象对塑件的精度以及塑件精度的稳定性均会产生不良影响。

3. 脱模推出机构的要求

精密注射成型的塑件的尺寸一般都不太大，壁厚也比较薄，有的还带有许多薄肋，因此很容易在脱模时产生变形，而且这种变形必然会造成塑件精度下降。

任务五　认识共注射成型

使用两个或两个以上注射系统的注射机，将不同品种或者不同色泽的塑料同时或先后注射入模具型腔内的成型方法，称为共注射成型。该成型方法可以生产多种色彩或多种塑料的复合塑件。共注射成型用的注射机称多色注射机。使用两个品种的塑料或者一个品种两种颜色的塑料进行共注射成型时，有两种典型的工艺方法：一种是双色注射成型，另一种是双层注射成型。

一、双色注射成型

双色注射成型的设备有两种形式，一种是两个注射系统（料筒、螺杆）和两副相同模具共用一个合模系统，如图 6-25 所示。模具固定在一个回转板 7 上，当注射系统 5 向模内注入一定量的 A 种塑料（未充满）后，回转板迅速转动，将该模具送到注射系统 2 的工作位置上，注射系统 2 马上向模内注入 B 种塑料，直到充满型腔为止。然后塑料经过保压和冷却定型后脱模。用这种形式可以生产分色明显的混合塑件。

另一种形式是两个注射系统共用一个喷嘴，如图 6-26 所示。喷嘴通路中装有启闭阀 2，当其中一个注射系统通过喷嘴 1 向模具型腔中注射一定量的塑料熔体后，与该注射系统相连通的启闭阀关闭，与另一个注射系统相连的启闭阀打开，该注射系统中的另一种颜色的塑料熔体通过同一个喷嘴被注射入同一副模具型腔中直至充

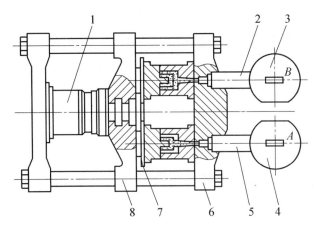

图 6-25　共用一个合模系统的双色注射成型

1—合模液压缸　2—注射系统 *B*　3、4—料斗　5—注射系统 *A*

6—注射机固定模板　7—回转板　8—注射机移动模板

满，经冷却定型后就得到了双色混合的塑件。实际上，注射工艺制定好后，调整启闭阀开合及换向的时间，就可生产出各种混合花纹的塑件。

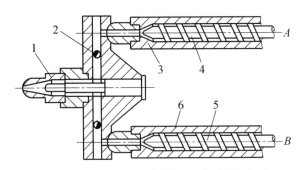

图 6-26　共用一个喷嘴的双色注射成型

1—喷嘴　2—启闭阀　3—注射系统 *A*　4—螺杆 *A*　5—螺杆 *B*　6—注射系统 *B*

二、双层注射成型

双层注射成型的原理如图 6-27 所示。注射系统由两个互相垂直安装的螺杆 *A* 和螺杆 *B* 组成，两螺杆的端部是一个交叉分配的喷嘴 1。注射时，其中一个螺杆将第一种塑料注射入模具型腔，当注入模具型腔的塑料与型腔表壁接触的部分开始固化，而内部仍处于熔融状态时，另一个螺杆将第二种塑料注入型腔，后注入的塑料不断地把前一种塑料朝着模具成型表壁推压，而其本身占据模具型腔的中间部分，冷却定型后，就可以得到先注入的塑料形成外层、后注入的塑料形成内层的包覆塑件。双层注射成型可使用新旧不同的同一种塑料成型具有新塑料性能的塑件。通常塑件内部为旧料，外表为新料，且保证有一定的厚度，这样，塑件的冲击强度和弯曲强度几乎与全部用新料成型的塑件相同。此外，也可采用不同颜色或不同性能品种的塑料相组合，而获得具有某些优点的塑件。

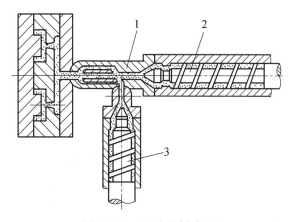

图 6-27　双层注射成型

1—交叉喷嘴　2—螺杆 B　3—螺杆 A

双层注射方法最初是为了能够封闭电磁波的导电塑件而开发的，这种塑件外层采用普通塑料，起封闭电磁波的作用；内层采用导电塑料，起导电的作用。但是，双层注射成型方法问世后，受到汽车工业重视，因为它可以用来成型汽车中各种带有软面的装饰品以及缓冲器等外部零件。近年来，在对双层和双色注射成型塑件的品种和数量需求不断增加的基础上，又出现了三色甚至多色花纹等新的共注射成型工艺。

任务六　认识注射成型 CAE 技术

注射成型是一个复杂的加工过程。同时由于材料本身的特性，塑料制品的多样性、复杂性和工程技术人员经验的局限性，缺乏理论的有效指导，长期以来，工程技术人员很难精确地设置制品最合理的加工参数，选择合适的塑料材料和确定最优的工艺方案。模具工作者只能依据自身经验和简单公式设计模具和制定成型工艺。设计的合理性只能通过试模才能知道，制造的缺陷主要靠修模来纠正，即依赖于经验及"试错法"：设计→试模→修模，如图 6-28 所示。这类经验的积累需要几年至十几年，以时间、金钱为代价并且不断重复。同时模具开发的周期长，成本高，模具及工艺只是"可行"的，而非"优化"的，市场需求的变化会使原来的经验失去作用，市场经济使得传统

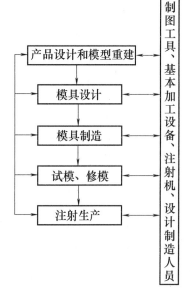

图 6-28　传统模具开发流程

的设计方法逐步丧失竞争力。随着新材料和新成型方法的不断出现，问题更加突出。而在实际生产中，对于大型、复杂、精密模具，仅凭有限的经验难以对多种影响因素作综合考虑和正确处理，传统方法已无法适应现代塑料工业蓬勃发展的需要。

计算机辅助工程（Computer Aided Engineering，CAE），是广义 CAD/CAM 中的一个主要内容。模具成型计算机辅助分析已成为塑料产品开发、模具设计及产品加工中这些薄弱环节的最有效途径。注射成型 CAE 技术是 CAE 技术中一个重要的组成部分，是一种专业化的有限元分析技术，注射成型 CAE 技术建立在科学计算的基础上，融合计算机技术、塑料流变学、弹性力学、传热学的基本理论，建立塑料熔体在模具型腔中流动、传热的物理、数学模型，利用数值计算理论构造其求解方法，利用计算机图形学技术在计算机屏幕上形象、直观模拟实际成型中熔体的动态填充、冷却等过程，定量地给出成型过程中的状态参数（如压力、温度、速度等）。将试模过程全部用计算机进行模拟，并显示出分析结果。利用计算机的高速度，在模具设计阶段对各种设计方案进行比较和评测，在设计阶段及时发现问题，避免了在模具加工完成后在试模阶段才能发现问题的尴尬。

注射成型 CAE 软件的应用过程如图 6-29 所示。首先根据制品的几何模型剖分具有一定厚度的三角形单元，对各三角形单元在厚度方向上进行有限差分网格剖分，在此基础上，根据熔体流动控制方程在中性层三角形网格上建立节点压力与流量之间的关系，得到一组以各节点压力为变量的有限元方程，

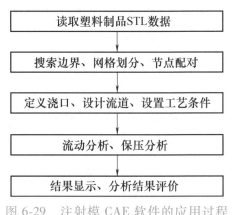

图 6-29　注射模 CAE 软件的应用过程

解方程组求得节点压力分布，同时将能量方程离散到有限元网格和有限差分网格上，建立以各节点在各差分层对应位置的温度为未知量的方程组，求解方程组得到节点温度在中性层上的分布及其在厚度方向上的变化，由于压力与温度通过熔体黏度互相影响，因此必须将压力场与温度场进行迭代耦合。

注射成型流动模拟技术不断改进和发展，经历了从中面流技术到双面流技术再到实体流技术这三个具有重大意义的里程碑。塑料熔体流动模拟如今主要采用的是美国 Autodesk 公司的三维真实感流动模拟软件 Moldflow、华中理工大学华塑 CAE 及郑州工业大学的 Z-mold 等。

以 Autodesk 公司的 Moldflow Insight 软件为例，作为 Autodesk 数字样机解决方案中的组成部分，提供了注射成型仿真工具，用于创建数字样机。Autodesk Moldflow Insight 软件提供深入的塑料零件和相关注射模具的验证和优化，帮助人们研究目前的注射成型工艺。汽车、消费电子、医疗和包装行业的顶尖制造商都在使用 Autodesk Moldflow Insight 软件，帮助他们减少昂贵的模具修改费用和对物理样机的需求，将生产时拆卸模具造成的延迟降到最低，使创新产品更快上市。

1. 塑料流动仿真

对熔融塑料的流动情况进行仿真，优化零件和模具设计，降低零件潜在缺陷，改进成型工艺，如图 6-30 所示。

发现潜在零件缺陷，如熔接痕、困气和缩痕，进行重新设计，以避免这些问题。对热塑性塑料注射成型工艺中的

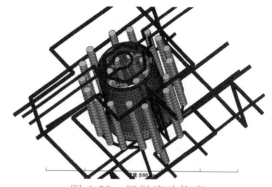

图 6-30　塑料流动仿真

填充阶段进行仿真，预测熔融塑料的流动模式是否均匀，避免短射，消除或尽量避免熔接痕和困气或者改变其位置。

2. 浇注系统仿真

建模并优化冷热流道系统和浇口配置。改进零件外观，很大程度地减少零件翘曲，缩短成型周期。

3. 模具冷却仿真

改进冷却系统的效率和注射零件的外观，很大程度地减少零件翘曲，使表面光滑，并缩短周期。

4. 收缩和翘曲仿真

评估零件和模具设计，以帮助控制收缩和翘曲。

任务七　掌握典型热流道模具结构的介绍

图 6-31 所示是一副典型的热流道模具的三维结构图。

下面展示的是两幅热流道模具实物图，如图 6-32a、b 所示。

下面从塑件产品分析、确定分型面位置、确定型腔数量和排列方式、确定模具结构形式、确定成型工艺、计算分析、塑件热流道注射模具浇注系统的选择、

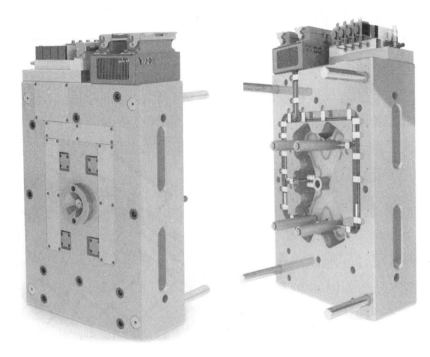

图 6-31　典型热流道模具的三维结构图

a)

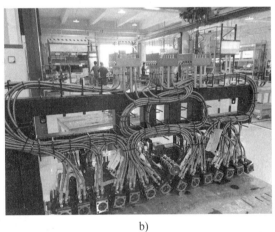

b)

图 6-32　典型热流道模具实物图

塑件热流道注射模浇注系统零部件的设计以及模具结构总装图的
绘制等方面来详细介绍热流道注射模具的设计过程。

项目训练

　　这是一副卡扣塑件的热流道注射模具，如图 6-33 所示。卡扣塑件的三维模型
图及实物图如图 6-34、图 6-35 所示。

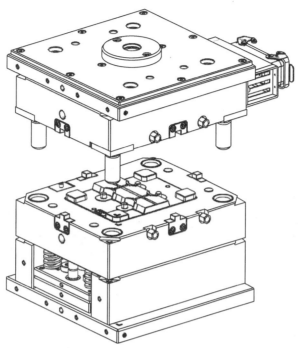

图 6-33 卡扣塑件的热流道注射模具

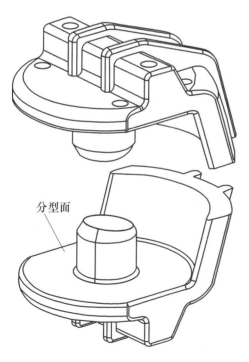

分型面

图 6-34 卡扣塑件三维模型图

图 6-35 卡扣塑件的实物图

　　仔细分析该卡扣塑件热流道注射模具的结构特点，认真填写图 6-36 括号内的模具结构名称。

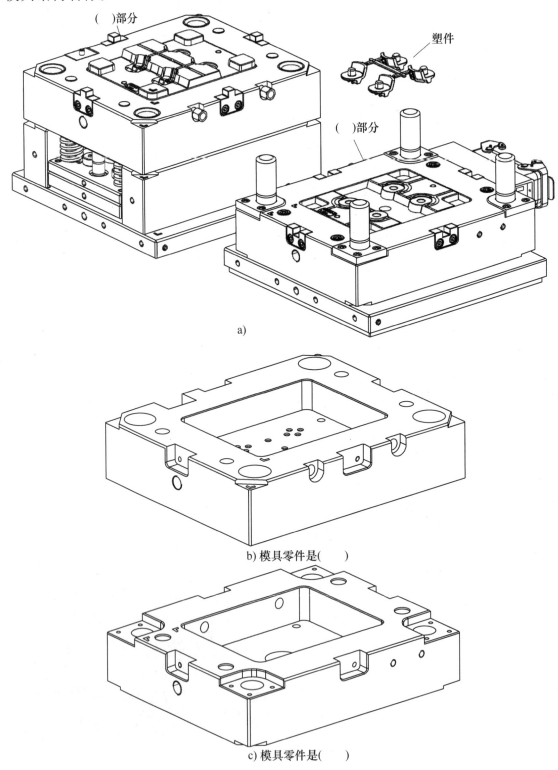

a)

b) 模具零件是(　　)

c) 模具零件是(　　)

图 6-36　卡扣塑件热流道注射模具零件结构

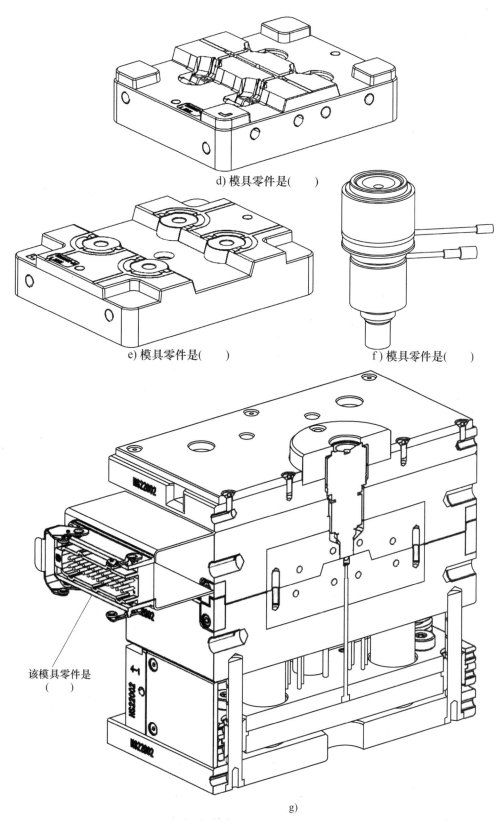

d) 模具零件是(　　)

e) 模具零件是(　　)

f) 模具零件是(　　)

该模具零件是
(　　)

g)

图 6-36　卡扣塑件热流道注射模具零件结构（续）

学习评价

完成本项目的学习后进行学习评价，学习评价见表 6-2。

表 6-2　学习评价表

任务评价	评价内容	参考分值	评价结果	评价人
素质目标评价	自主学习	5		
	交流、表达及互动	10		
	团队合作	5		
知识目标评价	了解热流道模具的分类及特点	5		
	掌握典型热流道模具结构	10		
	掌握热流道注射模结构设计	10		
	了解精密注射成型模具结构特点	5		
	了解气体辅助注射成型的原理与特点	5		
	了解中空吹塑成型分类及模具结构特点	5		
	了解双色注射成型和双层注射成型特点	5		
	了解注射成型 CAE 技术特点及应用	5		
能力目标评价	掌握热流道注射模设计的能力	15		
	掌握读懂热流道注射模结构示意图的能力	15		
	总计	100		

 拓展阅读

解决工程塑料的卡脖子问题
——聚芳硫醚砜（PASS）的突破

聚芳硫醚砜（PASS）是一种尖端高分子聚合材料，被誉为"塑料黄金"，它是被誉为世界第六大工程塑料、八大宇航材料之一的聚苯硫醚（PPS）的结构改性产品。聚芳硫醚砜具有高强度、耐高温、耐辐射、自阻燃、环境友好等优良特性，被广泛应用于军工航天航空、电子、汽车、环保和石化等领域，例如，聚芳硫醚砜可制备成性能极好的各类耐腐蚀分离膜，适合制备高附加值的功能性薄膜制品。由于这种材料具有极高的军事价值，在我国实现工业化生产之前，国外一直对我国实行技术封锁和原材料禁运。此前只有国外极少数国家能够生产，市场价格高昂。

2016 年，我国科学技术团队历经十多年的研发，攻克了国内聚苯硫醚和聚芳硫醚砜技术工艺上的难关，填补了国内空白。中国首条年产量为 1000t 的聚芳硫醚砜生产线在四川投产，实现了聚芳硫醚砜的工业化生产。这是我国在新材料领域迈出的又一大步，打破了国外企业在国际市场的垄断局面。2018 年，第二条聚芳硫醚砜生产线在新疆建成投产。新疆生产线的产能是四川的三倍，对缓解我国聚芳硫醚砜产品的供应有着重大意义。

思 考 与 练 习

一、填空题

1. 使用两个品种的塑料或者一个品种两种颜色的塑料进行共注射成型时，有两种典型的工艺方法：一种是_____；另一种是双层注射成型。

2. 采用气体辅助注射成型的新工艺，可以较好地解决_____的塑件以及中空壳体塑件的注射成型问题。

3. 气体辅助注射成型可分为标准成型法、_____和活动型芯法三种。

4. 注射吹塑成型主要用于成型各类饮料瓶以及精细包装容器，可以分为_____注射吹塑成型和_____注射吹塑成型两种。

5. 对于细长或深度较大的容器，有时还要采用_____吹塑成型。

二、判断题

1. 挤出吹塑的优点是注射得到的型坯有底，制件底部没有接合缝，外观质量明显优于注射吹塑，强度高，生产率高。（　　　）

2. 当中空制件需要用一个面作支承时，一般应将该面设计成内凹形。这样不但支承平稳而且具有较高的耐冲击性能。（　　　）

3. 如图 6-37 所示，该模具是注射吹塑模具。（　　　）

4. 分流板又叫热流道分流板，是热流道系统的中心部件。作用是将主流道喷嘴传输的塑料熔体经流道分送到各注射点喷嘴。（　　　）

5. 精密注射成型工艺对注射机的要求是：注射功率大，控制精度高，液压系统的反应速度要快，合模系统要有足够的刚性。（　　　）

三、简答题

1. 热流道浇注系统与普通浇注系统的区别是什么？

2. 热流道系统一般由哪几部分构成？

图 6-37　模具

3. 阐述气体辅助注射成型的原理。气体辅助注射成型的特点是什么?

4. 中空吹塑成型有哪几种形式?

5. 中空吹塑制件结构工艺性有哪些?

6. 精密注射成型的主要工艺特点有哪些?

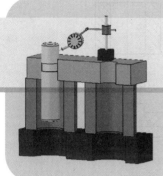

项目七
压缩模与压注模结构设计

学习目标

1）掌握压缩成型原理、压缩成型特点以及工艺过程。

2）了解压缩模结构组成及其分类、压缩模与压力机技术参数的关系。

3）掌握压注成型原理、压注成型特点以及工艺过程。

4）了解压注模结构组成及其分类、压注模与压力机的关系。

5）培养创新思维意识，积极探索新领域、新事物。

任务一　　认识压缩成型及其工艺

压缩成型又称压制成型、压塑成型。压缩成型具有悠久的历史，它主要适合于热固性塑料的成型。其基本原理是将粉状或松散粒状的固态塑料直接加入到模具的加料室中，通过加热、加压方法，它们逐渐软化熔融，然后根据型腔形状进行流动成型，最终经过固化变为塑件。本节主要介绍压缩模具的结构特点与工作原理，使学生初步掌握压缩模具结构。

一、压缩成型原理与特点

1. 压缩成型原理

压缩成型原理如图7-1所示。热固性塑料原料由合成树脂、填料、固化剂、固化促进剂、润滑剂、色料等按一定配比制成。可制成粉状、粒状、片状、团状、碎屑状、纤维状等各种形态。将粉状、粒状等这些形态的热固性塑料原料直接加入敞开的模具加料室内，如图7-1a所示；然后合模加热（不加压力），当塑料成为熔融状态时，再在合模压力的作用下，熔融塑料充满型腔各处，如图7-1b所

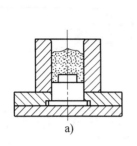
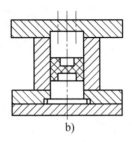
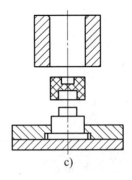

a)   b)   c)

图 7-1　压缩成型原理

示；这时，型腔中的塑料产生化学交联反应，使其逐步转变为不熔的、硬化定型的塑件，最后脱模将塑件从模具中取出，如图 7-1c 所示。

2. 压缩成型特点

（1）压缩成型的优点　与注射模具相比，压缩模具没有浇注系统，而是直接向型腔内加入未塑化的塑料，其分型面必须水平安装。因此，热固性塑料压缩成型与注射成型相比，其优点如下：

1）可以使用普通压力机进行生产，使用的设备和模具比较廉价。

2）压缩模没有浇注系统，结构简单。

3）塑件内取向组织少，取向程度低，性能比较均匀，成型收缩率小。

4）适宜成型热固性塑料制品，尤其是一些带有碎屑状、片状或长纤维填充料、流动性差的塑件和面积很大、厚度较小的大型扁平塑件。

（2）压缩成型的缺点

1）成型周期长，生产率低，特别是厚壁制品。

2）模具需要加热到高温，会引起原料中粉尘和纤维飞扬，生产环境差。

3）不易实现自动化，特别是移动式压缩模，劳动强度大。

4）塑件经常带有溢料飞边，会影响塑件高度尺寸的准确性。

5）模具易磨损，使用寿命短，一般仅能使用 20 万~30 万次。

6）带有深孔、形状复杂的塑件难以成型，且模具内细长的成型杆和制品上细薄的嵌件在压缩时易弯曲变形。

典型的压缩成型件有仪表壳、电闸、电器开关、插座等，如图 7-2 所示。

二、压缩成型工艺过程

压缩成型工艺过程包括压缩成型前的准备、压缩成型和压后处理等。

1. 压缩成型前的准备

热固性塑料比较容易吸湿，储存时易受潮，所以，在对塑料进行加工前应对其进行预热和干燥处理。同时，又由于热固性塑料的比体积比较大，因此，为了使成型过程顺利进行，有时要先对塑料进行预压处理。

（1）预热与干燥　在成型前，应对热固性塑料进行加热。加热的目的有两个：一是对塑料进行预热，为压缩模提供具有一定温度的热料，使塑料在模内受热均匀，缩短模压成型周期；二是对塑料进行干燥，防止塑料中带有过多的水分和低分子挥发物，确保塑件的成型质量。预热与干燥的常用设备是烘箱和红外线加热炉。

图 7-2　压缩成型制品

（2）预压　预压是指压缩成型前，在室温或稍高于室温的条件下，将松散的粉状、粒状、碎屑状、片状或长纤维状的成型物料压实成重量一定、形状一致的塑料型坯，使其能比较容易地被放入压缩模加料室内。预压坯料的截面形状一般为圆形。经过预压后的坯料密度最好能达到塑件密度的 80%，以保证坯料有一定的强度。是否要预压视塑料原材料的组分及加料要求而定。

2. 压缩成型过程

模具装上液压机后要进行预热。若塑件带有嵌件，加料前应将热嵌件放入模具型腔内一起预热。热固性塑料的压缩过程一般可分为加料、合模、排气、固化和脱模五个阶段。

（1）加料　加料就是在模具型腔中加入已预热的定量的物料，这是压缩成型生产的重要环节。加料是否准确，将直接影响到塑件的密度和尺寸精度。常用的加料方法有质量法、容积法和计数法三种。质量法需用衡器称量物料的质量大小，然后加入到模具内。采用该方法可以准确地控制加料量，但操作不方便。容积法是使具有一定容积或带有容积标度的容器向模具内加料，这种方法操作简便，但对加料量的控制不够准确。计数法只适用于预压坯料。

（2）合模　加料完成后进行合模，即通过压力使模具内成型零部件闭合成与塑件形状一致的型腔。当凸模尚未接触物料之前，应尽量使闭模速度加快，以缩短模塑周期，避免塑料过早固化和过多降解。而在凸模接触物料以后，合模速度应放慢，以避免模具中嵌件和成型杆件的位移和损坏，同时也有利于空气的顺利排放。合模时间一般为几秒至几十秒不等。

（3）排气 压缩热固性塑料时，成型物料在型腔中会放出相当数量的水蒸气、低分子挥发物以及在交联反应和体积收缩时产生的气体，因此，模具合模后有时还需卸压，以排出型腔中的气体。排气不但可以缩短固化时间，而且还有利于提高塑件的性能和表面质量。排气的次数和时间应按需要而定，通常为1~3次，每次时间为3~20s。

（4）固化 压缩成型热固性塑料时，塑料进行交联反应固化定型的过程称为固化或硬化。热固性塑料的交联反应程度即硬化程度不一定达到100%，其硬化程度的高低与塑料品种、模具温度及成型压力等因素有关。当这些因素一定时，硬化程度主要取决于硬化时间。最佳硬化时间应以硬化程度适中时为准。固化速率不高的塑料，有时也不必将整个固化过程放在模内完成，还可在脱模后用烘的方法来完成它的固化。通常酚醛塑件压缩的后烘温度范围为90~150℃，时间为几小时至几十小时不等，视塑件的厚薄而定。模内固化时间取决于塑料的种类、塑件的厚度、物料的形状以及预热和成型的温度等，一般为30s至数分钟不等。具体时间的长短需由实验或试模的方法确定，过长或过短对塑件的性能都会产生不利的影响。

（5）脱模 固化过程完成以后，压力机将卸载回程，并将模具开启，推出机构将塑件推出模外。带有侧向型芯时，必须先将侧向型芯抽出，才能脱模。

热固性塑件脱模条件应以其在模具中的硬化程度达到适中时为准。在大批量生产中为了缩短成型周期，提高生产率，也可在制件硬化程度适中的情况下进行脱模，但此时必须注意塑件应有足够的强度和刚度，以保证它在脱模过程中不发生变形和损坏。对于硬化程度不足而提前脱模的塑件，必须将它们集中起来进行后烘处理。

3. 压缩后处理

塑件脱模以后的压缩后处理主要是指退火处理，其主要作用是清除内应力，提高稳定性，减少塑件的变形与开裂。进一步交联固化，可以提高塑件的电性能和力学性能。退火规范应根据塑件材料、形状、嵌件等情况确定。厚壁和壁厚相差悬殊以及易变形的塑件以采用较低温度和较长时间为宜；形状复杂、薄壁、面积大的塑件，为防止变形，最好在夹具上进行退火处理。常用的热固性塑件退火处理规范可参考表7-1。

表 7-1　常用热固性塑件退火处理规范

塑 料 种 类	退火温度/℃	保温时间/h
酚醛塑件	80~130	4~24
酚醛纤维塑件	130~160	4~24
氨基塑件	70~80	10~12

任务二　认识压缩模结构组成与分类

一、压缩模典型结构

典型的压缩模结构如图 7-3 所示，它可分上模和下模两大部件，模具的上模和下模分别安装在压力机的上、下工作台上，上、下模通过导柱、导套导向定位。上工作台下降，使上凸模 5 进入下模加料室 4 与装入的塑料接触并对其加热。在受热受压的作用下，塑料成为熔融状态并充满整个型腔，同时发生固化交联反应。当塑件固化成型后，上工作台上升，上、下模打开，推出机构的推杆将塑件从下凸模 7 上推出。压缩模具按各零部件的功能作用不同分为以下几大部分。

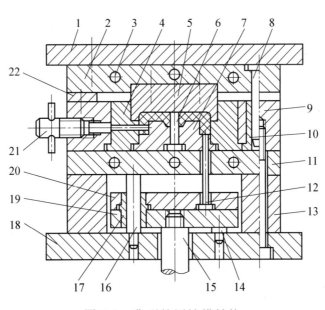

图 7-3　典型的压缩模结构

1—上模座板　2—上模板　3—加热孔　4—加料室（凹模）　5—上凸模　6—型芯　7—下凸模

8—导柱　9—下模板　10—导套　11—支承板（加热板）　12—推杆　13—垫块

14—支承钉　15—推出机构连接杆（尾轴）　16—推板导柱　17—推板导套

18—下模座板　19—推板　20—推杆固定板　21—侧型芯　22—承压块

1. 成型零件

直接成型塑件的部件，也就是形成模具型腔的零件，加料时与加料室一起起装料的作用。图7-3中的模具成型零件由上凸模 5（常称阳模）、下凸模 7、凹模 4（常称为阴模）、型芯 6 等构成。凸模和凹模有多种配合形式，对塑件成型有很大影响。

2. 加料室

压缩模的加料室是指凹模上方的空腔部分，图7-3中为凹模断面尺寸扩大部分。由于塑料原料与塑件相比具有较大的比体积，成型前单靠型腔往往无法容纳全部原料，因此在型腔之上设有一段加料室。

3. 导向机构

图7-3中导向机构由布置在模具上模周边的四根导柱 8，下模上有导套 10 的导柱孔组成。导向机构用来保证上下模合模的对中性。为保证推出机构水平运动，该模具在下模座板上还设有两根推板导柱，在推板上有带推板导套的导向孔。

4. 侧向分型抽芯机构

与注射模一样，对于带有侧孔和侧凹的塑件，压缩模必须设有各种侧向分型抽芯机构，塑件方能脱出。图7-3所示塑件带有一侧孔，在推出前用旋转丝杠抽出侧型芯。

5. 脱模机构

压缩模与注射模相似，一般都需要设置脱模机构（推出机构），其作用是把塑件脱出型腔。图7-3所示脱模机构由推板 19、推杆 12、推杆固定板 20 等零件组成。

6. 加热系统

在压缩热固性塑料时，模具温度必须高于塑料的交联温度，因此必须加热模具。热固性塑料压缩成型需要在较高的温度下进行，常见的加热方法有电加热、蒸汽加热、煤气或天然气加热等，但电加热最为普遍。图7-3中上模板（加热板）2、支承板（加热板）11 分别对上凸模、下凸模和凹模进行加热，需要在加热板圆孔中插入电加热棒。压缩热塑性塑料时，在型腔周围开设温度控制通道，在塑化和定型阶段，分别通入蒸汽进行加热和通入冷却水进行冷却。

7. 支承零部件

压缩模中的各种固定板、支承板（加热板）以及上下模座等均称为支承零部件，如图7-3中的上模座板 1、支承板 11、垫块 13、下模座板 18、承压块 22 等。

作用是固定和支承模具中各种零部件，并且将压力机的压力传递给成型零部件的成型物料。

二、压缩模典型分类

压缩模的分类方法很多，可按模具在压力机上固定方式、上下模闭合形式、分型面特征以及型腔数目多少分类。而按照压缩模具上下模配合结构特征进行分类是最重要的分类方法。

1. 按照压缩模上下模配合结构特征分类

（1）溢式压缩模　溢式压缩模的结构如图 7-4 所示，这种模具无加料室，型腔本身作为加料室，总高度 h 等于塑件高度。由于凸模与凹模无配合部分，故压缩时过剩的物料容易溢出。环形面积 B 是挤压面，其宽度比较窄，以减薄塑件的径向飞边。合模时在原料压缩阶段，图 7-4 中环形挤压面 B 仅对溢料产生有限的阻力，合模到终点时挤压面才完全密合。因此塑件密度较低，强度等力学性能也

不高，特别是当模具闭合太快时，会造成溢料量增加，既浪费了原料，又降低了塑件密度。相反，如果压缩模闭合速度太慢，由于物料在挤压面迅速固化，又会造成塑件的飞边增厚，高度增大。

溢式压缩模的优点是结构简单，造价低廉，使用寿命长（凸模与凹模无摩擦），塑件容易取出，特别是扁平塑件可以不设推出机构，用手工取出或用压缩空气吹出塑件。

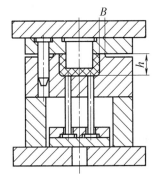

图 7-4　溢式压缩模的结构

由于无加料室，方便在型腔内安装嵌件。它适于压缩流动性好或带短纤维填料以及精度与密度要求不高且尺寸小的浅型腔塑件，如纽扣、装饰品和各种小零件。

由于塑件的溢边总是水平的（顺着挤压面），因此去除比较困难，去除时常会损伤塑件外观。溢式压缩模没有延伸的加料室，装料容积有限，不适用于高压缩率的材料，如带状、片状或纤维状填料的塑料。对溢式压缩模最好采用粒料或预压锭料进行压缩。溢式压缩模凸模和凹模的配合完全靠导柱定位，没有其他配合面，因此对成型壁厚均匀性要求很高的塑件是不适合使用溢式压缩模成型的。再加上压缩时每模溢料量的差异，因此成批生产的塑件的外形尺寸和强度要求很难求得一致。此外，溢式压缩模由于溢料损失要求加大加料量（超出塑件重量

5%以内），因此对原料有一定浪费。

（2）不溢式压缩模 不溢式压缩模的结构如图7-5所示。该模具的加料室在型腔上部断面延续，其截面形状和尺寸与型腔完全相同，无挤压面。理论上压力机所施加的压力将全部作用在塑件上，塑料的溢出量很少。不溢式压缩模与型腔每边有0.025~0.075mm的间隙，为减小摩擦，配合高度不宜过大，不配合部分可以像图7-5所示那样凸模上部断面减小，也可以将凹模逐渐增大而形成锥面，单边斜角15'~20'。不溢式压缩模的最大特点是塑件成型压力大，故密实性好，力学强度高。因此这类模具适用于压缩形状复杂、精度高、壁薄、流程长或深形的塑件，也适于压缩流动性小、比体积大的塑料，特别适用于压制棉布、玻璃布或长纤维填充的塑件。用不溢式压缩模压缩的塑件飞边不但极薄，而且飞边在塑件上与分型面是垂直分布，可以用平磨等办法除去。

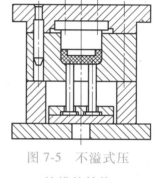

图7-5 不溢式压缩模的结构

不溢式压缩模的缺点之一是由于塑料的溢出量少，加料量直接影响着塑件的高度尺寸，每模加料都必须准确称量，否则塑件高度尺寸不易保证，因此流动性好、容易按体积计算的塑料一般都不采用不溢式压缩模。它的另一个缺点是凸模与加料室侧壁摩擦，将不可避免地擦伤加料室侧壁，由于加料室断面尺寸与型腔断面相同，在推出时划伤痕迹的加料室会损伤塑件外表面。不溢式压缩模必须设推出机构，否则塑件很难取出。为避免加料不均，不溢式压缩模一般不设计成多腔模。因为加料稍有不均衡就会造成各种型腔压力的不等，而引起一些塑件欠压。

（3）半溢式压缩模 半溢式压缩模的结构如图7-6所示。其特点是在型腔上方设有一加料室，其断面尺寸大于塑件尺寸，凸模与加料室呈间隙配合，加料室与型腔分界处有一环形挤压面，其宽度为4~5mm，凸模下压时受到挤压面的限制，在每一循环中即使加料量稍有过量，过剩塑料也能通过配合间隙或凸模上开设的溢料槽排出。因此其塑件的紧密程度比溢式压缩模好。

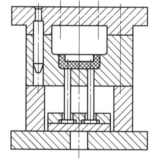

图7-6 半溢式压缩模的结构

半溢式压缩模操作方便，加料时只需简单地按体积计量，而塑件的高度尺寸是由型腔高度决定的，可达到每模基本一致。由于半溢式压缩模具有这些特点，因此被广泛采用。此外，半溢式压缩模兼有溢式和不溢式压缩模特点，塑件径向壁厚尺寸和高度尺寸的精度均较好，密度较大，模具寿命较长，塑件脱模容易，加上半溢式压缩模由于加料室尺寸较塑件断面大，加料室侧壁在塑件之外，即使受摩擦损伤，在推出时也不会刮伤塑件外表面。当塑件外缘形状复杂时，若用不溢式压缩模，则凸模和加料室制造较为困难，采用半溢式压缩模可将凸模与加料室周边配合面形状简化，制成简单断面形状。

半溢式压缩模由于有挤压边缘，不适于压缩以布片或长纤维作填料的塑料。

以上所述的模具结构是压缩模的三种基本类型，将它们的特点进行组合或改进，还可以演变成带加料板的压缩模、半不溢式压缩模等。

2. 按照压缩模在压力机上的固定形式分类

（1）固定式压缩模 固定式压缩模的结构如图7-3所示。上下模分别固定在压力机的上下工作台上。开合模及塑件的脱出均在压力机上完成，因此生产率较高，操作简单，劳动强度小，模具振动小，使用寿命长；缺点是模具结构复杂，成本高，且安装嵌件不如移动式压缩模方便，适用于成型批量较大或形状较大的塑件。

（2）半固定式压缩模 半固定式压缩模的结构如图7-7所示，一般将上模固定在压力机上，下模可沿导轨移进压力机进行压缩或移出压力机外进行加料，或在卸模架上脱出塑件。下模移进时用定位块定位，合模时靠导向机构定位。这种模具结构便于安放嵌件和加料，且上模不移出机外，从而减轻了劳动强度。也可按需要采用下模固定的形式，工作时移出上模，用手工取件或卸模架取件。

（3）移动式压缩模 移动式压缩模的结构如图7-8所示，模具不固定在压力

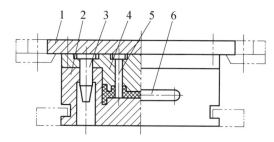

图7-7 半固定式压缩模的结构

1—上模座板 2—凹模（加料室） 3—导柱

4—凸模（上模） 5—型芯 6—手柄

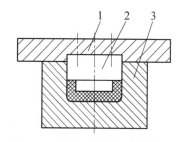

图7-8 移动式压缩模的结构

1—凸模固定板 2—凸模 3—凹模

机上。压缩成型前，打开模具把塑料加入型腔，然后将上模放入下模，把合好的压缩模送入压力机工作台上对塑料进行加热，之后再加压固化成型。成型后将模具移出压力机，使用专门卸模工具开模脱出塑件。这种模具结构简单，制造周期短，但因加料、开模、取件等工序均手工操作，劳动强度大、生产率低、模具易磨损，适用于压缩成型批量不大的中小型塑件以及形状复杂、嵌件较多、加料困难及带有螺纹的塑件。

三、压缩模与压力机技术参数

压缩模是在压力机上进行压缩成型的，压缩模设计时必须熟悉压力机的主要技术参数。压力机的成型总压力、开模力、推出力、合模高度和开模行程等技术参数与压缩模设计有直接联系，尤其是压力机的最大能力和模具安装部位的有关尺寸，否则将出现模具在压力机上无法安装，或塑件不能成型、成型后无法取出等问题。

1. 成型总压力的校核

成型总压力是指塑料压缩成型时所需的压力，如果压力机施加于塑件上的压力不足，则将生产有缺陷的塑件。成型总压力与塑件的几何形状、水平投影面积、成型工艺等因素有关。成型总压力应满足下列关系式：

$$F_{m} = nAp \leqslant KF_{n} \tag{7-1}$$

式中　F_{m}——模具成型塑件所需的总压力（N）；

　　　n——型腔数目；

　　　A——每一型腔的水平投影面积（mm^2），其值取决于压缩模结构形式，对于溢式或不溢式压缩模，等于塑件最大轮廓的水平投影面积，对于半溢式压缩模，等于加料室的水平投影面积；

　　　p——压缩塑件需要的单位成型压力（MPa），其值取决于压缩模构造、塑件的形状和尺寸、所用塑料品种及型号以及成型时预热情况等，见表7-2；

　　　K——修正系数，按压力机的新旧程度取 0.75～0.90；

　　　F_{n}——压力机的额定压力（N）。

一般而言，高强度性质的塑料、薄壁深形塑件需要较大的成型压力；以纤维做填料比用无机物粉料做填料的塑料需要更大的成型压力；压缩具有垂直壁的壳形塑件比压缩具有倾斜壁的锥形壳体需要更大的成型压力。

表 7-2　常见热固性塑料的压缩成型温度和压缩成型压力

塑料类型	压缩成型温度/℃	压缩成型压力/MPa
酚醛塑料	146~180	7~42
三聚氰胺甲醛塑料（MF）	140~180	14~56
脲甲醛塑料（UF）	135~155	14~56
聚酯塑料（UP）	85~150	0.35~3.5
邻苯二甲酸二丙烯酯塑料（PDPO）	120~160	3.5~14
环氧树脂塑料（EP）	145~200	0.7~14
有机硅塑料（DSMC）	150~190	7~56

2. 开模力的校核

开模力的校核是针对固定式压缩模的。压力机的压力是保证压缩开模的动力，压缩模所需要的开模力可按下式计算：

$$F_k = kF_m \tag{7-2}$$

式中　　F_k——开模力（N）；

　　　　k——系数，配合长度不大时取 0.1，配合长度较大时取 0.15，塑件形状复杂且凸凹模配合较大时取 0.2。

若要保证压缩模可靠开模，必须使开模力小于压力机液压缸的回程力。

3. 脱模力的校核

脱模力的校核也是针对固定式压缩模的。压力机的顶出力是保证压缩模推出机构脱出塑件的动力，压缩模所需要的脱模力可按下式计算：

$$F_t = A_c p_f \tag{7-3}$$

式中　　F_t——塑件从模具中脱出所需要的力（N）；

　　　　A_c——塑件侧面积之和（mm^2）；

　　　　p_f——塑件与金属表面的单位摩擦力（N），塑料以木纤维和矿物质作填料时取 0.49MPa，塑料以玻璃纤维增强时取 1.47MPa。

要保证可靠脱模，必须使脱模力小于压力机的顶出力。

4. 压力机压缩模固定板有关尺寸校核

压力机压缩模上固定板称为上模板或滑动台，下固定板称为下模板或工作台。模具宽度尺寸应小于压力机立柱或框架之间的净距离，使压缩模能顺利地进入压缩模固定板，模具的最大外形尺寸不超过压力机下固定板尺寸，以便于压缩模具安装。压力机的上下模板设有 T 形槽，T 形槽有的沿对角线交叉开设，有的平行开设。压缩模的上下模直接用四个螺钉分别固定在上下模板上，压缩模固定螺钉通孔（长槽或缺口）的中心应与模板上 T 形槽位置相符合。压缩模具也可用压板螺钉压紧固定，这时应在上下模板上设计有宽度为 15~30mm 的突缘台阶。

5. 压缩模合模高度和开模行程的校核

为了使模具正常工作，压力机上下模板之间的最小开距、最大开距、模板的最大行程必须与压缩模的闭合高度和压缩模要求的开模行程相适应，如图 7-9 所示。

$$h = h_1 + h_2 \geq H_{min} \qquad (7\text{-}4)$$

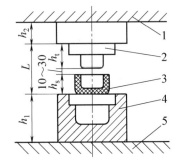

图 7-9 模具高度与开模行程

1、5—上下工作台 2—凸模
3—塑件 4—凹模

式中 h——压缩模合模高度（mm）；

h_1——凹模的高度（mm）；

h_2——凸模台肩的高度（mm）；

H_{min}——压力机上下模板最小开距（mm）。

如果 $h < H_{min}$，则上下模不能闭合，模具无法工作，应在压力机上下模板间加垫板，要求 H_{min} 小于垫板厚度之和。

对于固定式压缩模而言，应满足：

$$H_{max} \geq h + L \qquad (7\text{-}5)$$

式中 H_{max}——压力机上下模板最大开距（mm）；

L——模具所要求的最小开模距离，$L = h_s + h_t + 10 \sim 30mm$。

即 $$H_{max} \geq h_1 + h_2 + h_s + h_t + 10 \sim 30mm \qquad (7\text{-}6)$$

式中 h_s——塑件高度（mm）；

h_t——凸模高度（凸模伸入凹模部分的全高，mm）。

6. 顶出距离的校核

顶出距离即脱模距离，按照下式来进行校核：

$$L_n \geq L_d = h_3 + 10 \sim 15mm \qquad (7\text{-}7)$$

式中 L_n——压力机推出机构的最大工作行程（mm）；

L_d——压缩模需要的推出行程（mm）；

h_3——压力机下工作台到加料室上端面的高度（mm）。

四、压缩模在热塑性塑料成型中的应用

压缩成型主要是用于热固性塑料的成型，但也可以用于热塑性塑料的成型，

最典型的例子就是各种碳酸饮料瓶盖和矿泉水瓶盖的成型。传统的瓶盖生产基本采用热流道针阀式热喷嘴模具进行成型生产，但瓶盖模压机是采用压缩成型原理来生产瓶盖的，效率是传统生产技术的 3~4 倍，如图 7-10 所示。

瓶盖模压机是将颗粒的塑料原料经高温塑化后通过挤出机从料口挤出，再由切料盘切下坯料，均匀分配到每个模腔内，瓶盖模压模具如图 7-11 所示，可压缩制成各种碳酸饮料瓶盖和矿泉水瓶盖，瓶盖模压机操作简单，节电节水节人

图 7-10 瓶盖模压生产

工，且不会产生流道废料，从而大大降低了生产成本。例如，现在 24 腔机型瓶盖模压机的速度可达到每小时生产 32000 个瓶盖，效率极高。

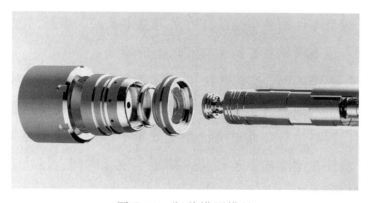

图 7-11 瓶盖模压模具

任务三 认识压注成型及其工艺

压注模又称传递模，压注成型是热固性塑料常用的成型方法。压注模与压缩模的结构的较大区别之处在于压注模有单独的加料室。

一、压注成型原理与特点

1. 压注成型原理

压注成型原理如图 7-12 所示。压注成型时，将热固性塑料原料（塑料原料为粉料或预压成锭的坯料）装入闭合模具的加料室内，使其在加料室内受热塑化，

如图 7-12a 所示；塑化后熔融的塑料在压柱压力的作用下，通过加料室底部的浇注系统进入闭合的型腔，如图 7-12b 所示；塑料在型腔内继续受热、受压而固化成型，最后打开模具取出塑件，如图 7-12c 所示。

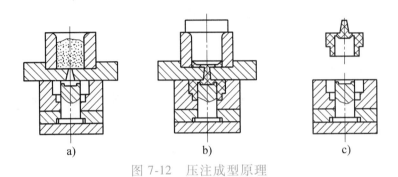

图 7-12　压注成型原理

2. 压注成型特点

压注模与压缩模有许多共同之处，两者的加工对象都是热固性塑料，型腔结构、脱模机构、成型零件的结构及计算方法等基本相同，模具的加热方式也相同，但是压注模成型与压缩模成型相比又具有以下的特点：

1）成型周期短，生产率高。塑料在加料室首先加热塑化，成型时塑料再以高速通过浇注系统挤入型腔，未完全塑化的塑料与高温的浇注系统相接触，使塑料升温快而均匀。同时熔料在通过浇注系统的窄小部位时受摩擦热，使温度进一步提高，有利于塑件在型腔内迅速硬化，缩短了硬化时间，压注成型的硬化时间只相当于压缩成型的 $1/5 \sim 1/3$。

2）塑件的尺寸精度高，表面质量好。由于塑料受热均匀，交联硬化充分，改善了塑件的力学性能，因此塑件的强度、力学性能、电性能都得以提高。塑件高度方向的尺寸精度较高，飞边很薄。

3）可以成型带有较细小嵌件、较深的侧孔及较复杂的塑件。由于塑料是以熔融状态压入型腔的，因此对细长型芯、嵌件等产生的挤压力比压缩模小。一般压缩成型在垂直方向上成型的孔深不大于直径 3 倍，侧向孔深不大于直径 1.5 倍；而压注成型可成型孔深不大于直径 10 倍的通孔、不大于直径 3 倍的不通孔。

4）消耗原材料较多。由于浇注系统凝料的存在，并且为了传递压力需要，压注成型后总会有一部分余料留在加料室内，因此使原料消耗增多，小型塑件尤为突出，模具适宜多型腔结构。

5）压注成型收缩率比压缩成型大。酚醛塑料压缩成型收缩率一般为 0.8% 左右，但在压注时为 0.9% ~ 1%。而且收缩率具有方向性，这是塑料在压力作用下定向流动而引起的，因此影响塑件的精度，而对于用粉状填料填充的塑件则影响不大。

6）压注模的结构比压缩模复杂，工艺条件要求严格。由于压注时熔融的塑料是通过浇注系统进入模具型腔成型的，因此，压注模的结构比压缩模复杂，工艺条件要求严格，特别是成型压力较高，比压缩成型的压力要大得多，而且操作比较麻烦，制造成本也大，因此，只有用压缩成型无法达到要求时才采用压注成型。

二、压注成型的工艺过程

压注成型工艺过程和压缩成型基本相似，它们的主要区别在于：压缩成型过程是先加料后闭模，而一般结构的压注模压注成型则要求先闭模后加料。

压注成型的主要工艺参数包括成型压力、成型温度和成型时间等，它们均与塑料品种、模具结构、塑件的复杂程度等因素有关。

（1）成型压力　成型压力是指压力机通过压柱或柱塞对加料室内熔体施加的压力。由于熔体通过浇注系统时会有压力损失，故压注时的成型压力一般为压缩成型时的 2 ~ 3 倍。酚醛塑料粉和氨基塑料粉的成型压力通常为 50 ~ 80MPa；纤维填料的塑料为 80 ~ 160MPa；环氧树脂、硅酮等低压封装塑料为 2 ~ 10MPa。

（2）成型温度　成型温度包括加料室内的塑料温度和模具本身的温度。为了保证塑料具有良好的流动性，料温必须适当地低于交联温度 10 ~ 20℃。由于塑料通过浇注系统时能从中获取一部分摩擦热，故加料室和模具的温度可低一些。压注成型的模具温度通常要比压缩成型的模具温度低 15 ~ 30℃，一般为 130 ~ 190℃。

（3）成型时间　压注成型时间包括加料时间、充模时间、交联固化时间、脱模取出塑件时间和清模时间等。压注成型的充模时间通常为 5 ~ 50s，保压时间与压缩成型相比较可以短些，这是因为有了浇注系统的缘故，塑料在进入浇注系统时获取一部分热量后就已经开始固化。

压注成型要求塑料在未达到硬化温度以前应具有较大的流动性，而达到硬化温度后，又要具有较快的硬化速度。常用压注成型的材料有酚醛、三聚氰胺和环氧树脂等塑料。

表 7-3 是酚醛塑料压注成型的主要工艺参数，其他部分热固性塑料压注成型的主要工艺参数见表 7-4。

表 7-3 酚醛塑料压注成型的主要工艺参数

工艺参数	模 具		
	柱塞式	罐 式	
	高频预热	未预热	高频预热
预热温度/℃	100~110	—	100~110
成型压力/MPa	80~100	160	80~100
充模时间/min	0.25~0.33	4~5	1~1.5
固化时间/min	3	8	3
成型周期/min	3.5	12~13	4~4.5

表 7-4 部分热固性塑料压注成型的主要工艺参数

塑 料	填 料	成型温度/℃	成型压力/MPa	压缩率	成型收缩率
环氧双酚 A 模塑料	玻璃纤维	138~193	7~34	3.0~7.0	0.001~0.008
	矿物填料	121~193	0.7~21	2.0~3.0	0.001~0.002
环氧酚醛塑料	矿物和玻璃纤维	121~193	1.7~21	—	0.004~0.008
	矿物和玻璃纤维	190~196	2~17.2	1.5~2.5	0.003~0.006
	玻璃纤维	143~165	17~34	6~7	0.0002
三聚氰胺	纤维素	149	55~138	2.1~3.1	0.005~0.15
酚 醛	织物和回收料	149~182	13.8~138	1.0~1.5	0.003~0.009
聚酯(BMC、TMC[①])	玻璃纤维	138~160	—	—	0.004~0.005
聚酯(BMC、TMC)	导电护套料[②]	138~160	3.4~14	1.0	0.0002~0.001
聚酯(BMC)	导电护套料	138~160	—		0.0005~0.004
醇酸树脂	矿物质	160~182	13.8~138	1.8~2.5	0.003~0.010
聚酰亚胺	50%玻纤	199	20.7~69	2.2~3.0	0.002
脲醛塑料	α-纤维素	132~182	13.8~138	—	0.006~0.014

① TMC 指黏稠状模塑料。
② 在聚酯中添加导电性填料和增强材料的电子材料,用于工业用护套料。

任务四　了解压注模结构

一、压注模的结构组成与分类

1. 压注模的结构组成

压注模的结构组成如图 7-13 所示,主要包括以下几个部分。

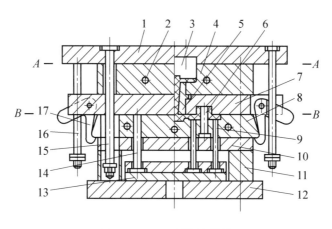

图 7-13 压注模的结构

1—上模座板 2—加热器安装孔 3—压柱 4—加料室 5—浇口套 6—型芯 7—上模板

8—下模板 9—推杆 10—支承板 11—垫块 12—下模座板 13—推板 14—复位杆

15—定距导柱 16—拉杆 17—拉钩

（1）成型零部件 成型零部件是直接与塑件接触的那部分零件，如凹模、凸模、型芯等。

（2）加料装置 加料装置由加料室和压柱组成，移动式压注模的加料室和模具是可分离的，固定式压注模的加料室与模具是在一起的。

（3）浇注系统 与注射模相似，主要由主流道、分流道、浇口组成。

（4）导向机构 导向机构由导柱、导套组成，对上下模起定位、导向作用。

（5）推出机构 注射模中采用的推杆、推管、推件板及各种推出结构，在压注模中也同样适用。

（6）加热系统 压注模的加热元件主要是电热棒、电热圈，加料室、上模、下模均需要加热。移动式压注模主要靠压力机的上、下工作台的加热板进行加热。

（7）侧向分型与抽芯机构 如果塑件中有侧向凸凹形状，则必须采用侧向分型与抽芯机构，具体的设计方法与注射模的类似。

2. 压注模的分类

（1）按固定形式分类 压注模按照模具在压力机上的固定形式分类，可分为固定式压注模和移动式压注模。

1）固定式压注模。图 7-13 所示为固定式压注模，工作时，上模部分和下模部分分别固定在压力机的上工作台和下工作台，分型和脱模随着压力机液压缸的动作自动进行。加料室在模具的内部，与模具不能分离，在普通的压力机作用下就可以成型。塑化后合模，压力机上工作台带动上模座板使压柱 3 下移，将熔料通过浇注系统压入型腔后硬化定型。开模时，压柱随上模座板向上移动，A 分型面分型，加料室敞开，压柱把浇注系统的凝料从浇口套中拉出，当上模座板上升到一定高度时，拉杆 16 上的螺母迫使拉钩 17 转动，使其与下模部分脱开，接着定距导柱 15 起作用，使 B 分型面分型，最后压力机下部的液压顶出缸开始工作，顶动推出机构将塑件推出模外，然后再将塑料加入到加料室内进行下一次的压注成型。

2）移动式压注模。移动式压注模的结构如图 7-14 所示，加料室与模具本体可分离。工作时，模具闭合后放上加料室 2，将塑料加入到加料室后把压柱放入其中，然后把模具推入压力机的工作台加热，接着利用压力机的压力，将塑化好的塑料通过浇注系统高速挤入型腔，硬化定型后，取下加料室和压柱，手工或用专用工具（卸模架）将塑件取出。移动式压注模对成型设备没有特殊的要求，在普通的压力机上就可以成型。

图 7-14 移动式压注模的结构

1—压柱 2—加料室 3—凹模板 4—下模板
5—下模座板 6—凸模 7—凸模固定板
8—导柱 9—把手

（2）按加料室的机构特征 压注模按加料室的机构特征可分为罐式压注模和柱塞式压注模。

1）罐式压注模。罐式压注模用普通压力机成型，使用较为广泛，上述所介绍的普通压力机上工作的固定式压注模和移动式压注模都是罐式压注模。

2）柱塞式压注模。柱塞式压注模用专用压力机成型，与罐式压注模相比，柱塞式压注模没有主流道，只有分流道，主流道变为圆柱形的加料室，与分流道相通。成型时，柱塞所施加的挤压力对模具不起锁模的作用，因此需要用专用的压力机。压力机有主液压缸（锁模）和辅助液压缸（成型）两个液压缸，主液压缸起锁模作用，辅助液压缸起压注成型作用。此类模具既可以是单型腔，也可以一模多腔。

① 上加料室式压注模。上加料室式压注模的结构如图 7-15 所示，压力机的锁模液压缸在压力机的下方，自下而上合模；辅助液压缸在压力机的上方，自上而下将塑料挤入型腔。合模加料后，当加入加料室内的塑料受热变成熔融状态时，

压力机辅助液压缸工作，柱塞将熔融塑料挤入型腔，固化成型后，辅助液压缸带动柱塞上移，锁模液压缸带动下工作台将模具分型开模，塑件与浇注系统凝料留在下模，推出机构将塑件从凹模镶块 5 中推出。此结构成型所需的挤压力小，成型质量好。

②下加料室式压注模。下加料室式压注模的结构如图 7-16 所示，模具所用压力机的锁模液压缸在压力机的上方，自上而下合模；辅助液压缸在压力机的下方，自下而上将塑料挤入型腔。与上加料室式压注模的主要区别在于：它是先加料，后合模，最后压注成型；而上加料室式压注模是先合模，后加料，最后压注成型。由于余料和分流道凝料与塑件一同推出，因此，清理方便，节省材料。

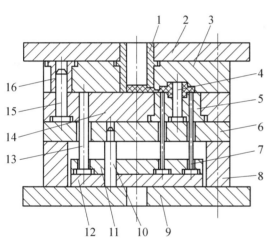

图 7-15　上加料室式压注模的结构

1—加料室　2—上模座板　3—上模板　4—型芯
5—凹模镶块　6—支承板　7—推杆　8—垫块　9—下
模座板　10—推板导柱　11—推杆固定板　12—推板
13—复位杆　14—下模板　15—导柱　16—导套

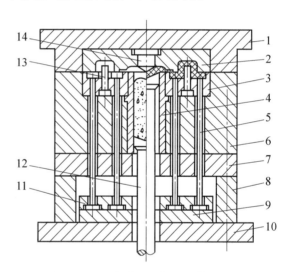

图 7-16　下加料室式压注模的结构

1—上模座板　2—上凹模　3—下凹模　4—加料室
5—推杆　6—下模板　7—支承板（加热板）
8—垫块　9—推板　10—下模座板　11—推杆固定板
12—柱塞　13—型芯　14—分流锥

二、压注模与压力机的关系

压注模必须装配在压力机上才能进行压注成型生产，设计模具时必须了解压力机的技术规范和使用性能，使模具顺利地安装在设备上。选择压力机时应从以下几方面进行工艺参数的校核。

1. 普通压力机的选择

罐式压注模压注成型所用的设备主要是塑料成型用压力机，选择压力机时，要根据所用塑料及加料室的截面积计算出压注成型所需的总压力，再选择压力机。

压注成型时的总压力按下式计算：

$$F_m = pA \leqslant KF_n \tag{7-8}$$

式中　F_m——压注成型所需的总压力（N）；

　　　p——压注成型时所需的成型压力（MPa），按表7-4选择；

　　　A——加料室的截面积（mm^2）；

　　　K——压力机的折旧系数，一般取0.80左右；

　　　F_n——压力机的额定压力（N）。

2. 专用压力机的选择

柱塞式压注模成型时，需要用专用的压力机，此压力机有锁模和成型两个液压缸，因此在选择设备时，就要从成型和锁模两个方面进行考虑。

压注成型时所需的总压力要小于所选压力机辅助液压缸的额定压力，即

$$F_m = pA \leqslant KF \tag{7-9}$$

式中　A——加料室的截面积（mm^2）；

　　　p——压注成型时所需的成型压力（MPa），按表7-4选择；

　　　F——压力机辅助液压缸的额定压力（N）；

　　　K——压力机辅助液压缸的压力损耗系数，一般取0.80左右。

锁模时，为了保证型腔内压力不将分型面顶开，必须有足够的锁模力，所需的锁模力应小于压力机主液压缸的额定压力（一般均能满足），即

$$pA_1 \leqslant KF_n \tag{7-10}$$

式中　A_1——浇注系统与型腔在分型面上投影面积不重合部分之和（mm^2）；

　　　F_n——压力机主液压缸额定压力（N）。

项目训练

1. 压缩模的三维结构图如图7-17所示。图7-17a为合模状态，图7-17b为开模加料状态，图7-17c为推出取件状态。写出该压缩模的工作原理过程与压缩模各零件的名称。

2. 压注模的三维结构图如图7-18所示。图7-18a为合模状态，图7-18b为开模加料状态，图7-18c为推出取件状态。写出该压注模的工作原理过程与压注模各零件的名称。

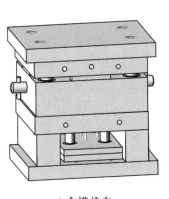

a) 合模状态

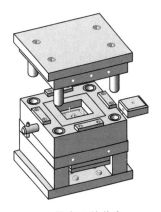

b) 开模加料状态

c) 推出取件状态

图 7-17　压缩模的三维结构图

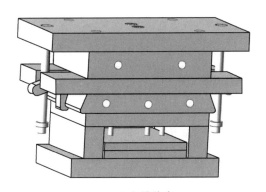

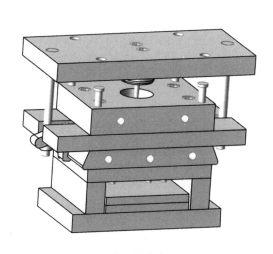

a) 合模状态

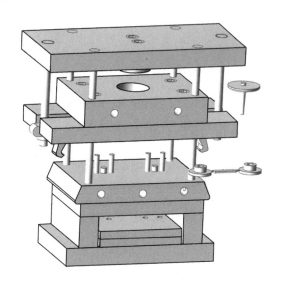

b) 开模加料状态

c) 推出取件状态

图 7-18　压注模的三维结构图

学习评价

完成本项目的学习后进行学习评价，学习评价见表7-5。

表7-5　学习评价表

任务评价	评价内容	参考分值	评价结果	评价人
素质目标评价	自主学习	5		
	交流、表达及互动	10		
	团队合作	5		
知识目标评价	掌握压缩成型工艺	5		
	了解压缩模的分类	5		
	了解压缩模典型结构	5		
	了解压缩模与压力机	5		
	掌握压注成型工艺	5		
	了解压注模的分类	5		
	了解压注模典型结构	5		
	了解压注模与压力机	5		
能力目标评价	掌握读懂压缩模结构图的能力	20		
	掌握读懂压注模结构图的能力	20		
总计		100		

 拓展阅读

"中国塑料之父"——徐僖

徐僖（1921年1月16日—2013年2月16日），中共党员，中国科学院院士，高分子材料学家，长期从事高分子力化学、高分子材料成型基础理论、油田化学以及辐射化学等领域研究，被誉为"中国塑料之父"，如图7-19所示。

新中国成立初期，工业基础十分薄弱，又被国外封锁禁运，塑料制品奇缺，甚至连衣服纽扣和一般家用电器的插头、插座都很难买到。1951年，徐僖在重庆大学任教的同时，受命筹建重庆棓酸塑料厂（后更名为重庆合成化工厂）。当时，我国基础工业薄弱，仪器设备简陋，在生产棓酸塑料过程中难免会出现危险，他顶住外界舆论压力，总结经验教训，经过反复试验，棓酸塑料中试获得成功。五倍子塑料的发明，结束我国塑料原材料纯靠进口的历史。1953 年，榕酸塑料工厂建成，这是我国第一个完全利用国产原料、设备和技术的制塑工厂。

图 7-19　"中国塑料之父"——徐僖

塑料国产化之后，徐僖又将高分子材料用于油田的高效开发，研制出耐温抗盐堵水剂，实现低能耗和高效率采油；研制出首款国产原油降凝剂，替代国外产品的进口，实现了原油低能耗输送。

1953 年徐僖受命赴原四川化学工业学院，筹建我国高等学校第一个塑料专业。其后，在教学和学科建设中徐僖提出了"用物理方法解决化学问题"的新理论，撰写了我国高校第一本高分子专业教科书《高分子物化学原理》，在国内开创了高分子物化学的新方向。

思 考 与 练 习

一、填空题

1. 压缩成型主要用于_____塑料的成型，但也可以成型热塑性塑件。

2. 压缩成型的特点是压缩模没有_____，结构比较简单；塑件内取向组织少，取向程度低，性能比较均匀；成型收缩率小等。

3. 压注模又称_____，压注成型是热固性塑料常用的成型方法。

4. 压缩模根据模具加料室形式不同，可分为溢式压缩模、不溢式压缩模和_____。

二、单项选择题

1. 压注模与压缩模的结构区别在于压注模有（　　）。

A. 冷却系统　　　　B. 推出机构　　　　C. 导向机构　　　　D. 单独的加料室

2. 压缩成型又称为（　　）。

A. 注射成型　　　　B. 挤出成型　　　　C. 压制成型　　　　D. 真空成型

3. 根据压缩模在压力机上的固定形式分类，下面哪一种是错误的（　　）。

A. 移动式 　　　　 B. 固定式 　　　　 C. 半固定式 　　　　 D. 溢式

4. 压注成型又称为（　　）。

A. 注射成型 　　　　 B. 传递成型 　　　　 C. 挤压成型 　　　　 D. 真空成型

5. 对于压缩模而言，塑件加压方向的选择是非常重要的，下列哪一点描述是错误的（　　）。

A. 便于加料 　　　　　　　　　　　　 B. 有利于压力传递

C. 便于安放和固定嵌件 　　　　　　　 D. 便于调节料筒温度

三、简答题

1. 溢式、不溢式、半溢式压缩模在模具的结构上、压缩产品的性能上及塑料原材料的适应性方面各有什么特点与要求？

2. 绘出溢式、不溢式、半溢式的凸模与加料室的配合结构简图。

3. 阐述压缩模典型结构各零部件的功能作用。

4. 压注模与压缩模的结构的区别是什么？

5. 压注模与压缩模在成型上的区别有哪些？

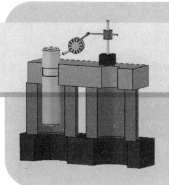

项目八

挤出成型工艺与挤出模结构设计

学习目标

1）掌握挤出成型原理、特点以及工艺过程。

2）了解挤出成型工艺参数。

3）掌握挤出模的结构组成、挤出机头的分类。

4）了解挤出机头典型结构。

5）培养不怕吃苦的敬业精神，树立正确的价值观。

任务一　　认识挤出成型及其工艺

挤出成型（图8-1）是塑件的重要成型方法之一，在塑件的成型生产中占有重要的地位。大部分热塑性塑料都能用以挤出成型。管材、棒材、板材、薄膜、电线电缆和异型截面型材（图8-2）等均可以采用挤出成型方法成型。挤出成型还可用于塑料的混合、塑化、脱水、造粒和喂料等准备工序或中空制品型坯等半成品加工。

图 8-1　挤出成型

一、挤出成型原理

由于挤出成型生产塑件的类型比较多，下面仅以管材挤出成型为例介绍挤出成型原理（图8-3）。塑料从料斗被加入挤出机后，在原地转动的螺杆的作用下被向前输送。塑料在向前移动的过程中，受到料筒的外部加热、螺杆的剪切和压缩

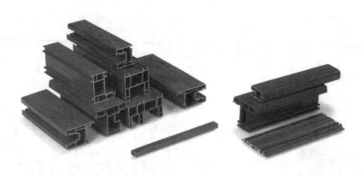

图 8-2　异型截面型材

作用以及塑料之间的相互摩擦作用，使塑料塑化，在向前输送过程中实现玻璃态、高弹态及黏流态的三态变化，在压力的作用下，使处于黏流态的塑料通过具有一定形状的挤出机头（挤出模）2 及冷却定径装置 3 而成为截面与挤出机头出口处型腔形状（环形）相仿的型材，经过牵引装置 5 的牵引，最后被切割装置 7 切断为所需的塑料管材。

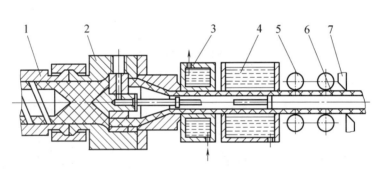

图 8-3　挤出成型原理

1—挤出机料筒　2—挤出机头　3—冷却定径装置　4—冷却装置

5—牵引装置　6—塑料管　7—切割装置

挤出成型的特点是生产过程连续，可以挤出任意长度的塑件，连续的生产过程得到连续的型材，生产率高；挤出成型的另一特点是投资少，收效快。

二、挤出成型工艺过程

塑料挤出成型是在挤出机上用加热或其他方法使塑料成为熔融状态，在一定压力下通过挤出机头、经定型获得连续型材。

挤出成型工艺过程大致分为三个阶段。图 8-4 所示为常见的挤出成型工艺过程示意图。

第一阶段是塑化。通过挤出机加热器的加热和螺杆、料筒对塑料的混合、剪

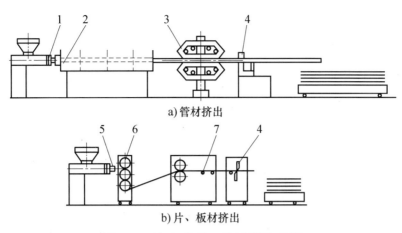

图 8-4　挤出成型工艺过程示意图

1—挤管机头　2—定型与冷却装置　3—牵引装置　4—切断装置
5—片、板挤出机头　6—碾平与冷却装置　7—切边与牵引装置

切作用所产生的摩擦热，固态塑料变成均匀的黏流态塑料。

第二阶段是成型。黏流态塑料在螺杆的推动下，以一定的压力和速度连续地通过挤出成型机头，从而获得一定截面形状的连续形体。

第三阶段是定型。通过冷却等方法，已成型的形状固定下来，成为所需要的塑件。

1. 原料的准备

挤出成型用的塑料原料大部分是粒状塑料，粉状用得较少，因为粉状塑料含有较多的水分，将会影响挤出成型的顺利进行，同时影响塑件的质量。在成型之前应进行干燥处理，将原料的水分控制在 0.5% 以下。原料的干燥一般是在烘箱或烘房中进行的，在准备阶段要尽可能除去塑料中存在的杂质。

2. 挤出成型

将挤出机预热到规定温度后，向料筒中加入塑料（现代生产常用真空法连续加料），同时起动电动机带动螺杆旋转进行输送。料筒中的塑料在外加热和剪切摩擦热作用下熔融塑化，由于螺杆旋转时对塑料不断推挤，迫使塑料经过滤板上的过滤网，由机头成型为具有一定口模形状的连续型材。初期的挤出质量较差，外观也欠佳，要调整工艺条件及设备装置，直到正常状态后才能投入正式生产。

3. 塑件的定型与冷却

塑件在被挤出机头口模后，应该立即进行定型和冷却，否则，塑件在自重力作用下就会变形，出现凹陷或扭曲现象。一般情况下，定型和冷却是同时进行的，只有在挤出各种棒料和管材时，才有一个独立的定径过程；而挤出薄膜、单丝等无需定型，通过冷却便可。挤出板材与片材，有时还通过一对压辊压平，也有定型与冷却作用。管材的定型方法可用定径套，也有采用能通水冷却的特殊口模来定径的，但不管哪种方法，必须使其紧贴在定径套上冷却定型。

冷却一般采用空气冷却或水冷却。硬质塑件（如聚苯乙烯、低密度聚乙烯和硬聚氯乙烯等）不能冷却得过快，软质或结晶型塑件要求及时冷却。

4. 塑件的牵引、卷取和切割

塑件自口模挤出后，会由于压力突然解除而发生离模膨胀现象，而冷却后发生收缩现象，使塑件的尺寸和形状发生改变。此外由于塑件被连续不断地挤出，自重量越来越大，如果不加以引导，会造成塑件停滞，使挤出不能顺利进行。因此，在冷却的同时，要连续均匀地牵引塑件，牵引过程由挤出机辅机的牵引装置来实现。

经过牵引装置的塑件可根据使用要求在切割装置上裁剪（如棒、管、板、片等），或在卷取装置上绕制成卷（如薄膜、单丝、电线电缆等），此外，某些塑件，如薄膜等，有时还需进行后处理，以提高尺寸稳定性。

任务二　挤出成型工艺参数设置

挤出成型工艺参数包括温度、压力、挤出速度、牵引速度等。选择合适的工艺参数是挤出成型顺利进行和保证挤出成型产品质量的关键。

1. 温度

挤出成型时的温度是挤出过程得以顺利进行的重要条件之一，塑料从加入料斗到最后成为塑件经历了一个极为复杂的温度变化过程。挤出成型时的温度取决于料筒和螺杆的温度。塑料熔体温度的升高来源于两个方面，即料筒外部的加热器所提供的热量及螺杆旋转产生的剪切摩擦热。

表 8-1 是部分热塑性塑料挤出成型时的温度参数。

2. 压力

与温度一样，压力随时间的变化也会产生周期性波动，这种波动对塑料件质量同样有不利影响，如局部疏松、表面不平、弯曲等。螺杆、料筒的设计，螺杆转速的变化，加热冷却系统的不稳定都是产生压力波动的原因。为了减小压力波动，应合理控制螺杆转速，保证加热和冷却装置的温控精度。

表 8-1　部分热塑性塑料挤出成型时的温度参数

塑 料 名 称	挤 出 温 度/℃				原料水分控制（%）
	加料段	压缩段	均化段	机 头	
丙烯酸类聚合物	室　温	100~170	≤200	175~210	≤0.025
醋酸纤维素	室　温	110~130	≤150	175~190	<0.5
聚酰胺（PA）	室温~90	140~180	≤270	180~270	<0.3
聚乙烯（PE）	室　温	90~140	≤180	160~200	<0.3
硬聚氯乙烯（HPVC）	室温~60	120~170	≤180	170~190	<0.2
软聚氯乙烯及氯乙烯共聚物	室　温	80~120	≤140	140~190	<0.2
聚苯乙烯（PS）	室温~100	130~170	≤220	180~245	<0.1

3. 挤出速度

挤出速度是指单位时间内由挤出机头和口模中挤出的塑化好的塑料量或塑件长度，它表征着挤出机生产能力的高低。挤出速度在生产过程中也存在波动现象，这种波动对塑件的形状和尺寸精度有显著不良影响。为了保证挤出速度均匀，应设计与生产的塑件相适应的螺杆结构和尺寸；严格控制螺杆转速，严格控制挤出温度，防止温度改变而引起挤出压力和熔体黏度变化，从而导致挤出速度的波动。

4. 牵引速度

为了保证挤出成型生产过程连续进行，必须采用牵引装置，牵引连续的塑件。从机头和口模中挤出的塑件，在牵引力作用下将会发生拉伸取向。拉伸取向程度越高，塑件沿取向方位的拉伸强度也越大，但冷却后长度收缩也大。通常，牵引速度可与挤出速度相当，牵引速度与挤出速度的比值称牵引比，其值必须等于或大于1。

不同的塑件采用不同的牵引速度，通常薄膜和单丝塑件的牵引速度可以快些。挤出硬质塑件的牵引速度不能大，通常需将牵引速度定在一定范围内，并且要十分均匀，否则就会影响其尺寸均匀性和力学性能。

表 8-2 为常用管材挤出成型工艺参数。

表 8-2　常用管材挤出成型工艺参数

工艺参数	塑料管材					
	硬聚氯乙烯（HPVC）	软聚氯乙烯（LPVC）	低密度聚乙烯（LDPE）	ABS	聚酰胺 1010（PA-1010）	聚碳酸酯（PC）
管材外径/mm	95	31	24	32.5	31.3	32.8
管材内径/mm	85	25	19	25.5	25	25.5

（续）

工艺参数		塑料管材					
		硬聚氯乙烯（HPVC）	软聚氯乙烯（LPVC）	低密度聚乙烯（LDPE）	ABS	聚酰胺1010（PA-1010）	聚碳酸酯（PC）
管材厚度/mm		5	3	2	3	—	—
挤出机料筒温度/℃	后段	80~100	90~100	90~100	160~165	200~250	200~240
	中段	140~150	120~130	110~120	170~175	260~270	240~250
	前段	160~170	130~140	120~130	175~180	260~280	230~255
机头温度/℃		160~170	150~160	130~135	175~180	220~240	200~220
口模温度/℃		160~180	170~180	130~140	190~195	200~210	200~210
螺杆转速/(r/min)		12	20	16	10.5	15	10.5
口模内径/mm		90.7	32	24.5	33	44.8	33
芯模内径/mm		79.7	25	19.1	26	38.5	26
稳流定型段长度/mm		120	60	60	50	45	87
牵引比		1.04	1.2	1.1	1.02	1.5	0.97
真空定径套内径/mm		96.5	—	25	33	31.7	33
定径套长度/mm		300	—	160	250	—	250
定径套与口模间距/mm		—	—	—	25	20	20

任务三　了解挤出模结构

一、挤出模的结构组成

挤出模安装在挤出机的头部，因此，挤出模又称挤出机头，简称机头。挤出成型模具主要由机头和定型装置两部分组成，挤出的塑件的形状和尺寸由机头、定型装置来保证。挤出成型几乎能加工所有的热塑性塑料和部分热固性塑料，如聚氯乙烯、聚乙烯、聚丙烯、尼龙、ABS、聚碳酸酯、聚砜、聚甲醛、氯化聚醚等热塑性塑料以及酚醛、脲醛等不含石棉、矿物质、碎布等填料的热固性塑料。

下面以管材挤出机头为例，介绍机头的结构组成（图8-5）。

1. 机头

机头就是挤出模，是成型塑件的关键部分。有如下四个方面的作用。

1）熔体由螺旋运动转变为直线运动。

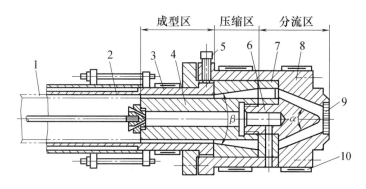

图 8-5 管材挤出机头

1—管材 2—定径套 3—口模 4—芯棒 5—调节螺钉 6—分流器
7—分流器支架 8—机头体 9—过滤网 10—加热器

2）产生必要的成型压力，保证挤出制品密实。

3）熔体在机头内进一步塑化。

4）熔体通过口模成型，获得所需截面形状的制品。

机头主要由以下几个部分组成：

（1）口模 口模是成型塑件的外表面的零件，如图 8-5 所示的件 3。

（2）芯棒 芯棒是成型塑件的内表面的零件，如图 8-5 所示的件 4。口模与芯棒决定了塑件的截面形状。

（3）过滤网和过滤板 机头中必须设置过滤网和过滤板，如图 8-5 所示的件 9。过滤网的作用是改变料流的运动方向和速度，将塑料熔体的螺旋运动转变为直线运动，过滤杂质，形成一定的压力。过滤板又称多孔板，起支承过滤网的作用。

（4）分流器和分流器支架 分流器俗称鱼雷头，如图 8-5 所示的件 6。分流器的作用是使通过它的塑料熔体分流变成薄环状，以平稳地进入成型区，同时进一步加热和塑化。分流器支架主要用来支承分流器及芯棒，同时也能对分流后的塑料熔体起加强剪切混合作用，小型机头的分流器与其支架可设计成一个整体。

（5）机头体 机头体相当于模架，如图 8-5 中的件 8。用来组装并支承机头的各零部件，并且与挤出机料筒连接。

（6）温度调节系统 挤出成型是在特定的温度下进行的，机头上必须设置温度调节系统，以保证塑料熔体在适当的温度下流动及挤出成型的质量。

（7）调节螺钉 调节螺钉，如图 8-5 中的件 5，它用来调节口模与芯棒间的环隙及同轴度，以保证挤出的塑件壁厚均匀。通常调节螺钉的数量为 4~8 个。

2. 定型装置

从机头中挤出的塑件温度比较高，由于自重会发生变形，形状无法保证，必须经过定径装置（如图 8-5 所示的件 2），将从机头中挤出的塑件形状进行冷却定型及精整，获得所要求的尺寸、几何形状及表面质量的塑件。冷却定型一般通常采用冷却、加压或抽真空等方法。

从图 8-5 可以看出，机头分为分流区、压缩区和成型区三大部分。分流区的作用是使从螺杆推出的熔体经过栅板，使螺旋状流动的熔体转变为直线流动。压缩区主要是通过截面的变化使熔体受剪切作用，进一步塑化。如图 8-5 中的压缩区入口截面积大于其出口的截面积。此两截面积之比即为压缩区的压缩比。压缩比小即剪切力小，熔体塑化不均匀，容易导致融合不良；而压缩比过大则残留应力大，易产生涡流和表面粗糙的缺陷。成型区即口模，其作用不仅是把熔体形成所需要的形状和尺寸，而且使通过分流器支架及分流锥的不平稳的流动渐趋平稳，并通过一定长度的通道成型为所需要的形状。但由于熔体在受压下流经口模，出口后必然要膨胀（有的部位也可能收缩），因此口模的尺寸和形状与成品不同。

二、挤出机头的分类

由于挤出成型的塑件的品种规格很多，生产中使用的机头也是多种多样的，一般有下述几种分类方法。

1. 按塑件的出口方向分类

根据塑件从机头中的挤出方向不同，可分为直通机头（或称直向机头）和角式机头（或称横向机头）。直通机头的特点是熔体在机头内的挤出流向与挤出机螺杆的轴线平行；角式机头的特点是熔体在机头内的挤出流向与挤出机螺杆的轴线成一定角度。当熔体挤出流向与螺杆轴线垂直时，称为直角机头。

2. 按塑件的形状分类

塑件一般有管材、棒材、板材、片材、网材、单丝、粒料、各种异型材、吹塑薄膜、带有塑料包覆层的电线电缆等，所用的机头相应称为管机头、棒机头、板材机头及异型材机头和电线电缆机头等。

3. 按熔体受压不同分类

根据塑料熔体在机头内所受压力大小的不同，分为低压机头和高压机头。熔体受压小于 4MPa 的机头称为低压机头；熔体受压大于 10MPa 的机头称为高压机头。

在挤出成型中，管材挤出的应用最为广泛。管材挤出机头是成型管材的挤出模，管材挤出机头适用于聚乙烯、聚丙烯、聚碳酸酯、尼龙、软硬聚氯乙烯、聚烯烃等塑料的挤出成型。管材挤出机头常称为挤管机头或管机头，按机头的结构形式不同可分为直通式挤管机头、直角式挤管机头、旁侧式挤管机头和微孔流道挤管机头等多种形式。

除了圆管、圆棒、片材、薄膜等形状外，具有其他截面形状的塑料型材称为异型材，异型材挤出成型机头是所有挤出机头中最复杂的一种。

1. 直通式挤管机头

直通式挤管机头如图 8-5 所示，挤出料流在机头内的流动方向与出管方向一致，该机头的特点是结构比较简单，调整方便，机头内设置分流器，可以对心部的熔料进一步塑化，缺点是熔体经过分流器及分流器支架时易产生熔接痕迹，使管材的力学性能降低，机头的整体长度较长，结构笨重。它适用于软硬聚氯乙烯、聚乙烯、尼龙、聚碳酸酯等塑料管材的挤出成型。

2. 直角式挤管机头

直角式挤管机头又称弯管机头，挤出机供料方向与机头的出管方向成直角，如图 8-6 所示。机头内无分流器及分流器支架，塑料熔体流动成型时不会产生分流痕迹，管材的力学性能有所提高，成型的塑件尺寸精度高，成型质量好。缺点是机头的结构复杂，制造困难，它适用于聚乙烯、聚丙烯等塑料管材的挤出成型。

3. 旁侧式挤管机头

如图 8-7 所示，挤出机的供料方向与出管方向平行，机头位于挤出机的下方，机头的体积较小，结构复杂，熔体的流动阻力大，适用于直径大、管壁较厚的管材挤出成型。

4. 微孔流道挤管机头

如图 8-8 所示，机头内无分流器及分流器支架，挤出机供料方向与机头的出管方向一致，熔体通过芯棒上的微孔进入口模与芯棒的间隙而成型，特别适合于直径大、流动性差的塑料（如聚烯烃）挤出成型。特点是机头体积小，结构紧凑，但由于管材直径大，管壁厚，容易发生偏心。口模与芯棒的间隙下面比上面小 $10\% \sim 18\%$，用以克服因管材自重而引起的壁厚不均匀。

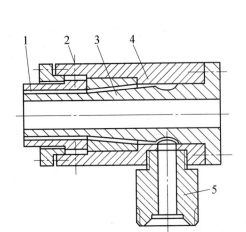

图 8-6　直角式挤管机头

1—口模　2—调节螺钉　3—芯棒

4—机头体　5—连接管

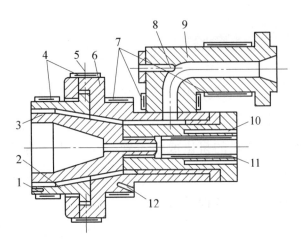

图 8-7　旁侧式挤管机头

1、12—温度计插孔　2—口模　3—芯棒　4、7—电热器

5—调节螺钉　6、9—机头体　8、10—熔料测温孔

11—芯棒加热器

5. 异型材挤出成型机头

异型材挤出成型机头由于型材截面的形状不规则，塑料熔体挤出机头时各处的流速、压力、温度不均匀，型材的质量受到影响，容易产生内应力及型材壁厚不均匀现象。异型材挤出成型机头可分为板式机头和流线型机头两种形式。

（1）板式机头　图 8-9 所示为典型的板式机头的结构。板式机头的特点是结构简单，制造方便，成本低，安装调整容易。

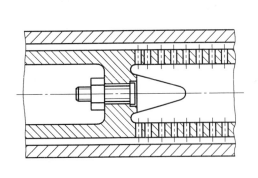

图 8-8　微孔流道挤管机头

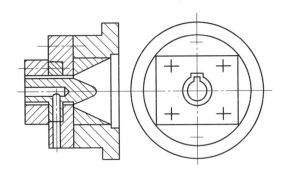

图 8-9　典型的板式机头的结构

但在结构上，板式机头内的流道截面变化急剧，从进口的圆形变为接近塑件截面的形状，物料的流动状态不好，容易造成物料滞留现象。热敏性塑料（如硬

聚氯乙烯等）容易产生热分解，因此板式异型材机头一般用于熔融黏度低而热稳定性高的塑料（如聚乙烯、聚丙烯、聚苯乙烯等）的异型材挤出成型。对于硬聚氯乙烯，若形状简单、生产批量小，则使用板式机头。

（2）流线型机头　流线型机头如图 8-10 所示。这种机头由多块钢板组成，为避免机头内流道截面的急剧变化，将机头内腔加工成光滑过渡的曲面，各处不能有急剧过渡的截面或死角，使熔料流动顺畅。由于流道截面光滑过渡，挤出生产时流线型机头没有物料滞留的缺陷，挤出型材质量好，特别适合于热敏性塑料的挤出成型，适于大批量生产。但流线型机头结构复杂，制造难度较大。

流线型机头分为整体式和分段式两种形式。图 8-10 所示为整体式流线型机头，机头内流道由圆环形渐变过渡到所要求的形状，各截面形状如图 8-10 中各剖视图所示。制造整体式流线型机头显然要比分段式流线型机头困难。当异型材截面复杂时，加工整体式的流线型机头很困难。为了降低机头的加工难度，可以用分段式流线型机头成型。分段式流线型机头是将机头体分段，分别加工再装配的制造方法，可以降低整体流道加工的难度，但在流道拼接处易出现不连续光滑的截面尺寸过渡，工艺过程的控制比较困难。

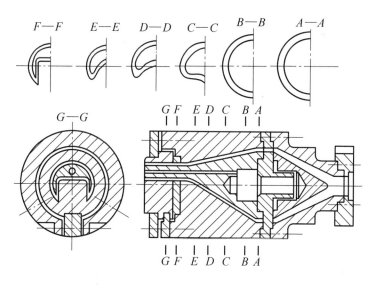

图 8-10　整体式流线型机头

项目训练

图 8-11 所示为管材挤出机头三维剖面示意图，请阐述该管材挤出机头的工作

原理，并标识出各零件名称。

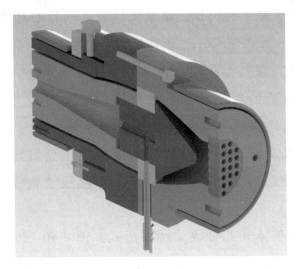

图 8-11　管材挤出机头三维剖面示意图

学习评价

完成本项目的学习后进行学习评价，学习评价见表 8-3。

表 8-3　学习评价表

任务评价	评价内容	参考分值	评价结果	评价人
素质目标评价	自主学习	5		
	交流、表达及互动	10		
	团队合作	5		
知识目标评价	掌握挤出成型分析	15		
	了解挤出工艺参数设置	15		
	掌握管材挤出成型机头	15		
	了解异形型材挤出成型机头	15		
能力目标评价	掌握读懂典型挤出机头结构示意图的能力	20		
总计		100		

 拓展阅读

钢铁院士——崔崑

崔崑，中国工程院院士、华中科技大学教授。崔崑长期从事材料科学的教学与研究工作，创造性地研究和开发了一系列高性能新型模具钢，其性能达到了国际先进水平，在生产中得到了广泛应用，经济效益显著。

1925 年，崔崑生于山东济南。上初中时，家乡沦于日寇铁蹄之下。崔崑只得辍学在家，父亲教他英语、数学，又请私塾先生教他语文。崔父是燕京大学毕业生，在日寇接管洋行后毅然辞去高薪职务。崔崑高中毕业后，父亲支持他离开沦陷区，去四川考大学。父亲教给他的不仅有丰富的知识，还有不争名利、淡然处世的人生态度，以及坚定的民族气节。崔崑说，"这让我受益终身。" 1944 年春，崔崑离开家乡，步行穿过位于河南商丘附近的日寇封锁线，历经 81 天克服各种艰难，辗转到了四川成都。秋季各大学公布录取名单，他竟被 3 所名牌大学同时录取，他选择了西迁至四川乐山的武汉大学机械系（后并入华中工学院）。大学毕业，崔崑留校任教。新中国成立后，百废待兴，钢铁这一工业的脊梁尤其重要。高性能特殊钢，更是托举一个国家钢铁工业水平的巨臂。崔崑暗暗立下钢铁志愿：一定要把我国的合金钢性能搞上去。

1958 年，崔崑被公派前往莫斯科钢铁学院，专攻金属学及热处理专业，两年的留学生涯奠定了他日后的研究方向——特殊钢。崔崑回忆："每天除了吃饭睡觉，唯一的事情就是读书。这个学习机会太难得了。" 1960 年，崔崑学成回国，担任教研室主任。彼时，新型高性能模具钢是我国工业生产急需品，但无力自主生产，进口价格是普通钢的 10 倍以上。崔崑心急如焚，和同事们加紧建设实验室。崔崑从苏联带回来的图样派上了用场，买不到的盐浴炉等仪器设备，他和同事就根据图样自行设计，自己动手做。如何控制温差是个大问题。那时候没有温控自动化技术，他们只能用最"土"的办法控温——眼睛紧紧盯着温度显示仪。"我们几个老师经常守在 1200℃的盐浴炉旁，手指按着控温开关，一盯就是一个通宵。" 1964 年，崔崑带领同事逐步建成装备比较完整的金属材料与热处理实验室。每当新钢种出产，崔崑便背着沉重的"铁坨坨"，风尘仆仆赶往各单位试用。"一次，我背着 30 多公斤的模具钢，赶往洛阳拖拉机厂。那时候搭火车人多，常常挤得无法动弹，为了少上厕所，我上车前都不敢喝水。"为保证新产品顺利投产，崔崑和同事常年与工人们摸爬滚打在一线。经过反复试验，新模具钢制成的模具寿命比旧有模具增加了一倍以上。

20 世纪 80 年代初，上海一家无线电厂需制作印刷线路板的模具，该模具有数千个小孔，只能从国外进口，每副模具约 1 万美元。崔崑与钢厂合作，经反复实验，研制了一种易切削模具钢，解决了难题，由此生产的模具每副只需约 7000

元人民币，仅此一项该厂每年可节约 100 多万美元的外汇，这项成果于 1985 年获国家发明二等奖。百年人生，百炼成钢。崔崑的一生，如同锻造钢铁一般，锻造了自己也锻造了整个国家。

思 考 与 练 习

一、填空题

1. 挤出成型模具主要由机头（挤出模）和＿＿＿＿＿＿两部分组成。

2. 挤出成型的工艺参数包括温度、＿＿＿＿＿＿、挤出速度、牵引速度。

3. 挤出是在特定的温度下进行的，机头上必须设置＿＿＿＿＿＿。

4. 挤出成型的特点是生产过程＿＿＿＿＿＿，可以挤出任意长度的塑件。

二、单项选择题

1. 棒材、管材、板材最常用的成型方法是（ 　　）。

A. 挤出成型　　　B. 旋压成型　　　C. 真空成型　　　D. 压注成型

2. 下列不属于挤出成型过程的是（ 　　）。

A. 塑化　　　　　B. 成型　　　　　C. 保压　　　　　D. 定型

3. 挤出成型前应进行干燥处理，将原料水分控制在（ 　　）。

A. 0.4% 以上　　B. 0.4% 以下　　C. 0.5% 以上　　D. 0.5% 以下

4. 挤出成型温度取决于（ 　　）。

A. 料筒温度　　　B. 螺杆温度　　　C. 机头温度　　　D. 料筒和螺杆温度

三、简答题

1. 阐述挤出成型的工艺过程。

2. 挤出模的结构由哪几部分组成？

3. 机头有哪几个方面的作用？

4. 挤出机头按塑件形状分类，分为哪几类？

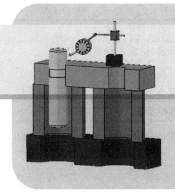

附 录

附录 A　　塑料及树脂缩写代号（摘自 GB/T 1844.1—2022）

缩写代号	英文名称	中文名称
AB	acrylonitrile-butadiene plastic	丙烯腈-丁二烯塑料
ABAK	acrylonitrile-butadiene-acrylatr plastic；preferred term for ABA	丙烯腈-丁二烯-丙烯酸酯塑料；曾推荐使用 ABA
ABS	acrylonitrile-butadiene-styrene plastic	丙烯腈-丁二烯-苯乙烯塑料
ACS	acrylonitrile-chlorinated polyethylene-styrene；preferred term for ACPES	丙烯腈-氯化聚乙烯-苯乙烯塑料；曾推荐使用 ACPES
AEPDS	acrylonitrile-(ethylene-propylene-diene)-styrene plastic；preferred term for AEPDMS	丙烯腈-(乙烯-丙烯-二烯)-苯乙烯塑料；曾推荐使用 AEPDMS
AMMA	acrylonitrile-methyl methacryate plastic	丙烯腈-甲基丙烯酸甲酯塑料
ASA	acrylonitrile-styrene-acrylate plastic	丙烯腈-苯乙烯-丙烯酸酯塑料
CA	cellulose acetate	乙酸纤维素
CAB	cellulose acetate butyrate	乙酸丁酸纤维素
CAP	cellulose acetate propionate	乙酸丙酸纤维素
CEF	cellulose formaldehyde	甲醛纤维素
CF	cresol- formaldehyde resin	甲酚-甲醛树脂
CMC	carboxymethyl cellulose	羧甲基纤维素
CN	cellulose nitrate	硝酸纤维素
COC	cycloolefin copolymer	环烯烃共聚物
CP	cellulose propionate	丙酸纤维素
CTA	cellulose triacetate	三乙酸纤维素
EAA	ethylene-acrylic acid plastic	乙烯-丙烯酸塑料
EBAK	ethylene-butyl acrylate plastic；preferred term for EBA	乙烯-丙烯酸丁酯塑料；曾推荐使用 EBA
EC	ethyl cellulose	乙基纤维素
EEAK	ethylene-ethyl acrylate plastic；preferred term for EEA	乙烯-丙烯酸乙酯塑料；曾推荐使用 EEA
EMA	ethylene-methacrylic acid plastic	乙烯-甲基丙烯酸塑料
EP	epoxide；epoxy resin or plastic	环氧；环氧树脂或环氧塑料

（续）

缩写代号	英文名称	中文名称
E/P	ethylene-propylene plastic；preferred term for EPM	乙烯-丙烯塑料；曾推荐使用 EPM
ETFE	ethylene-tetrafluoroethylene plastic	乙烯-四氟乙烯塑料
EVAC	ethylene-vinyl acetate plastic；preferred term for EVA	乙烯-乙酸乙烯酯塑料；曾推荐使用 EVA
EVOH	ethylene-vinyl alcohol plastic	乙烯-乙烯醇塑料
FEP	perfluoro（ethylene-propylene）plastic；preferred term for PFEP	全氟（乙烯-丙烯）塑料；曾推荐使用 PFEP
FF	furan-formaldehyde resin	呋喃-甲醛树脂
LCP	liquid-crystal polymer	液晶聚合物
MABS	methyl methacrylate-acrylonitrile-butadiene-styrene plastic	甲基丙烯酸甲酯-丙烯腈-丁二烯-苯乙烯塑料
MBS	methyl methacrylate-butadiene-styrene plastic	甲基丙烯酸甲酯-丁二烯-苯乙烯塑料
MC	methyl cellulose	甲基纤维素
MF	melamine-formaldehyde resin	三聚氰胺-甲醛树脂
MP	melamine-phenol resin	三聚氰胺-酚醛树脂
MSAN	α-methylstyrene-acrylonitrile plastic	α-甲基苯乙烯-丙烯腈塑料
PA	polyamide	聚酰胺
PAA	poly（acrylic acid）	聚丙烯酸
PAEK	polyaryletherketone	聚芳醚酮
PAI	polyamidimide	聚酰胺（酰）亚胺
PAK	polyarylate	聚丙烯酸酯
PAN	polyacrylonitrile	聚丙烯腈
PAR	polyarylate	聚芳酯
PARA	poly（aryl amide）	聚芳酰胺
PB	polybutene	聚丁烯
PBAK	poly（butyl acrylate）	聚丙烯酸丁酯
PBD	1,2-polybutadiene	1,2-聚丁二烯
PBN	poly（butylene naphthalate）	聚萘二甲酸丁二酯
PBT	poly（butylene terephthalate）	聚对苯二甲酸丁二酯
PC	polycarbonate	聚碳酸酯
PCCE	poly（cyclohexylene dimethylene cyclohexanedicarboxylate）	聚亚环己基-二亚甲基-环己基二羧酸酯
PCL	polycaprolactone	聚己内酯
PCT	poly（cyclohexylene dimethylene terephthalate）	聚对苯二甲酸亚环己基-二亚甲酯
PCTFE	polychlorotrifluoroethylene	聚三氟氯乙烯
PDAP	poly（diallyl phthalate）	聚邻苯二甲酸二烯丙酯
PDCPD	polydicyclopentadiene	聚二环戊二烯
PE	polyethylene	聚乙烯
PE-C	polyethylene，chlorinated；preferred term for CPE	氯化聚乙烯；曾推荐使用 CPE
PE-HD	polyethylene，high density；preferred term for HDPE	高密度聚乙烯；曾推荐使用 HDPE
PE-LD	polyethylene，low density；preferred term for LDPE	低密度聚乙烯；曾推荐使用 LDPE

（续）

缩写代号	英文名称	中文名称
PE-LLD	polyethylene, linear low density; preferred term for LL-DPE	线型低密度聚乙烯;曾推荐使用 LLDPE
PE-MD	polyethylene, medium density; preferred term for MDPE	中密度聚乙烯;曾推荐使用 MDPE
PE-UH-MW	polyethylene, ultra high molecular weight; preferred term for UHMWPE	超高分子量聚乙烯;曾推荐使用 UHMWPE
PE-VLD	polyethylene, very low density; preferred term for VLDPE	极低密度聚乙烯;曾推荐使用 VLDPE
PEC	polyestercarbonate	聚酯碳酸酯
PEEK	polyetheretherketone	聚醚醚酮
PEEST	polyetherester	聚醚酯
PEI	polyetherimide	聚醚(酰)亚胺
PEK	polyetherketone	聚醚酮
PEN	poly(ethylene naphthalate)	聚萘二甲酸乙二酯
PEOX	poly(ethylene oxide)	聚氧化乙烯
PESTUR	polyesterurethane	聚酯型聚氨酯
PESU	polyethersulfone	聚醚砜
PET	poly(ethylene terephthalate)	聚对苯二甲酸乙二酯
PEUR	polyetherurethane	聚醚型聚氨酯
PF	phenol-formaldehyde resin	酚醛树脂
PFA	perfluoro alkoxyl alkane resin	全氟烷氧基烷树脂
PI	polyimide	聚酰亚胺
PIB	polyisobutylene	聚异丁烯
PIR	polyisocyanurate	聚异氰脲酸酯
PK	polyketone	聚酮
PMI	polymethacrylimide	聚甲基丙烯酰亚胺
PMMA	poly(methyl methacrylate)	聚甲基丙烯酸甲酯
PMMI	poly-N-methylmethacrylimide	聚 N-甲基甲基丙烯酰亚胺
PMP	poly-4-methyl-1-pentene	聚-4-甲基-1-戊烯
PMS	poly-α-methylstyrene	聚-α-甲基苯乙烯
POM	polyoxymethylene; polyacetal; polyformaldehyde	聚氧亚甲基;聚甲醛;聚缩醛
PP	polypropylene	聚丙烯
PP-E	polypropylene, expandable; preferred term for EPP	可发性聚丙烯;曾推荐使用 EPP
PP-HI	polypropylene, high impact; preferred term for HIPP	高抗冲聚丙烯;曾推荐使用 HIPP
PPE	poly(phenylene ether)	聚苯醚
PPOX	poly(propylene oxide)	聚氧化丙烯
PPS	poly(phenylene sulfide)	聚苯硫醚
PPSU	poly(phenylene sulfone)	聚苯砜
PS	polystyrene	聚苯乙烯

（续）

缩写代号	英文名称	中文名称
PS-E	polystyrene, expandable; preferred term for EPS	可发聚苯乙烯;曾推荐使用 EPS
PS-HI	polystyrene, high impact; preferred term for HIPS	高抗冲聚苯乙烯;曾推荐使用 HIPS
PSU	polysulfone	聚砜
PTFE	poly tetrafluoroethylene	聚四氟乙烯
PTT	poly(trimethylene terephthalate)	聚对苯二甲酸丙二酯
PUR	polyurethane	聚氨酯
PVAC	poly(vinyl acetate)	聚乙酸乙烯酯
PVAL	poly(vinyl alcohol), preferred term for PVOH	聚乙烯醇;曾推荐使用 PVOH
PVB	poly(vinyl butyral)	聚乙烯醇缩丁醛
PVC	poly(vinyl chloride)	聚氯乙烯
PVC-C	poly(vinyl chloride), chlorinated; preferred term for CPVC	氯化聚氯乙烯;曾推荐使用 CPVC
PVC-U	poly(vinyl chloride), unplasticized preferred term for UPVC	未增塑聚氯乙烯;曾推荐使用 UPVC
PVDC	poly(vinylidene chloride)	聚偏二氯乙烯
PVDF	poly(vinylidene fluoride)	聚偏二氟乙烯
PVF	poly(vinyl fluoride)	聚氟乙烯
PVFM	poly(vinyl formal)	聚乙烯醇缩甲醛
PVK	poly-N-vinylcarbazole	聚-N-乙烯基咔唑
PVP	poly-N-vinylpyrrolidone	聚-N-乙烯基吡咯烷酮
SAN	styrene-acrylonitrile plastic	苯乙烯-丙烯腈塑料
SB	styrene-butadiene plastic	苯乙烯-丁二烯塑料
SI	silicone plastic	有机硅塑料
SMAH	styrene-maleic anhydride plastic; preferred term for S/MA or SMA	苯乙烯-顺丁烯二酸酐塑料;曾推荐使用 S/MA 或 SMA
SMS	styrene-α-methylstyrene plastic	苯乙烯-α-甲基苯乙烯塑料
UF	urea-formaldehyde resin	脲-甲醛树脂
UP	unsaturated polyester resin	不饱和聚酯树脂
VCE	vinyl chloride-ethylene plastic	氯乙烯-乙烯塑料
VCEMAK	vinyl chloride-ethylene-methyl acrylate plastic; preferred term for VCEMA	氯乙烯-乙烯-丙烯酸甲酯塑料;曾推荐使用 VCEMA
VCEVAC	vinyl chloride-ethylene-vinyl acrylate plastic	氯乙烯-乙烯-丙烯酸乙酯塑料
VCMAK	vinyl chloride-methyl acrylateplastic; preferred term for VCMA	氯乙烯-丙烯酸甲酯塑料;曾推荐使用 VC-MA
VCMMA	vinyl chloride-methyl methacrylate plastic	氯乙烯-甲基丙烯酸甲酯塑料
VCOAK	vinyl chloride-octyl acrylate plastic; preferred term for VCOA	氯乙烯-丙烯酸辛酯塑料;曾推荐使用 VCOA
VCVAC	vinyl chloride-vinyl acetate plastic	氯乙烯-乙酸乙烯酯塑料
VCVDC	vinyl chloride-vinylidene chloride plastic	氯乙烯-偏二氯乙烯塑料
VE	vinyl ester resin	乙烯基酯树脂

附录 B　常用塑料的收缩率

塑 料 种 类	收缩率(%)	塑 料 种 类	收缩率(%)
聚乙烯(低密度)	1.5 ~ 3.5	尼龙 6	0.8 ~ 2.5
聚乙烯(高密度)	1.5 ~ 3.0	尼龙 6(30%玻璃纤维)	0.35 ~ 0.45
聚丙烯	1.0 ~ 2.5	尼龙 9	1.5 ~ 2.5
聚丙烯(玻璃纤维增强)	0.4 ~ 0.8	尼龙 11	1.2 ~ 1.5
聚氯乙烯(硬质)	0.6 ~ 1.5	尼龙 66	1.5 ~ 2.2
聚氯乙烯(半硬质)	0.6 ~ 2.5	尼龙 66(30%玻璃纤维)	0.4 ~ 0.55
聚氯乙烯(软质)	1.5 ~ 3.0	尼龙 610	1.2 ~ 2.0
聚苯乙烯(通用)	0.6 ~ 0.8	尼龙 610(30%玻璃纤维)	0.35 ~ 0.45
聚苯乙烯(耐热)	0.2 ~ 0.8	尼龙 1010	0.5 ~ 4.0
聚苯乙烯(增韧)	0.3 ~ 0.6	醋酸纤维素	1.0 ~ 1.5
ABS(抗冲)	0.3 ~ 0.8	醋酸丁酸纤维素	0.2 ~ 0.5
ABS(耐热)	0.3 ~ 0.8	丙酸纤维素	0.2 ~ 0.5
ABS(30%玻璃纤维增强)	0.3 ~ 0.6	聚丙烯酸酯类塑料(通用)	0.2 ~ 0.9
聚甲醛	1.2 ~ 3.0	聚丙烯酸酯类塑料(改性)	0.5 ~ 0.7
聚碳酸酯	0.5 ~ 0.8	聚乙烯醋酸乙烯	1.0 ~ 3.0
聚砜	0.5 ~ 0.7	氟塑料 F-4	1.0 ~ 1.5
聚砜(玻璃纤维增强)	0.4 ~ 0.7	氟塑料 F-3	1.0 ~ 2.5
聚苯醚	0.7 ~ 1.0	氟塑料 F-2	2
改性聚苯醚	0.5 ~ 0.7	氟塑料 F-46	2.0 ~ 5.0
氯化聚醚	0.4 ~ 0.8	酚醛塑料(木粉填料)	0.5 ~ 0.9
酚醛塑料(石棉填料)	0.2 ~ 0.7	三聚氰胺甲醛(纸浆填料)	0.5 ~ 0.7
酚醛塑料(云母填料)	0.1 ~ 0.5	三聚氰胺甲醛(矿物填料)	0.4 ~ 0.7
酚醛塑料(棉纤维填料)	0.3 ~ 0.7	聚邻苯二甲酸二丙烯酯(石棉填料)	0.28
酚醛塑料(玻璃纤维填料)	0.05 ~ 0.2	聚邻苯二甲酸二丙烯酯(玻璃纤维填料)	0.42
脲醛塑料(纸浆填料)	0.6 ~ 1.3		
脲醛塑料(木粉填料)	0.7 ~ 1.2	聚间苯二甲酸二丙烯酯(玻璃纤维填料)	0.3 ~ 0.4

参 考 文 献

[1] 屈华昌，吴梦陵. 塑料成型工艺与模具设计［M］. 4 版. 北京：高等教育出版社，2018.

[2] 王雷刚，康红梅，吴梦陵. 塑料成型工艺与模具设计［M］. 2 版. 北京：清华大学出版社，2020.

[3] 王春艳，陈国亮. 塑料成型工艺与模具设计［M］. 北京：机械工业出版社，2021.

[4] 金志刚，胡晓岳. 注射模设计项目化实例教程［M］. 北京：机械工业出版社，2022.

[5] 张少飞. 双色注塑成型模具设计经典案例［M］. 北京：机械工业出版社，2019.

[6] 王晖，刘军辉. 注射模设计方法及实例解析［M］. 北京：机械工业出版社，2018.

[7] 李德群，唐志玉. 中国模具设计大典：第 2 卷［M］. 南昌：江西科学技术出版社，2003.

[8] 《塑料模具技术手册》编委会. 塑料模具技术手册［M］. 北京：机械工业出版社，2004.

[9] 陈万林. 实用塑料注射模设计与制造［M］. 北京：机械工业出版社，2005.

[10] 许发樾. 实用塑料注射模设计与制造手册［M］. 北京：机械工业出版社，2005.

[11] 陈剑鹤，时锋，徐波. 模具设计基础［M］. 3 版. 北京：机械工业出版社，2015.

[12] 翁其金. 塑料模塑成型技术［M］. 2 版. 北京：机械工业出版社，2011.

[13] 俞芙芳. 简明塑料模具实用手册［M］. 福州：福建科学技术出版社，2006.

[14] 齐晓杰. 塑料成型工艺与模具设计［M］. 北京：机械工业出版社，2006.

[15] 黄虹. 塑料成型加工与模具［M］. 北京：化学工业出版社，2009.

[16] 张孝民. 塑料模具设计［M］. 北京：机械工业出版社，2003.

[17] 洪慎章. 实用注塑成型及模具设计［M］. 北京：机械工业出版社，2006.

[18] 翁云宣. 生物分解塑料与生物基塑料［M］. 北京：化学工业出版社，2010.

[19] 张玉龙. 塑料注射成型技术：高级工［M］. 2 版. 北京：机械工业出版社，2013.

[20] 杨卫民，丁玉梅，谢鹏程，等. 注射成型新技术［M］. 北京：化学工业出版社，2008.

[21] 王华山. 注射成型技术及实例［M］. 北京：化学工业出版社，2015.

[22] 伍先明，潘平盛. 塑料模具设计指导［M］. 北京：机械工业出版社，2020.